핀란드
1학년
수학 교과서

KB111257

초등학교 _____ 학년 _____ 반

이름 _____

Star Maths 1B: ISBN 978-951-1-32167-5

QR코드를 스캔하면 놀이 수학
동영상을 보실 수 있습니다.

핀란드 1학년 수학 교과서 1-2 1권

초판 6쇄 발행 2024년 5월 20일

지은이 마아리트 포슈박, 안네 칼리올라, 아르토 티카넨, 미이아-리이사 바네우스
그린이 마이사 라야마키-쿠코넨 **옮긴이** 이경희
펴낸이 정혜숙 **펴낸곳** 마음이음

책임편집 이금정 **디자인** 디자인서가
등록 2016년 4월 5일(제2018-000037호)
주소 03925 서울시 마포구 월드컵북로 402, 9층 917A호(상암동, KGIT센터)
전화 070-7570-8869 **팩스** 0505-333-8869
전자우편 ieum2016@hanmail.net
블로그 https://blog.naver.com/ieum2018

ISBN 979-11-89010-54-6 64410
    979-11-89010-53-9 (세트)

이 책의 내용은 저작권법의 보호를 받는 저작물이므로 무단전재와 복제를 금합니다.
책값은 뒤표지에 있습니다.

핀란드 1학년 수학 교과서

1-2 1권

글 마아리트 포슈박, 안네 칼리올라,
    아르토 티카넨, 미이아-리이사 바네우스
그림 마이사 라야마키-쿠코넨
옮김 이경희(전 수학 교과서 집필진)

마음이음

핀란드 학생들이 수학도 잘하고
수학 흥미도가 높은 비결은?

우리나라 학생들이 수학 학업 성취도가 세계적으로 높은 것은 자랑거리이지만 수학을 공부하는 시간이 다른 나라에 비해 많은 데다, 사교육에 의존하고, 흥미도가 낮은 건 숨기고 싶은 불편한 진실입니다. 이러한 측면에서 사교육 없이 공교육만으로 국제학업성취도평가(PISA)에서 상위권을 놓치지 않는 핀란드의 교육 비결이 궁금하지 않을 수가 없습니다. 더군다나 핀란드에서는 숙제도, 순위를 매기는 시험도 없어 학교에서 배우는 수학 교과서 하나만으로 수학을 온전히 이해해야 하지요. 과연 어떤 점이 수학 교과서 하나만으로 수학 성적과 흥미도 두 마리 토끼를 잡게 한 걸까요?

– 핀란드 수학 교과서는 수학과 생활이 동떨어진 것이 아닌 친밀한 것으로 인식하게 합니다. 그래서 시간, 측정, 돈 등 학생들은 다양한 방식으로 수학을 사용하고 응용하면서 소비, 교통, 환경 등 자신의 생활과 관련지으며 수학을 어려워하지 않습니다.

– 교과서 국제 비교 연구에서도 교과서의 삽화가 학생들의 흥미도를 결정하는 데 중요한 역할을 한다고 했습니다. 핀란드 수학 교과서의 삽화는 수학적 개념과 문제를 직관적으로 쉽게 이해하도록 구성하여 학생들의 흥미를 자극하는 데 큰 역할을 하고 있습니다.

– 핀란드 수학 교과서는 또래 학습을 통해 서로 가르쳐 주고 배울 수 있도록 합니다. 교구를 활용한 놀이 수학, 조사하고 토론하는 탐구 과제는 수학적 의사소통 능력을 향상시키고 자기 주도적인 학습 능력을 길러 줍니다.

– 핀란드 수학 교과서는 창의성을 자극하는 문제를 풀게 합니다. 답이 여러 가지 형태로 나올 수 있는 문제, 스스로 문제 만들고 풀기를 통해 짧은 시간에 많은 문제를 푸는 것이 아닌 시간이 걸리더라도 사고하며 수학을 하도록 합니다.

– 핀란드 수학 교과서는 코딩 교육을 수학과 연계하여 컴퓨팅 사고와 문제 해결을 돕는 다양한 활동을 담고 있습니다. 코딩의 기초는 수학에서 가장 중요한 논리와 일맥상통하기 때문입니다.

핀란드는 국정 교과서가 아닌 자율 발행제로 학교마다 교과서를 자유롭게 선정합니다. 마음이음에서 출판한 『핀란드 수학 교과서』는 핀란드 초등학교 2190개 중 1320곳에서 채택하여 수학 교과서로 사용하고 있습니다. 또한 이웃한 나라 스웨덴에서도 출판되어 교과서 시장을 선도하고 있지요.

코로나로 인한 온라인 수업으로 학습 격차가 커지고 있습니다. 다행히 『핀란드 수학 교과서』는 우리나라 수학 교육 과정을 다 담고 있으며 부모님 가이드도 있어 가정 학습용으로 좋습니다. 자기 주도적인 학습이 가능한 『핀란드 수학 교과서』는 학업 성취와 흥미를 잡는 해결책이 될 수 있을 것으로 기대합니다.

이경희(전 수학 교과서 집필진)

수학은 흥미를 끄는 다양한 경험과 스스로 공부하려는 학습 동기가 있어야 좋은 결과를 얻을 수 있습니다. 국내에 많은 문제집이 있지만 대부분 유형을 익히고 숙달하는 데 초점을 두고 있으며, 세분화된 단계로 복잡하고 심화된 문제들을 다룹니다. 이는 학생들이 수학에 흥미나 성취감을 갖는 데 도움이 되지 않습니다.

공부에 대한 스트레스 없이도 국제학업성취도평가에서 높은 성과를 내는 핀란드의 교육 제도는 국제 사회에서 큰 주목을 받아 왔습니다. 이번에 국내에 소개되는 『핀란드 수학 교과서』는 스스로 공부하는 학생을 위한 최적의 학습서입니다. 다양한 실생활 소재와 풍부한 삽화, 배운 내용을 반복하여 충분히 익힐 수 있도록 구성되어 학생이 흥미를 갖고 스스로 탐구하며 수학에 대한 재미를 느낄 수 있을 것으로 기대합니다.

전국수학교사모임

수학 학습을 접하는 시기는 점점 어려지고, 학습의 양과 속도는 점점 많아지고 빨라지는 추세지만 학생들을 지도하는 현장에서 경험하는 아이들의 수학 문제 해결력은 점점 하향화되는 추세입니다. 이는 학생들이 흥미와 호기심을 유지하며 수학 개념을 주도적으로 익히고 사고하는 경험과 습관을 형성하여 수학적 문제 해결력과 사고력을 신장하여야 할 중요한 시기에, 빠른 진도와 학습량을 늘리기 위해 수동적으로 설명을 듣고 유형 중심의 반복적 문제 해결에만 집중한 결과라고 생각합니다.

『핀란드 수학 교과서』를 통해 흥미와 호기심을 유지하며 수학 개념을 스스로 즐겁게 내재화하고, 이를 창의적으로 적용하고 활용하는 수학 학습 태도와 습관이 형성된다면 학생들이 수학에 쏟는 노력과 시간이 높은 수준의 창의적 문제 해결력이라는 성취로 이어질 것입니다.

손재호(KAGE영재교육학술원 동탄본원장)

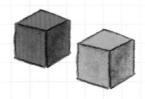

「핀란드 수학 교과서(Star Maths)」 시리즈를 펴낸 오타바(Otava) 출판사는 교재 전문 출판사로 120년이 넘는 역사를 지닌 명실상부한 핀란드의 대표 출판사입니다. 특히 「Star Maths」 시리즈는 핀란드 학교 현장의 수학 전문가들이 최신 핀란드 국립교육과정을 반영하여 함께 개발한 핀란드의 대표 수학 교과서입니다.

수 개념과 십진법을 이해하기 위한 탄탄한 기반을 제공하여 연산 능력을 키우고, 기본, 응용, 심화 문제 등 학생 개개인의 학습 차이를 다각도에서 고려하여 다양한 평가 문제를 실었습니다. 또한 친구 또는 부모님과 함께 놀이를 통해 문제 해결을 하며 수학적 즐거움을 발견하여 수학에 대한 긍정적인 태도를 갖도록 합니다.

한국의 학생들이 이 책과 함께 즐거운 수학 세계로 여행을 떠나길 바랍니다.

마아리트 포슈박, 안네 칼리올라, 아르토 티카넨,
미이아-리이사 바네우스(STAR MATHS 공동 저자)

핀란드 수학 교과서, 왜 특별할까?

- 수학과 연계하여 컴퓨팅 사고와 문제 해결력을 키워 줘요.
- 교구를 활용한 놀이 수학을 통해 수학 개념을 이해시켜요.

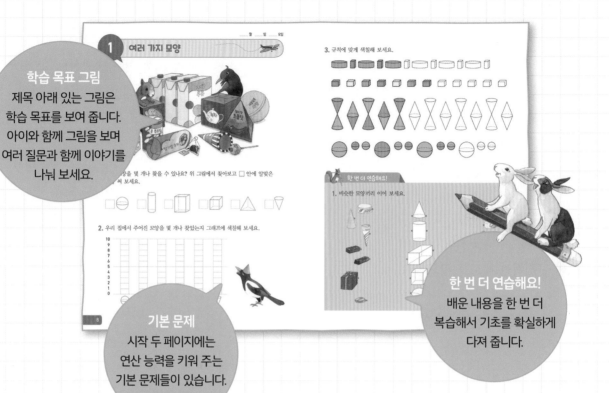

학습 목표 그림
제목 아래 있는 그림은 학습 목표를 보여 줍니다. 아이와 함께 그림을 보며 여러 질문과 함께 이야기를 나눠 보세요.

기본 문제
시작 두 페이지에는 연산 능력을 키워 주는 기본 문제들이 있습니다.

한 번 더 연습해요!
배운 내용을 한 번 더 복습해서 기초를 확실하게 다져 줍니다.

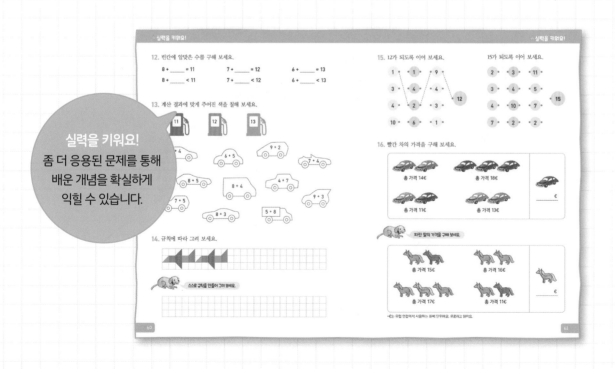

실력을 키워요!
좀 더 응용된 문제를 통해 배운 개념을 확실하게 익힐 수 있습니다.

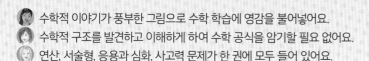

수학적 이야기가 풍부한 그림으로 수학 학습에 영감을 불어넣어요.

수학적 구조를 발견하고 이해하게 하여 수학 공식을 암기할 필요 없어요.

연산, 서술형, 응용과 심화, 사고력 문제가 한 권에 모두 들어 있어요.

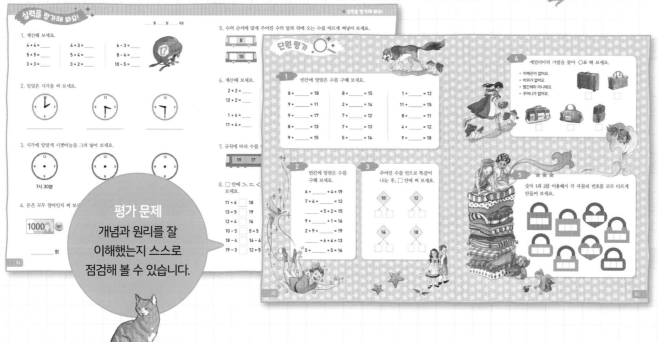

평가 문제
개념과 원리를 잘 이해했는지 스스로 점검해 볼 수 있습니다.

놀이 수학
책에 포함된 놀이 카드를 사용해 부모님 또는 친구와 함께 놀이를 하며 수학에 대한 흥미를 키울 수 있습니다.

탐구 과제
스스로 탐구하고 조사하며 수학 개념을 내 것으로 만들 수 있습니다.

차례

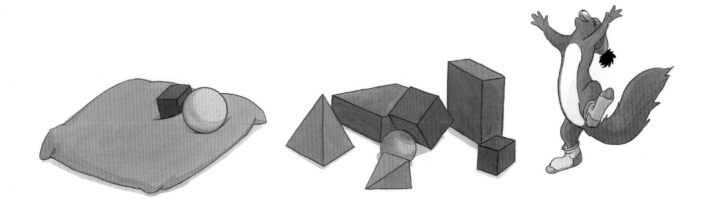

1 같은 수를 더해요

1. 그림을 보고 두 사람의 돈을 더해 보세요.

100원 + 100원 = _____원

200원 + 200원 = _____원

300원 + 300원 = _____원

400원 + 400원 = _____원

500원 + 500원 = _____원

2. 계산해 보세요.

1 + 0 = _____   2 + 1 = _____   3 + 2 = _____

1 + 1 = _____   2 + 2 = _____   3 + 3 = _____

1 + 2 = _____   2 + 3 = _____   3 + 4 = _____

4 + 3 = _____   5 + 4 = _____

4 + 4 = _____   5 + 5 = _____

4 + 5 = _____

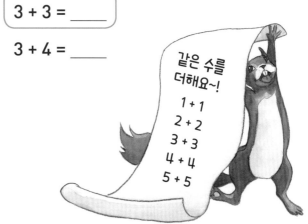

같은 수를
더해요~!
1 + 1
2 + 2
3 + 3
4 + 4
5 + 5

3. ☐ 안에 >, =, <를 알맞게 써넣어 보세요.

4 + 3 ☐ 6   3 + 3 ☐ 7   8 - 3 ☐ 4   10 - 5 ☐ 5

5 + 5 ☐ 9   4 + 4 ☐ 10   7 - 4 ☐ 4   9 - 4 ☐ 3

4. 빈칸에 알맞은 값을 구해 보세요.

    200원 + _____ = 400원   500원 + _____ = 1000원

300원 + _____ = 600원   400원 + _____ = 800원

한 번 더 연습해요!

1. 계산해 보세요.

4 + 4 = _____   5 + 5 = _____   6 - 3 = _____   9 - 4 = _____

4 + 3 = _____   5 + 4 = _____   7 - 3 = _____   10 - 5 = _____

4 + 5 = _____   5 + 3 = _____   8 - 4 = _____   10 - 4 = _____

5. 계산한 후 정답에 해당하는 알파벳을 찾아 써넣어 보세요.

9 − 5 = _____ ☐   10 − 6 = _____ ☐   3 + 2 = _____ ☐

10 − 7 = _____ ☐   10 − 8 = _____ ☐   9 − 8 = _____ ☐

3 + 3 = _____ ☐   9 − 2 = _____ ☐   4 + 5 = _____ ☐

1 + 5 = _____ ☐   4 + 3 = _____ ☐

4 + 4 = _____ ☐

1	2	3	4	5	6	7	8	9
A	H	W	T	S	O	E	F	M

6. 0부터 10까지 규칙에 따라 수를 써넣어 보세요.

0		2		4		6		8		10

	9		7		5		3		1	

7. 수 가족을 지붕에 쓴 후, 덧셈식과 뺄셈식을 완성해 보세요.

9 − 6 =

8 − 3 =

8. □ 안에 >, =, <를 알맞게 써넣어 보세요.

7 − 2 □ 10 − 5   2 + 2 + 6 □ 1 + 3 + 3 + 3

8 − 6 □ 9 − 6   2 + 3 + 2 + 3 □ 2 + 2 + 2 + 3

10 − 8 □ 10 − 7   3 + 4 + 3 □ 1 + 5 + 5 + 1

9 − 4 □ 7 − 3   2 + 2 + 2 + 2 □ 1 + 2 + 3 + 4

9. 몇 개인지 빈칸에 알맞은 수를 써 보세요. 돈이 얼마인지도 써 보세요.

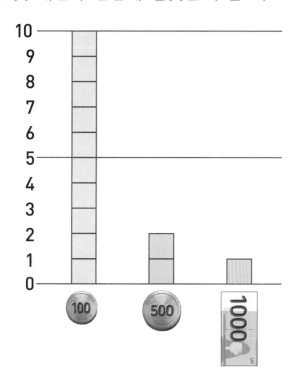

100	_____ 개	
500	_____ 개	
1000	_____ 개	

총 합

_____ 원

_____ 원

_____ 원

10. 그림을 그려 문제를 해결해 보세요.

알렉은 구슬을 5개 가지고 있어요. 엠마도 알렉과 같은 수의 구슬을 가지고 있어요.
엠마의 아빠가 알렉과 엠마에게 각각 구슬을 3개씩 주셨어요.
알렉과 엠마가 가지고 있는 구슬을 합하면 모두 몇 개인가요?

_____개

2 11과 12

11

십의 자리	일의 자리
1	1

12

십의 자리	일의 자리
1	2

1. 아래 그림을 몇 개나 찾을 수 있나요? 위 그림에서 찾아보고 □ 안에 알맞은 수를 쓴 후 수직선과 바르게 이어 보세요.

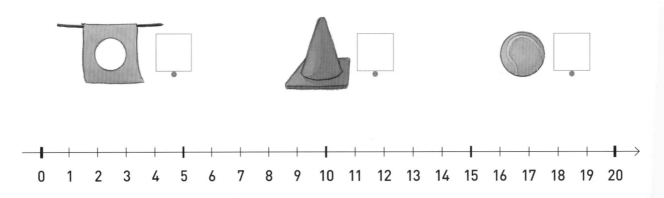

2. 그림을 이용해서 계산해 보세요.

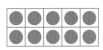   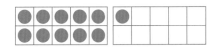   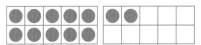

9 + 1 = _____   10 + 1 = _____   10 + 2 = _____

7 + 3 = _____   11 - 1 = _____   12 - 2 = _____

8 + 2 = _____   11 - 0 = _____   12 - 1 = _____

3. 계산해 보세요.

6 + 4 + 1 = _____   9 + 1 + 2 = _____   10 - 2 - 2 = _____

8 + 2 + 2 = _____   7 + 3 + 1 = _____   11 - 1 - 5 = _____

5 + 5 + 1 = _____   4 + 6 + 2 = _____   12 - 2 - 3 = _____

4. 빈칸에 알맞은 값을 구해 보세요.

900원 + 100원 + _____ = 1100원

300원 + 700원 + _____ = 1100원

600원 + 400원 + _____ = 1200원

200원 + 800원 + _____ = 1200원

 한 번 더 연습해요!

1. 계산해 보세요.

10 + 1 = _____   12 - 1 = _____   10 - 4 - 3 = _____

11 + 1 = _____   12 - 2 = _____   11 - 1 - 9 = _____

10 + 2 = _____   12 - 0 = _____   12 - 2 - 4 = _____

5. 똑같이 써 보세요.

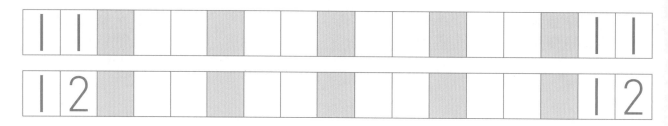

6. 0부터 12까지 규칙에 따라 수를 써넣어 보세요.

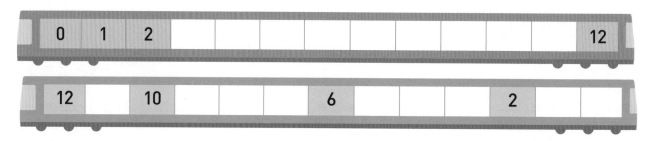

7. 얼마인지 써넣어 보세요.

_____ 원   _____ 원   _____ 원

8. 계산한 후 정답에 해당하는 색을 칠해 보세요.   9 ⬤ 10 ⬤ 11 ⬤ 12 ⬤

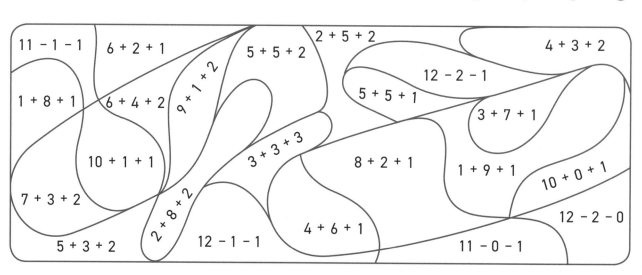

9. 스스로 문제를 만들어 풀어 보세요.

___ + ___ = ___ | ___ − ___ = ___ | ___ + ___ > ___

___ + ___ < ___ | ___ − ___ < ___ | ___ − ___ < ___

___ + ___ > ___ | ___ − ___ > ___ | ___ + ___ > ___

10. 친구들이 각각 얼마를 가지고 있는지 써넣어 보세요.

나는 500원짜리 2개를 가지고 있어.

안나

올리

나는 안나의 반만큼 가지고 있어.

안나 : _____ 원

올리 : _____ 원

올리와 내 돈을 더하면 1200원이야.

알렉스

로라

나는 사라의 2배를 가지고 있어.

알렉스 : _____ 원

로라 : _____ 원

나는 안나보다 600원 더 적게 가지고 있어.

사라

리차드

올리와 내 돈을 더하면 2000원이야.

사라 : _____ 원

리차드 : _____ 원

3 몇 시

긴바늘이 12를 가리킬 때, 짧은바늘이 가리키는 숫자에 '시'를 붙여 '몇 시'라고 합니다.

1. ○ 안에 알맞은 수를 쓴 후, 시곗바늘에 색칠해 보세요.

화살표 방향으로 시곗바늘이 움직여~. 그걸 시계 방향이라고 해.

2. 몇 시인지 시각을 써 보세요.

8시

3. 시각에 알맞게 시곗바늘을 그려 넣어 보세요.

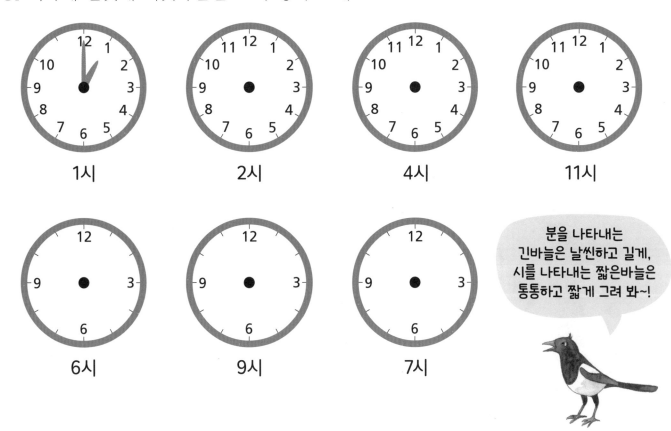

1시   2시   4시   11시

6시   9시   7시

분을 나타내는
긴바늘은 날씬하고 길게,
시를 나타내는 짧은바늘은
통통하고 짧게 그려 봐~!

4. 1부터 12까지 순서대로 수를 써넣어 보세요.

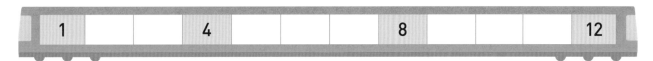

| 1 | | | 4 | | | | 8 | | | | 12 |

한 번 더 연습해요!

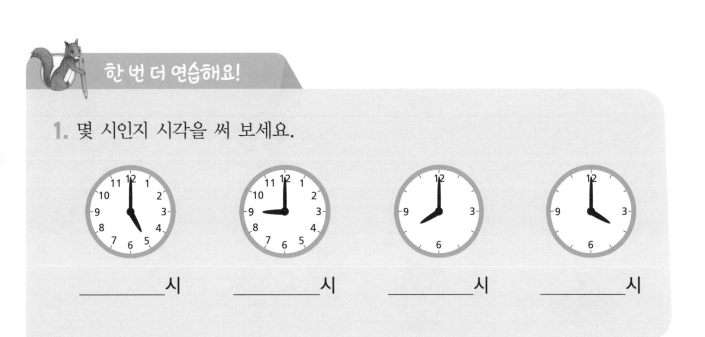

1. 몇 시인지 시각을 써 보세요.

_____시   _____시   _____시   _____시

5. 시각에 알맞게 시곗바늘을 그려 넣어 보세요.

6. 계산값이 8이 나오는 길을 따라가 보세요.

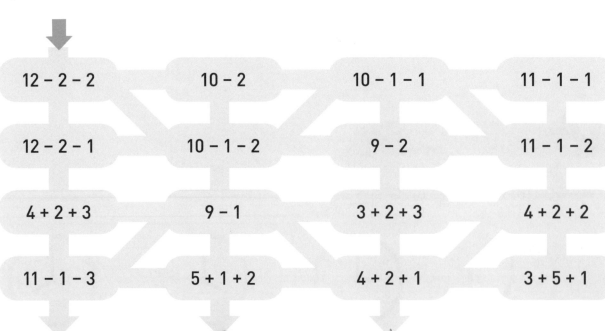

7. 계산한 후 정답에 해당하는 알파벳을 찾아 써넣어 보세요.

12 − 2 − 6 = _____ ☐   11 − 1 − 4 = _____ ☐   11 − 1 − 7 = _____ ☐

12 − 2 − 3 = _____ ☐   5 + 1 + 2 = _____ ☐   6 + 0 + 5 = _____ ☐

3 + 7 + 2 = _____ ☐   3 + 3 + 4 = _____ ☐   12 − 2 − 5 = _____ ☐

1 + 9 + 2 = _____ ☐   2 + 8 + 1 = _____ ☐   3 + 3 + 5 = _____ ☐

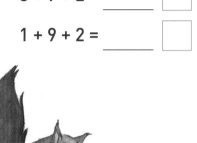

4 + 3 + 2 = _____ ☐   12 − 6 − 5 = _____ ☐

11 − 1 − 8 = _____ ☐

11 − 9 + 5 = _____ ☐

5 + 5 + 2 = _____ ☐

1	2	3	4	5	6	7	8	9	10	11	12
N	P	S	M	V	W	A	O	U	K	E	T

8. 규칙에 따라 시곗바늘을 그려 넣어 보세요.

4 몇 시 30분

긴바늘이 6을 가리킬 때 몇 시 30분이라고 합니다. 또 다른 말로 몇 시 반이라고도 합니다.
짧은바늘은 '시', 긴바늘은 '분'을 나타냅니다.

1. ○ 안에 알맞은 수를 쓴 후, 시곗바늘에 색칠해 보세요.

짧은바늘은 두 숫자
가운데를 가리키고,
긴바늘은 6을 가리킬 때
지나온 숫자에 시를 붙여
몇 시 30분이라고 해~.

2. 몇 시인지 시각을 써 보세요.

4시 30분

_____

_____

_____

_____

_____

_____

3. 시각에 알맞게 시곗바늘을 그려 넣어 보세요.

2시 30분

11시 30분

5시 30분

1시 30분

4시 30분

10시 30분

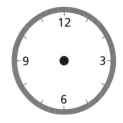
6시 30분

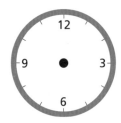
8시 30분

9시

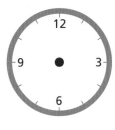
2시

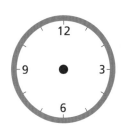
11시

분을 나타내는 긴바늘은 날씬하고 길게 6까지 닿게~! 시를 나타내는 짧은바늘은 통통하고 짧게 숫자와 숫자 사이에 가도록 그려 봐~!

한 번 더 연습해요!

1. 몇 시인지 시각을 써 보세요.

_____시 _____분   _____시 _____분   _____시 _____분   _____시 _____분

4. 시각에 알맞게 시곗바늘을 그려 넣어 보세요.

5. 30분 간격으로 변하는 시각을 찾아 길을 따라가 보세요.

6. 계산한 후 정답에 해당하는 알파벳을 찾아 써넣어 보세요.

_____ – 2 = 8	☐		3 + 5 + _____ = 15	☐
12 – _____ = 6	☐		14 – 3 – _____ = 0	☐
11 – _____ = 6	☐		2 + 0 + _____ = 14	☐
_____ + 4 = 11	☐		12 – 8 – _____ = 0	☐
12 – _____ = 3	☐		5 + 2 + _____ = 12	☐
12 – _____ = 4	☐		13 – 3 – _____ = 3	☐

4	5	6	7	8	9	10	11	12
D	O	L	W	R	E	F	I	N

7. 현재 시각은 5시예요. 아래 글을 읽고 설명하는 시각을 나타내는 시계를 찾아 선으로 이어 보세요.

사이먼은 운동을 1시간 전에 시작했어요.

마리는 클라라보다 1시간 먼저 운동을 시작했어요.

올리버는 1시간 뒤에 운동을 시작할 거예요.

클라라는 사이먼보다 1시간 30분 늦게 운동을 시작해요.

선으로 이어지지 않은 시계는 노란색으로 칠해 보세요.

8. 수직선을 이용해서 계산해 보세요.

_____ = 12 - 0	_____ = 11 - 1	_____ = 10 - 2
_____ = 11 - 0	_____ = 10 - 1	_____ = 9 - 2
_____ = 10 - 0	_____ = 9 - 1	_____ = 8 - 2
_____ = 8 - 8	_____ = 10 - 10	_____ = 12 - 12
_____ = 8 - 7	_____ = 10 - 9	_____ = 12 - 11
_____ = 8 - 6	_____ = 10 - 8	_____ = 12 - 10

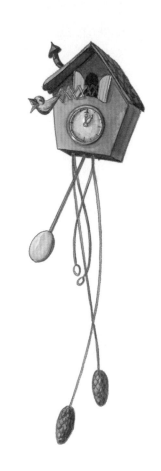

```
┣━━┿━━┿━━┿━━┿━━┿━━┿━━┿━━┿━━┿━━┿━━┿━━┿━━▶
0   1   2   3   4   5   6   7   8   9  10  11  12  13
```

9. 정각인 조각을 찾아 색칠해 보세요.

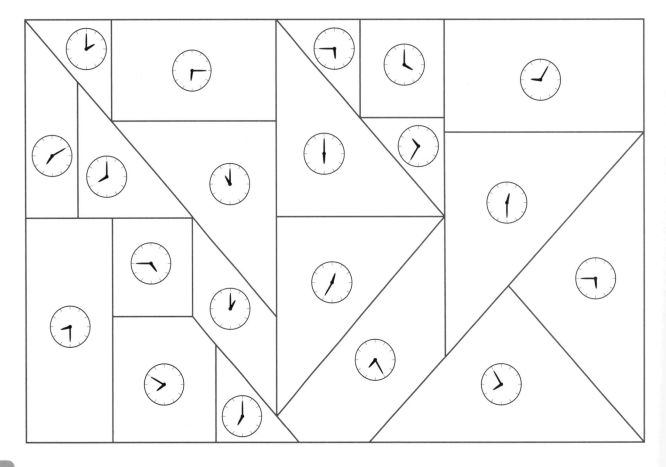

10. 같은 시각끼리 선으로 이어 보세요.

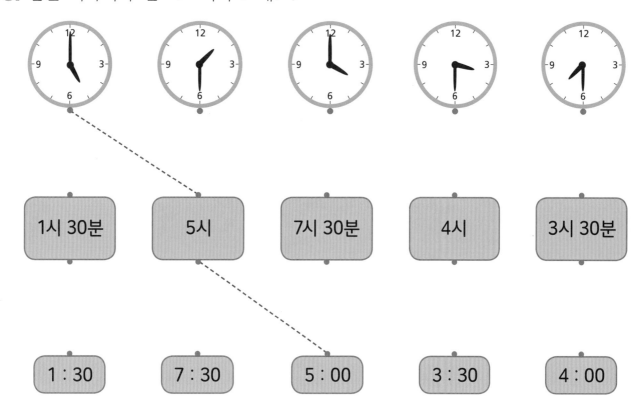

11. 그림이 들어간 식을 보고 그림의 값을 구해 보세요.

5 13에서 15까지의 수

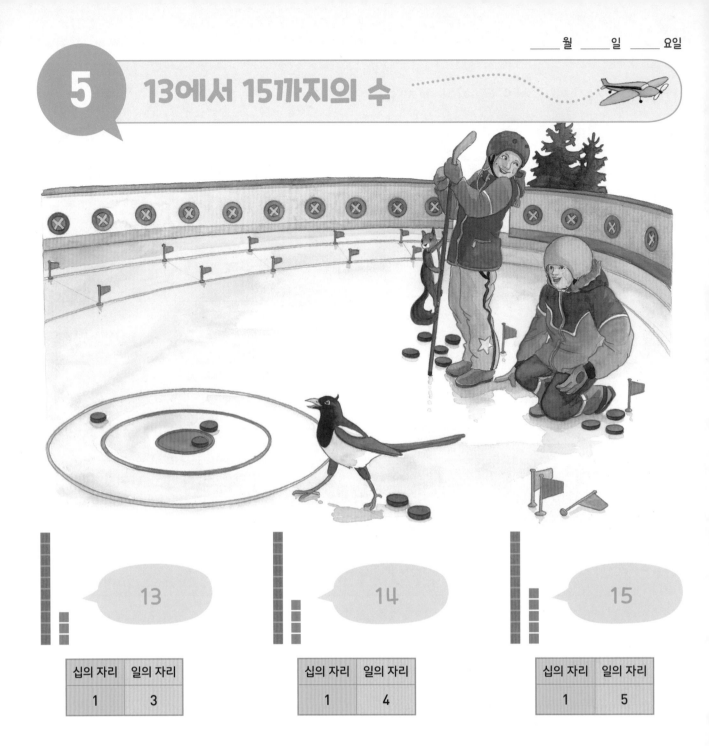

십의 자리	일의 자리
1	3

십의 자리	일의 자리
1	4

십의 자리	일의 자리
1	5

1. 아래 그림을 몇 개나 찾을 수 있나요? 위 그림에서 찾아보고 ☐ 안에 알맞은 수를 쓴 후 수직선과 바르게 이어 보세요.

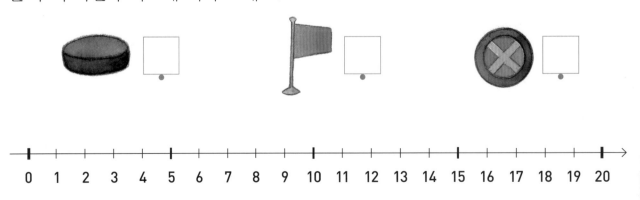

2. 그림을 이용해서 계산해 보세요.

10 + 3 = _____	10 + 4 = _____	10 + 5 = _____
11 + 2 = _____	12 + 2 = _____	11 + 4 = _____
12 + 1 = _____	11 + 3 = _____	12 + 3 = _____
13 – 3 = _____	14 – 4 = _____	15 – 5 = _____
13 – 1 = _____	14 – 2 = _____	15 – 4 = _____
13 – 2 = _____	14 – 1 = _____	15 – 2 = _____

3. 빈칸에 알맞은 값을 구해 보세요.

500원 + 500원 + _____ = 1300원

800원 + 200원 + _____ = 1300원

100원 + 900원 + _____ = 1400원

400원 + 600원 + _____ = 1400원

300원 + _____ + 500원 = 1500원

500원 + _____ + 500원 = 1500원

한 번 더 연습해요!

1. 계산해 보세요.

10 + 5 = ____	13 + 2 = ____	14 – 1 = ____
11 + 2 = ____	14 + 1 = ____	15 – 3 = ____
12 + 2 = ____	13 – 3 = ____	14 – 3 = ____

4. 똑같이 써 보세요.

| 13 | | | | | | | | | | 13 |

| 14 | | | | | | | | | 14 |

| 15 | | | | | | | | | 15 |

5. 100원, 500원, 1000원을 원하는 만큼 이용하여 2가지의 다른 방법으로 지갑에 돈을 그려 넣어 보세요.

1300원

1400원

6. 더해서 10이 되는 2개의 수를 찾아 색칠하세요. 그리고 남은 수를 더하여 ○ 안에 계산값을 써넣으세요.

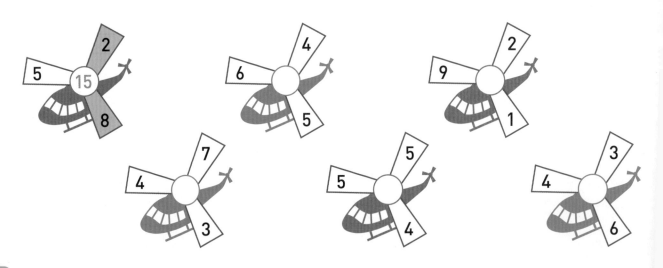

7. 그림을 그려 문제를 해결해 보세요.

다람쥐는 도토리 12개를 가지고 있어요. 그중 절반을 동생 다람쥐에게 주었어요. 동생 다람쥐는 받은 것의 절반을 엠마에게 주었어요. 엠마가 가진 도토리는 몇 개인지 구해 보세요.

_____개

8. 그림이 들어간 식을 보고 그림의 값을 구해 보세요.

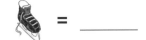

 **놀이 수학**

1500원 만들기

준비물 : 모형 돈

✏️ **놀이 방법**

1000원 1개, 500원 3개, 100원 15개를 가지고 2명이 번갈아 가며 1500원을 서로 다른 방법으로 나타내어 보세요. 몇 가지 방법으로 만들 수 있나요? 500원과 100원짜리 동전의 개수는 원하는 만큼 사용할 수 있어요.

_____가지

책 뒤에 있는 놀이 카드를 이용하세요.

6 16과 17

십의 자리	일의 자리
1	6

십의 자리	일의 자리
1	7

1. 아래 그림을 몇 개나 찾을 수 있나요? 위 그림에서 찾아보고 ☐ 안에 알맞은 수를 쓴 후 수직선과 바르게 이어 보세요.

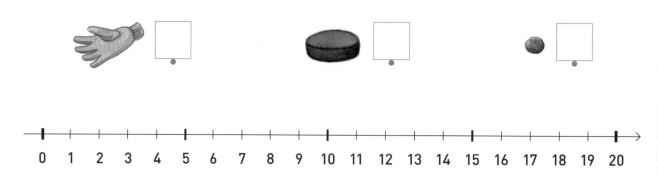

2. 계산해 보세요.

10 + 6 = _____

14 + 2 = _____

13 + 3 = _____

16 - 6 = _____

16 - 1 = _____

16 - 3 = _____

10 + 7 = _____

15 + 2 = _____

11 + 6 = _____

17 - 7 = _____

17 - 2 = _____

17 - 4 = _____

13 + 2 = _____

2 + 13 = _____

12 + 4 = _____

4 + 12 = _____

11 + 5 = _____

5 + 11 = _____

3. 보기를 보고 계산해 보세요.

<보기>

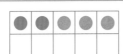

2 + 3 = _____

12 + 3 = _____

5 + 1 = _____

15 + 1 = _____

3 + 4 = _____

13 + 4 = _____

3 + 2 = _____

13 + 2 = _____

2 + 5 = _____

12 + 5 = _____

4 + 2 = _____

14 + 2 = _____

1 + 3 = _____

11 + 3 = _____

 한 번 더 연습해요!

1. 계산해 보세요.

15 + 1 = _____

13 + 4 = _____

10 + 7 = _____

17 - 5 = _____

16 - 4 = _____

4 + 1 = _____

14 + 1 = _____

2 + 4 = _____

12 + 4 = _____

4. 똑같이 써 보세요.

| | 1 | 6 | | | | | | | | | | | | | 1 | 6 |
| 1 | 7 | | | | | | | | | | | | | | 1 | 7 |

5. 8에서 17까지 규칙에 따라 수를 써넣어 보세요.

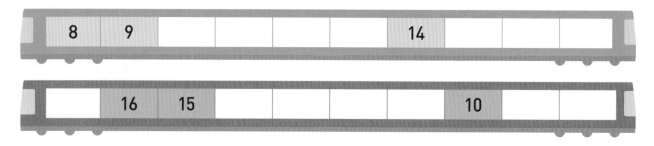

6. 돈은 모두 얼마인지 써 보세요.

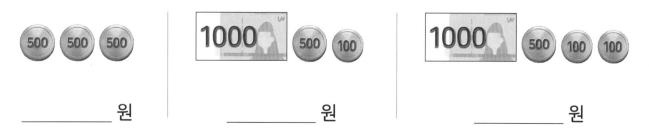

_____ 원   _____ 원   _____ 원

7. 계산값이 같은 것끼리 이어 보세요.

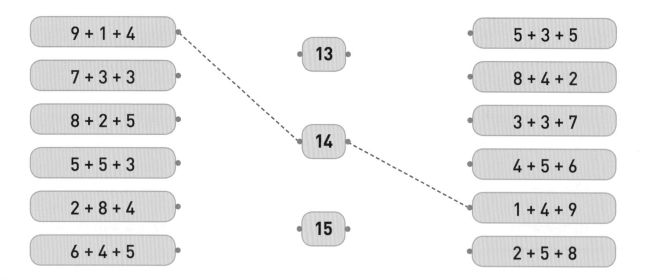

9 + 1 + 4		5 + 3 + 5
7 + 3 + 3	13	8 + 4 + 2
8 + 2 + 5		3 + 3 + 7
5 + 5 + 3	14	4 + 5 + 6
2 + 8 + 4		1 + 4 + 9
6 + 4 + 5	15	2 + 5 + 8

8. 같은 시각끼리 선으로 이어 보세요.

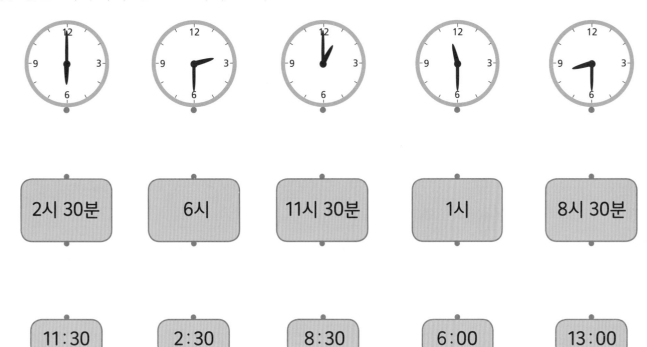

| 2시 30분 | 6시 | 11시 30분 | 1시 | 8시 30분 |

| 11:30 | 2:30 | 8:30 | 6:00 | 13:00 |

9. 학생들의 취미 활동과 시작 시각을 알아맞혀 보세요.

| 11:30 | 12:00 | 12:30 | 13:00 |

❶ 힐다의 취미 활동은 사이먼보다 30분 늦게 시작합니다.

❷ 닐스의 취미 활동은 힐다보다 1시간 더 빨리 시작합니다.

❸ 사이먼의 취미 활동은 2개의 바늘이 정확하게 12를 가리킬 때 시작합니다.

❹ 필립의 취미 활동은 사이먼보다 1시간 늦게 시작합니다.

> 정확한 시각을
> 알려 주는 문장부터
> 찾으렴~!

7 18과 19

십의 자리	일의 자리
1	8

십의 자리	일의 자리
1	9

1. 아래 그림을 몇 개나 찾을 수 있나요? 위 그림에서 찾아보고 ☐ 안에 알맞은 수를 쓴 후 수직선과 바르게 이어 보세요.

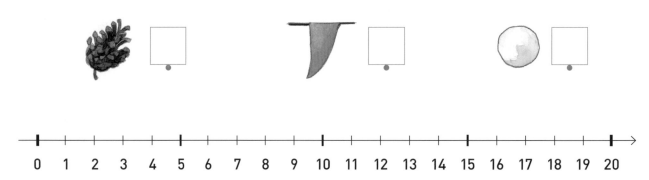

2. 그림을 보고 계산해 보세요.

10 + 8 = _____

15 + 3 = _____

17 + 1 = _____

18 – 2 = _____

18 – 4 = _____

18 – 7 = _____

10 + 9 = _____

17 + 2 = _____

13 + 6 = _____

19 – 1 = _____

19 – 3 = _____

19 – 6 = _____

14 + 4 = _____

4 + 14 = _____

12 + 5 = _____

5 + 12 = _____

11 + 8 = _____

8 + 11 = _____

3. 보기를 보고 계산해 보세요.

<보기>

8 – 2 = _____

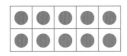 

18 – 2 = _____

8 – 5 = _____

18 – 5 = _____

9 – 4 = _____

19 – 4 = _____

6 + 2 = _____

16 + 2 = _____

9 – 2 = _____

19 – 2 = _____

8 – 3 = _____

18 – 3 = _____

4 + 5 = _____

14 + 5 = _____

 한 번 더 연습해요!

1. 계산해 보세요.

16 + 3 = _____

11 + 7 = _____

18 + 1 = _____

13 + 5 = _____

18 – 8 = _____

19 – 0 = _____

19 – 7 = _____

19 – 9 = _____

8 – 6 = _____

4. 똑같이 써 보세요.

1 8							1 8
1 9							1 9

5. 지갑에 알맞은 돈을 그려 넣어 보세요.

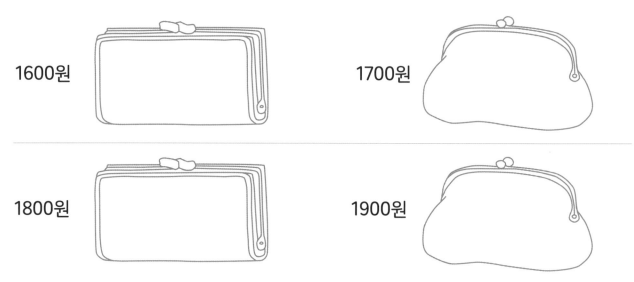

1600원

1700원

1800원

1900원

6. 계산값이 19가 나오는 길을 따라가 보세요.

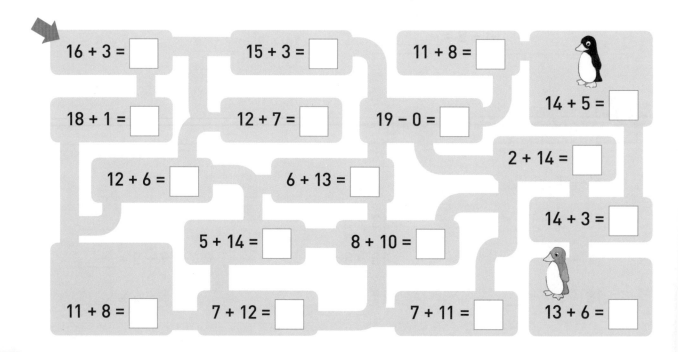

16 + 3 =

15 + 3 =

11 + 8 =

14 + 5 =

18 + 1 =

12 + 7 =

19 − 0 =

2 + 14 =

12 + 6 =

6 + 13 =

14 + 3 =

5 + 14 =

8 + 10 =

11 + 8 =

7 + 12 =

7 + 11 =

13 + 6 =

7. 빈칸에 알맞은 수를 구해 보세요.

3 + 3 = 4 + _____ = 5 + 1

5 + 2 = 3 + _____ = 7 + 0

4 + 4 = 6 + _____ = 3 + _____

6 + 4 = 8 + _____ = 1 + _____

14 + 2 = 13 + _____ = 11 + _____

15 + 3 = 12 + _____ = 14 + _____

17 + 2 = 13 + _____ = 15 + _____

19 + 1 = 15 + _____ = 17 + _____

놀이 수학

홀수와 짝수 놀이

✏️ **놀이 방법**

1. 부모님 또는 친구와 번갈아 가며 10~50 사이의 수를 카약에 써넣으세요.
2. 가위바위보를 하여 이긴 사람이 먼저 카약을 선택해요.
3. 카약에 있는 수를 번갈아 가며 홀수와 짝수에 맞게 이글루에 써넣으세요.

★ 97쪽에 있는 활동지로 한 번 더 놀이해요!

홀수   짝수

_____월 _____일 _____요일

1. 계산해 보세요.

4 + 4 = _____   4 + 3 = _____   6 - 3 = _____

5 + 5 = _____   5 + 4 = _____   8 - 4 = _____

3 + 3 = _____   3 + 2 = _____   10 - 5 = _____

2. 알맞은 시각을 써 보세요.

_____   _____   _____

3. 시각에 알맞게 시곗바늘을 그려 넣어 보세요.

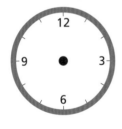   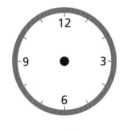   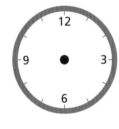

7시 30분   7시   12시 30분

4. 돈은 모두 얼마인지 써 보세요.

_____원   _____원   _____원

5. 수의 순서에 맞게 주어진 수의 앞과 뒤에 오는 수를 바르게 써넣어 보세요.

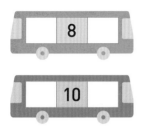 8

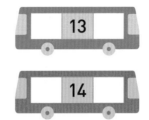 13

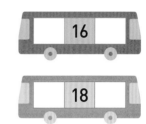 16

10

14

18

6. 계산해 보세요.

2 + 2 = _____   3 + 3 = _____   5 - 3 = _____   8 - 5 = _____

12 + 2 = _____   13 + 3 = _____   15 - 3 = _____   18 - 5 = _____

1 + 4 = _____   7 + 2 = _____   9 - 6 = _____   7 - 3 = _____

11 + 4 = _____   17 + 2 = _____   19 - 6 = _____   17 - 3 = _____

7. 규칙에 따라 수를 써넣어 보세요.

| 19 | 17 | | | 9 | | | 3 | |

8. □ 안에 >, =, <를 알맞게 써넣어 보세요.

11 + 6 □ 18

13 + 5 □ 19

12 + 4 □ 16

10 - 5 □ 5 + 5

18 - 4 □ 16 - 4

19 - 3 □ 12 + 5

얼마나 잘했나요?

실력이 자란 만큼 별을 색칠하세요.

☆☆☆

★★★ 정말 잘했어요.

★★☆ 꽤 잘했어요.

★☆☆ 계속 노력할게요.

단원 평가

1

빈칸에 들어갈 알맞은 수를 써넣으세요.

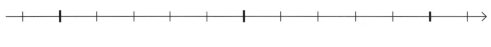

9　　10　＿＿　12　13　＿＿　＿＿　16　17　＿＿　＿＿　20　21

2

계산해 보세요.

14 – 1 = ＿＿　　　17 – 3 = ＿＿

16 – 2 = ＿＿　　　15 – 4 = ＿＿

18 – 5 = ＿＿　　　19 – 3 = ＿＿

3

계산값이 같은 것끼리 이어 보세요.

8 + 7 + 2		4 + 6 + 8
7 + 9 + 3	**17**	5 + 5 + 7
6 + 8 + 4		3 + 7 + 9
5 + 7 + 5	**18**	1 + 9 + 8
9 + 8 + 1		2 + 8 + 7
4 + 9 + 6	**19**	6 + 4 + 9

4

계산한 후 정답에 해당하는
알파벳을 찾아 써넣으세요.

_____ − 4 = 8 ☐

5 + _____ = 13 ☐

_____ − 10 = 9 ☐

_____ + 3 = 19 ☐

12 + _____ = 17 ☐

_____ − 6 = 8 ☐

_____ − 7 = 3 ☐

15 − _____ = 5 ☐

5	8	10	12	14	16	19
B	N	L	S	A	W	O

5

같은 시각끼리 선으로 이어 보세요.

2:30   14:00   3:00   1:30   2:15

8 20

십의 자리	일의 자리
2	0

20

| 2 | 0 | | | | | | | | |

1. 아래 그림을 몇 개나 찾을 수 있나요? 위 그림에서 찾아보고 ☐ 안에 알맞은 수를 쓴 후 수직선과 바르게 이어 보세요.

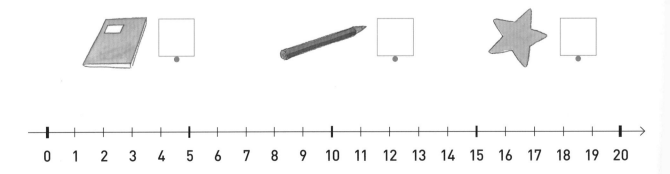

2. 계산해 보세요.

$1 + 9 =$ _____

$11 + 9 =$ _____

$4 + 6 =$ _____

$14 + 6 =$ _____

$10 - 5 =$ _____

$20 - 5 =$ _____

$10 - 8 =$ _____

$20 - 8 =$ _____

$20 - 1 =$ _____

$20 - 9 =$ _____

$20 - 4 =$ _____

$20 - 7 =$ _____

$20 - 3 =$ _____

3. 빈칸에 알맞은 돈의 값을 구해 보세요.

1200원 + _____ = 2000원

1600원 + _____ = 2000원

1800원 + _____ = 2000원

1300원 + _____ = 2000원

2000원 − _____ = 1400원

2000원 − _____ = 1700원

2000원 − _____ = 1500원

2000원 − _____ = 1100원

한 번 더 연습해요!

1. 20을 만들어 보세요.

20   19 + ☐

20 15 + ☐

20 12 + ☐

20 ☐ + 14

20 ☐ + 13

2. 계산해 보세요.

$10 + 10 =$ ____

$15 + 4 =$ ____

$17 + 3 =$ ____

$20 - 6 =$ ____

$19 - 4 =$ ____

$20 - 9 =$ ____

4. 계산해 보세요.

2 + 8 = _____   7 + 3 = _____   10 – 4 = _____   10 – 9 = _____

12 + 8 = _____   17 + 3 = _____   20 – 4 = _____   20 – 9 = _____

5. 돈은 모두 얼마인지 계산해 보세요.

(500)(100)	(500)(100)	600원 + 600원 = _____ 원
(500)(100)(100)	(500)(100)(100)	_____ 원 + _____ 원 = _____ 원
(500)(100)(100)(100)	(500)(100)(100)(100)	_____ 원 + _____ 원 = _____ 원
(500)(100)(100)(100)(100)	(500)(100)(100)(100)(100)	_____ 원 + _____ 원 = _____ 원
1000	1000	_____ 원 + _____ 원 = _____ 원

6. 가운데 수에서 화살표 옆의 수를 뺀 값을 ☐ 안에 써넣어 보세요.

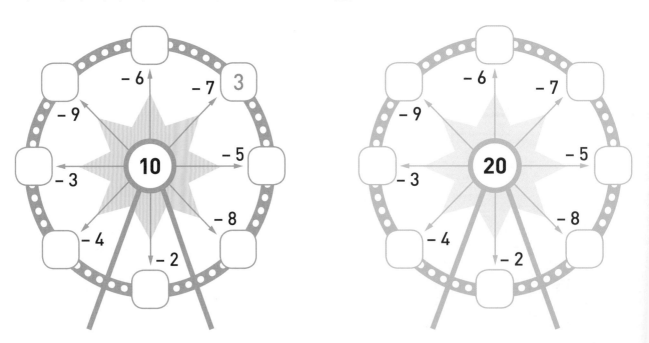

7. □ 안에 알맞은 수를 넣어 덧셈 계단을 완성해 보세요.

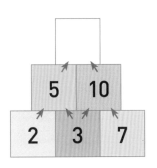

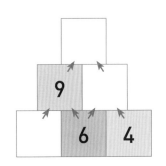

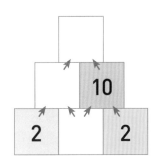

8. 아래 글을 읽고 친구들이 얼마를 가지고 있는지 알아맞혀 보세요.

나는 1000원짜리 2장을 가지고 있어.

헬렌

베르나

나는 헬렌이 가진 돈의 절반만큼 가지고 있어.

헬렌 : _____ 원

베르나 : _____ 원

올리버에게 500원을 주면 나에게 남는 돈이 없어.

엘리스

올리버

내가 엘리스에게 돈을 받는다면 나는 헬렌만큼 돈을 갖게 될 거야.

엘리스 : _____ 원

올리버 : _____ 원

나는 500원짜리 1개와 100원짜리 4개를 가지고 있어.

올리비아

빈센트

나는 올리비아가 가진 돈의 2배만큼 가지고 있어.

올리비아 : _____ 원

빈센트 : _____ 원

9 짝수와 홀수

1. 아래 그림을 몇 개나 찾을 수 있나요? 위 그림에서 찾아보고 ☐ 안에 알맞은
수를 쓴 후 짝수, 홀수에 맞게 이어 보세요.

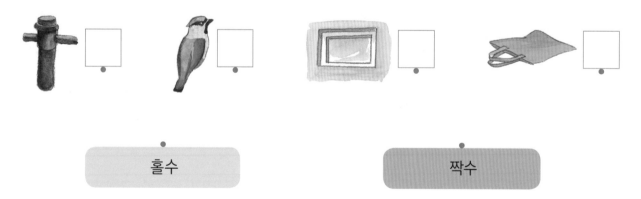

홀수   짝수

2. 짝수는 파란색, 홀수는 초록색으로 색칠해 보세요.

1	2	3	4	5	6	7	8	9	10
11	12	13	14	15	16	17	18	19	20

3. 계산 결과가 짝수이면 파란색, 홀수이면 초록색으로 색칠해 보세요.

4 + 14 = ☐

6 + 10 = ☐

14 + 6 = ☐

12 + 2 = ☐

5 + 11 = ☐

7 + 13 = ☐

15 + 3 = ☐

13 + 1 = ☐

12 + 7 = ☐

4 + 11 = ☐

5 + 12 = ☐

11 + 2 = ☐

4. 규칙에 따라 수를 써넣어 보세요.

| 2 | 4 | 6 | | | | | | | 20 |

| 19 | 17 | 15 | | | | | | | 1 |

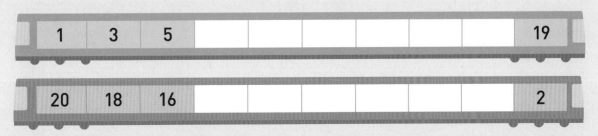

한 번 더 연습해요!

1. 계산 결과가 짝수이면 파란색, 홀수이면 초록색으로 색칠해 보세요.

12 + 4 = ☐

8 + 10 = ☐

13 + 5 = ☐

1 + 15 = ☐

14 + 3 = ☐

18 + 1 = ☐

2. 규칙에 따라 수를 써넣어 보세요.

| 1 | 3 | 5 | | | | | | 19 |

| 20 | 18 | 16 | | | | | | 2 |

5. 계산한 후 정답에 해당하는 알파벳을 찾아 써넣으세요.

A S L T K N R V E M O B U

0   5   10   15   20

17 – 7 = _____ ☐

20 – 4 = _____ ☐ ,

12 – 1 = _____ ☐

10 – 1 = _____ ☐

18 – 2 = _____ ☐

19 – 4 = _____ ☐

14 + 2 = _____ ☐

18 – 5 = _____ ☐

7 + 6 = _____ ☐

16 + 4 = _____ ☐

20 – 3 = _____ ☐

13 + 6 = _____ ☐

12 + 4 = _____ ☐

14 – 4 = _____ ☐

20 – 2 = _____ ☐

12 + 6 = _____ ☐

11 + 1 = _____ ☐

15 – 1 = _____ ☐

20 – 11 = _____ ☐

3 + 5 = _____ ☐

17 – 6 = _____ ☐

6. 짝수는 파란색, 홀수는 초록색으로 색칠해 보세요.

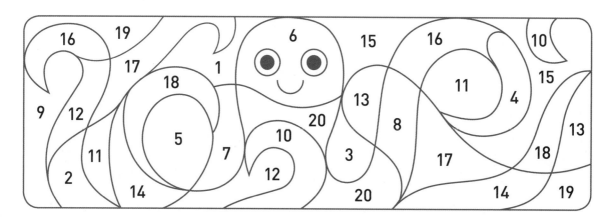

7. 규칙에 따라 수를 써넣어 보세요.

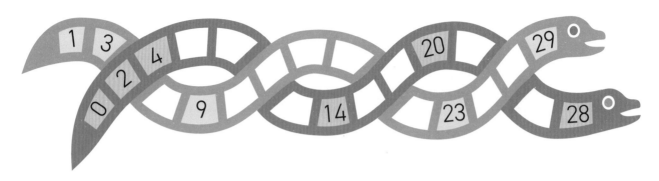

8. 보물 상자의 비밀번호를 알아맞혀 보세요.

– 15보다 작고 9보다 커요.
– 일의 자리 수가 십의 자리 수보다 커요.
– 홀수예요.

보물 상자의 비밀번호

_____

– 4+4보다 크고 20보다 작아요.
– 일의 자리 수가 십의 자리 수보다 작아요.
– 짝수예요.

보물 상자의 비밀번호

_____

놀이 수학

잘못 들어간 수를 찾아라!

✏️ **놀이 방법**

1. 자루 안의 수를 관찰해요.
2. 어떤 수가 자루에 잘못 들어갔는지 찾아내어 그 이유를 설명해 보세요.

19 – 5

18 – 6

17 – 3   20 – 0

18   11 + 6

15

13   18   11

16

19   17

14   20

스스로 문제를 만들어 풀어 보세요.

10 2에서 5까지 더해서 10 만들기

8 + 5

= 8 + 2 + 3

= 10 + 3

= 13

10을 먼저 만들고 나서 남은 수를 더해요.

1. 그림을 그리면서 계산해 보세요.

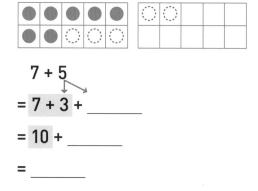

7 + 5

= 7 + 3 + _____

= 10 + _____

= _____

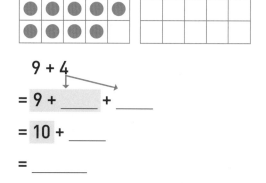

9 + 4

= 9 + _____ + _____

= 10 + _____

= _____

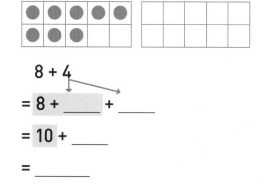

8 + 4

= 8 + _____ + _____

= 10 + _____

= _____

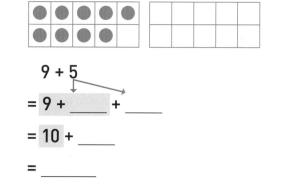

9 + 5

= 9 + _____ + _____

= 10 + _____

= _____

2. 그림을 그리면서 계산해 보세요.

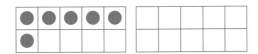

6 + 5 = _____

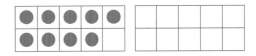

9 + 3 = _____

7 + 4 = _____

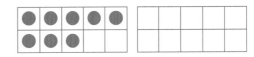

8 + 5 = _____

3. 계산해 보세요.

8 + 2 + 2 = _____   7 + 3 + 2 = _____   _____ = 9 + 4

8 + 4 = _____   7 + 5 = _____   _____ = 8 + 3

6 + 4 + 1 = _____   9 + 1 + 4 = _____   _____ = 9 + 2

6 + 5 = _____   9 + 5 = _____   _____ = 6 + 5

한 번 더 연습해요!

1. 그림을 그리면서 계산해 보세요.

8 + 3 = _____

9 + 5 = _____

2. 계산해 보세요.

8 + 4 = _____

8 + 5 = _____

9 + 4 = _____

7 + 4 = _____

11 + 9 = _____

13 + 6 = _____

14 + 5 = _____

4. 더해서 10이 되는 2개의 수를 찾아 색칠하세요. 그리고 남은 수를 더하여 ○ 안에 계산값을 써넣으세요.

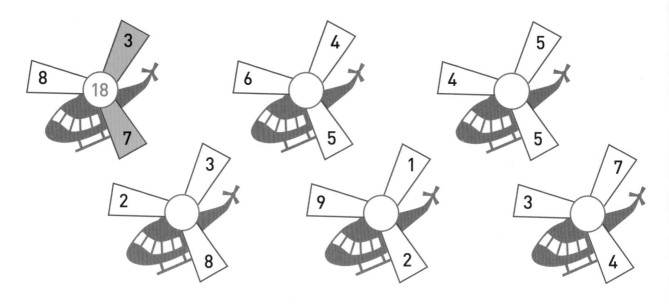

5. 계산한 후 정답에 해당하는 알파벳을 찾아 써넣어 보세요.

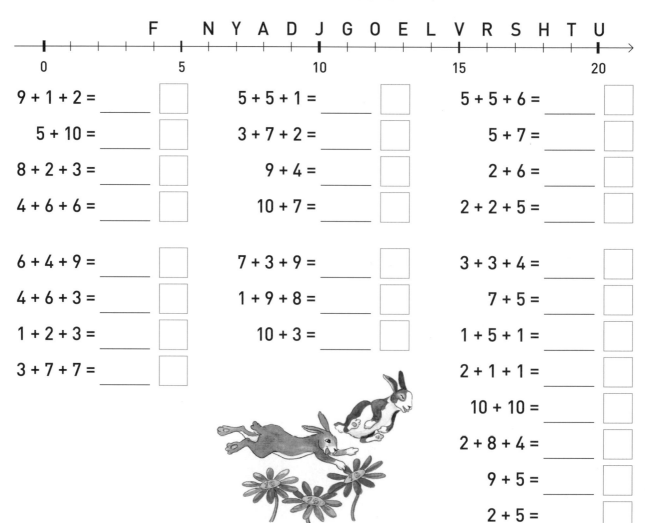

9 + 1 + 2 = _____ ☐   5 + 5 + 1 = _____ ☐   5 + 5 + 6 = _____ ☐

5 + 10 = _____ ☐   3 + 7 + 2 = _____ ☐   5 + 7 = _____ ☐

8 + 2 + 3 = _____ ☐   9 + 4 = _____ ☐   2 + 6 = _____ ☐

4 + 6 + 6 = _____ ☐   10 + 7 = _____ ☐   2 + 2 + 5 = _____ ☐

6 + 4 + 9 = _____ ☐   7 + 3 + 9 = _____ ☐   3 + 3 + 4 = _____ ☐

4 + 6 + 3 = _____ ☐   1 + 9 + 8 = _____ ☐   7 + 5 = _____ ☐

1 + 2 + 3 = _____ ☐   10 + 3 = _____ ☐   1 + 5 + 1 = _____ ☐

3 + 7 + 7 = _____ ☐   2 + 1 + 1 = _____ ☐

10 + 10 = _____ ☐

2 + 8 + 4 = _____ ☐

9 + 5 = _____ ☐

2 + 5 = _____ ☐

6. 빈칸에 알맞은 수를 구해 보세요.

_____ + 6 = 8 + _____ = 10

_____ + 7 = 9 + _____ = 11

_____ + 9 = 7 + _____ = 13

5 + _____ = _____ + 8 = 12

8 + _____ = _____ + 5 = 14

6 + _____ = _____ + 7 = 15

7. 빈칸에 알맞은 수를 구해 보세요. 가로와 세로로 연달아 있는 세 수의 합은 13이에요.

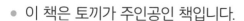

8. 아래 글을 읽고 엠마의 책을 찾아 ◯표 해 보세요.

- 이 책은 토끼가 주인공인 책입니다.
- 이 책은 얇지 않습니다.
- 이 책은 빨간색이 아닙니다.
- 책 이름에 알파벳 B가 들어 있지 않습니다.

9. 그림을 그린 후 식을 쓰고 답을 구해 보세요.

❶ 펄은 동화책 7권과 과학책 4권을
가지고 있어요. 펄이 가진 책은 모두
몇 권인가요?

식 : _____

정답 : _____ 권

❷ 닉은 동화책 6권과 과학책 5권을
가지고 있어요. 닉이 가진 책은 모두
몇 권인가요?

식 : _____

정답 : _____ 권

❸ 사라는 동화책 9권과 과학책 5권을
가지고 있어요. 사라가 가진 책은 모두
몇 권인가요?

식 : _____

정답 : _____ 권

❹ 아드리안은 동화책 8권과 과학책 4권을
가지고 있어요. 아드리안이 가진 책은 모두
몇 권인가요?

식 : _____

정답 : _____ 권

그림은 자유롭게 표현할 수 있어!

10. 계산해 보세요.

3 + 6 + 4 = _____   3 + 4 + 4 = _____

2 + 5 + 5 = _____   3 + 5 + 5 = _____

4 + 4 + 4 = _____   3 + 3 + 5 = _____

11. ☐ 안에 >, =, <를 알맞게 써넣어 보세요.

7 + 5 ☐ 12   14 ☐ 9 + 5   8 + 4 ☐ 8 + 5

8 + 5 ☐ 12   12 ☐ 9 + 4   8 + 4 ☐ 7 + 4

6 + 5 ☐ 11   13 ☐ 8 + 5   9 + 5 ☐ 8 + 4

한 번 더 연습해요!

1. 계산해 보세요.

7 + 4 = _____   8 + 4 = _____   7 + 5 = _____   9 + 5 = _____

2. 그림을 그린 후 식을 쓰고 답을 구해 보세요.

❶ 에밀리는 동화책 8권과 과학책 5권을 가지고 있어요. 에밀리가 가진 책은 모두 몇 권인가요?

❷ 제리는 동화책 9권과 과학책 4권을 가지고 있어요. 제리가 가진 책은 모두 몇 권인가요?

식 : _____   식 : _____

정답 : _____ 권   정답 : _____ 권

12. 빈칸에 알맞은 수를 구해 보세요.

8 + _____ = 11   7 + _____ = 12   6 + _____ = 13

8 + _____ < 11   7 + _____ < 12   6 + _____ < 13

13. 계산값에 맞게 주어진 색을 칠해 보세요.

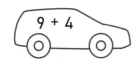 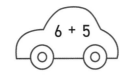 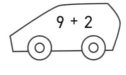 

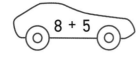 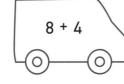  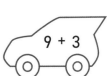

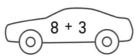 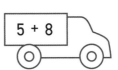

14. 규칙에 따라 그려 보세요.

 스스로 규칙을 만들어 그려 보세요.

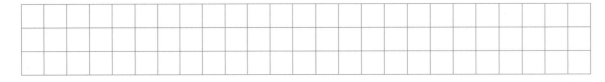

15. 12가 되도록 이어 보세요.

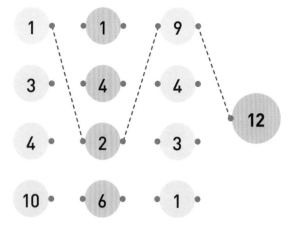

15가 되도록 이어 보세요.

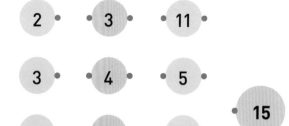

16. 빨간 차의 가격을 구해 보세요.

총 가격 14€

총 가격 18€

총 가격 11€

총 가격 13€

€
_____

 파란 말의 가격을 구해 보세요.

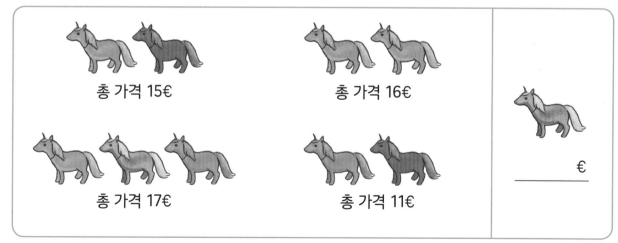

총 가격 15€

총 가격 16€

총 가격 17€

총 가격 11€

€
_____

*€는 유럽 연합에서 사용하는 화폐 단위예요. 유로라고 읽어요.

11 6과 7을 더해서 10 만들기

7 + 6

= 7 + 3 + 3

= 10 + 3

= 13

10을 먼저 만들고 나서 남은 수를 더해요.

1. 그림을 그리면서 계산해 보세요.

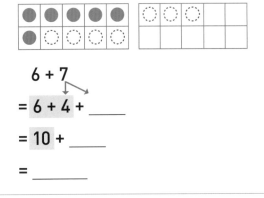

6 + 7

= 6 + 4 + _____

= 10 + _____

= _____

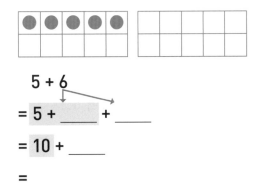

5 + 6

= 5 + _____ + _____

= 10 + _____

= _____

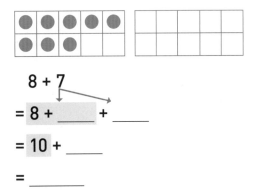

8 + 7

= 8 + _____ + _____

= 10 + _____

= _____

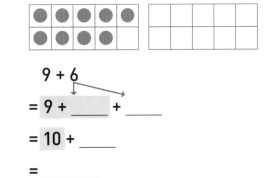

9 + 6

= 9 + _____ + _____

= 10 + _____

= _____

2. 그림을 그리면서 계산해 보세요.

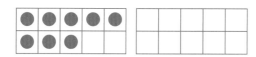

8 + 6 = _____

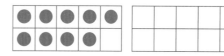

9 + 7 = _____

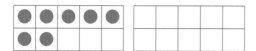

7 + 7 = _____

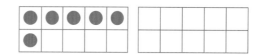

6 + 6 = _____

3. 계산해 보세요.

8 + 2 + 5 = _____	7 + 3 + 3 = _____	_____ = 9 + 6
8 + 7 = _____	7 + 6 = _____	_____ = 8 + 6
6 + 4 + 3 = _____	9 + 1 + 6 = _____	_____ = 7 + 7
6 + 7 = _____	9 + 7 = _____	_____ = 5 + 6

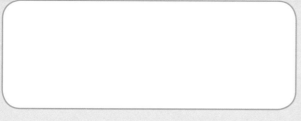

한 번 더 연습해요!

1. 그림을 그리고 식과 답을 써 보세요.

제리는 파란 공 8개와 노란 공 6개를 가지고 있어요. 제리가 가진 공은 모두 몇 개인가요?

식 : _____

정답 : _____ 개

2. 계산해 보세요.

6 + 6 = _____

7 + 7 = _____

9 + 7 = _____

8 + 7 = _____

17 − 5 = _____

19 − 6 = _____

18 − 7 = _____

4. 규칙에 따라 수직선에 선을 그리고, 빈칸에 알맞은 수를 써넣어 보세요.

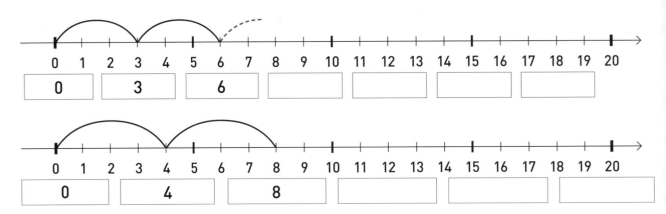

| 0 | 3 | 6 | | | | |

| 0 | 4 | 8 | | | |

5. 계산값에 맞게 주어진 색을 칠해 보세요.

13   14   15

7 + 3 + 5   3 + 5 + 6   4 + 4 + 7

4 + 3 + 7   4 + 2 + 8

9 + 3 + 1   5 + 8 + 2   5 + 4 + 6

1 + 4 + 9   4 + 3 + 6   3 + 3 + 7

6. 스스로 문제를 만들어 풀어 보세요.

_____ + _____ = 20   20 − _____ > 20 − _____

_____ + _____ = 20   20 − _____ < 20 − _____

7. 빈칸에 알맞은 수를 구해 보세요. 가로와 세로로 연달아 있는 세 수의 합은 15예요.

8		6	4		6	2		3	
3				1			8		7
	7		6			4		4	

8. 숲속 요정의 집을 찾아 ○표 해 보세요.

- 출입구에는 모서리가 없어요.
- 집이 판자로 지어졌어요.
- 지붕은 평평하지 않아요.
- 빨간색이 없어요.
- 굴뚝이 없어요.

9. 돈을 그린 후 물건의 가격이 얼마인지 식과 답을 써 보세요.

① 비행기와 기차의 가격은 모두 얼마인가요?

식 : _____

정답 : _____

② 인형과 로봇의 가격은 모두 얼마인가요?

식 : _____

정답 : _____

③ 로봇과 비행기의 가격은 모두 얼마인가요?

식 : _____

정답 : _____

④ 로봇, 자동차, 기차의 가격은 모두 얼마인가요?

식 : _____

정답 : _____

10. 계산해 보세요.

9 + 6 = _____   8 + 7 = _____   3 + 4 + 6 = _____

7 + 7 = _____   6 + 8 = _____   3 + 5 + 7 = _____

11. 노란 공룡의 가격을 구해 보세요.

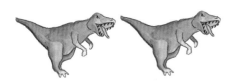      

총 가격 12€   총 가격 15€   €
_____   _____

 한 번 더 연습해요!

1. 계산해 보세요.

7 + 6 = _____   8 + 7 = _____   5 + 7 = _____   9 + 5 = _____

2. 66쪽에 있는 물건 가격표를 보고 문제를 푸세요. 돈을 그린 후, 물건의 가격이 얼마인지 식을 쓰고 답을 구해 보세요.

❶ 인형과 비행기의 가격은 모두 얼마인가요?

식 : _____

정답 : _____

❷ 책과 로봇의 가격은 모두 얼마인가요?

식 : _____

정답 : _____

12. 수의 순서에 맞게 주어진 수의 앞과 뒤에 오는 수를 바르게 써넣어 보세요.

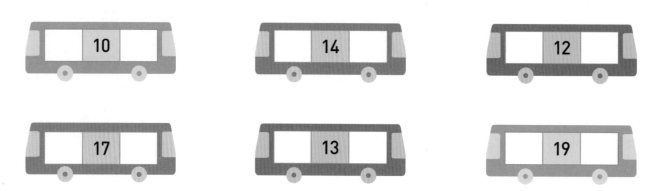

13. ☐ 안에 알맞은 수를 구해 보세요.

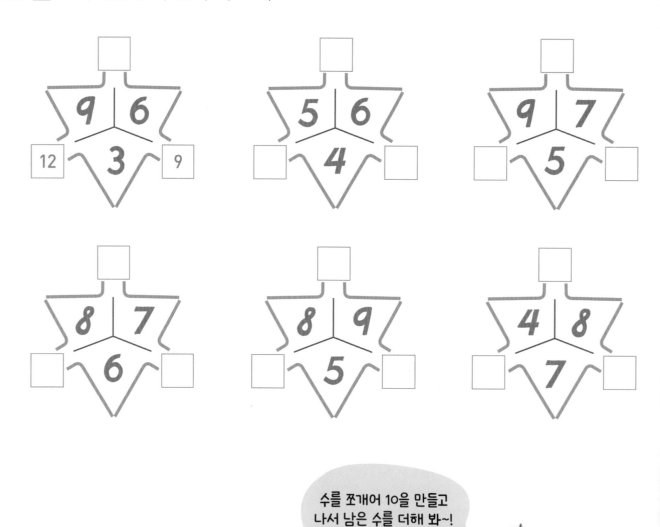

수를 쪼개어 10을 만들고
나서 남은 수를 더해 봐~!

14. 파란 인형의 가격을 구해 보세요.

빨간 공룡의 가격을 구해 보세요.

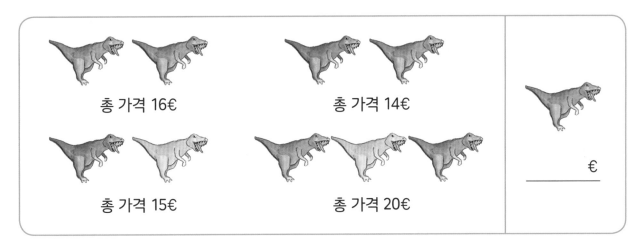

15. 계산값에 맞게 주어진 색을 칠해 보세요.   13 ⬤ 14 ⬤ 15 ⬤ 16 ⬤

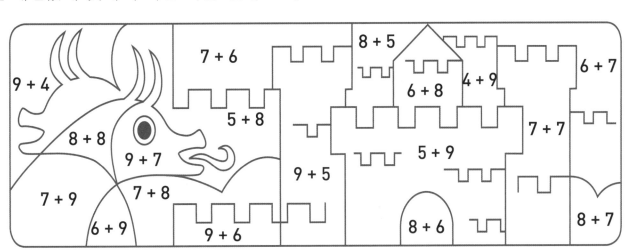

12 8과 9를 더해서 10만들기

7 + 8

= 7 + 3 + 5

= 10 + 5

= 15

10을 먼저 만들고 나서 남은 수를 더해요.

1. 그림을 그리면서 계산해 보세요.

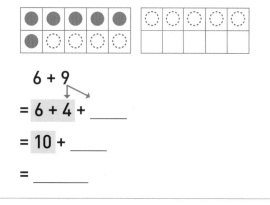

6 + 9

= 6 + 4 + _____

= 10 + _____

= _____

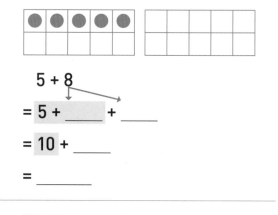

5 + 8

= 5 + _____ + _____

= 10 + _____

= _____

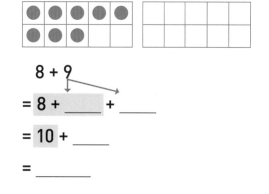

8 + 9

= 8 + _____ + _____

= 10 + _____

= _____

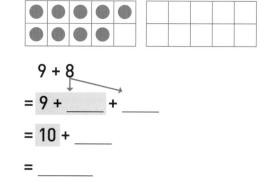

9 + 8

= 9 + _____ + _____

= 10 + _____

= _____

2. 그림을 그리면서 계산해 보세요.

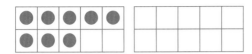

$$8 + 8 = \underline{\hspace{2cm}}$$

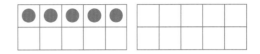

$$5 + 9 = \underline{\hspace{2cm}}$$

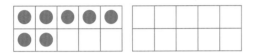

$$7 + 9 = \underline{\hspace{2cm}}$$

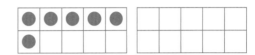

$$6 + 8 = \underline{\hspace{2cm}}$$

3. 계산해 보세요.

$8 + 2 + 7 = \underline{\hspace{1.5cm}}$	$7 + 3 + 5 = \underline{\hspace{1.5cm}}$	$\underline{\hspace{1.5cm}} = 4 + 9$
$8 + 9 = \underline{\hspace{1.5cm}}$	$7 + 8 = \underline{\hspace{1.5cm}}$	$\underline{\hspace{1.5cm}} = 3 + 8$
$6 + 4 + 5 = \underline{\hspace{1.5cm}}$	$9 + 1 + 8 = \underline{\hspace{1.5cm}}$	$\underline{\hspace{1.5cm}} = 2 + 9$
$6 + 9 = \underline{\hspace{1.5cm}}$	$9 + 9 = \underline{\hspace{1.5cm}}$	$\underline{\hspace{1.5cm}} = 4 + 8$

한 번 더 연습해요!

1. 그림을 그리고 식과 답을 써 보세요.

제리는 파란 공 7개와 노란 공 9개를 가지고 있어요.
제리가 가진 공은 모두 몇 개인가요?

식 : _____

정답 : _____

2. 계산해 보세요.

$$6 + 8 = \underline{\hspace{2cm}}$$

$$7 + 8 = \underline{\hspace{2cm}}$$

$$9 + 9 = \underline{\hspace{2cm}}$$

$$8 + 8 = \underline{\hspace{2cm}}$$

$$18 - 8 = \underline{\hspace{2cm}}$$

$$19 - 8 = \underline{\hspace{2cm}}$$

$$20 - 9 = \underline{\hspace{2cm}}$$

4. 계산한 후, 정답에 해당하는 알파벳을 찾아 써넣어 보세요.

8 + _____ = 13 ☐   3 + _____ = 13 ☐   7 + _____ = 14 ☐

8 + _____ = 12 ☐   7 + _____ = 13 ☐   9 + _____ = 12 ☐

8 + _____ = 15 ☐   9 + _____ = 11 ☐   8 + _____ = 14 ☐

8 + _____ = 11 ☐   7 + _____ = 11 ☐   8 + _____ = 16 ☐

7 + _____ = 15 ☐   6 + _____ = 16 ☐

                           9 + _____ = 18 ☐

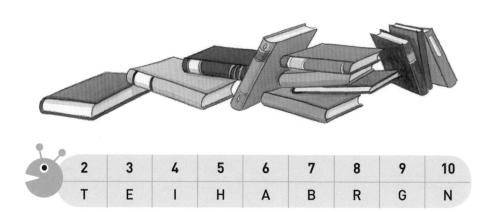

2	3	4	5	6	7	8	9	10
T	E	I	H	A	B	R	G	N

5. 가운데 수에서 화살표 옆의 수를 더한 값을 ☐ 안에 써넣어 보세요.

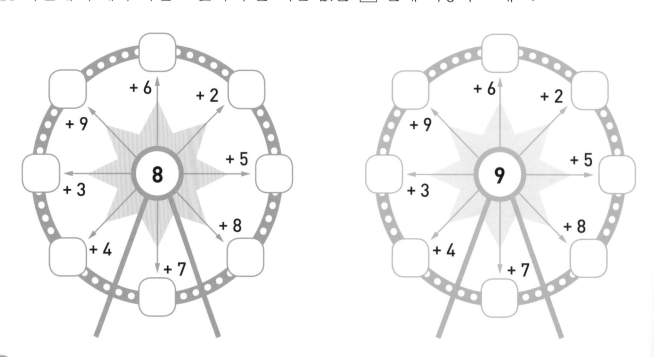

6. 17이 되도록 이어 보세요.

1	9	9
3	6	4
4	11	3
10	7	1

17

20이 되도록 이어 보세요.

4	3	14
1	4	6
6	13	10
9	2	8

20

7. 그림이 들어간 식을 보고 그림의 값을 구해 보세요.

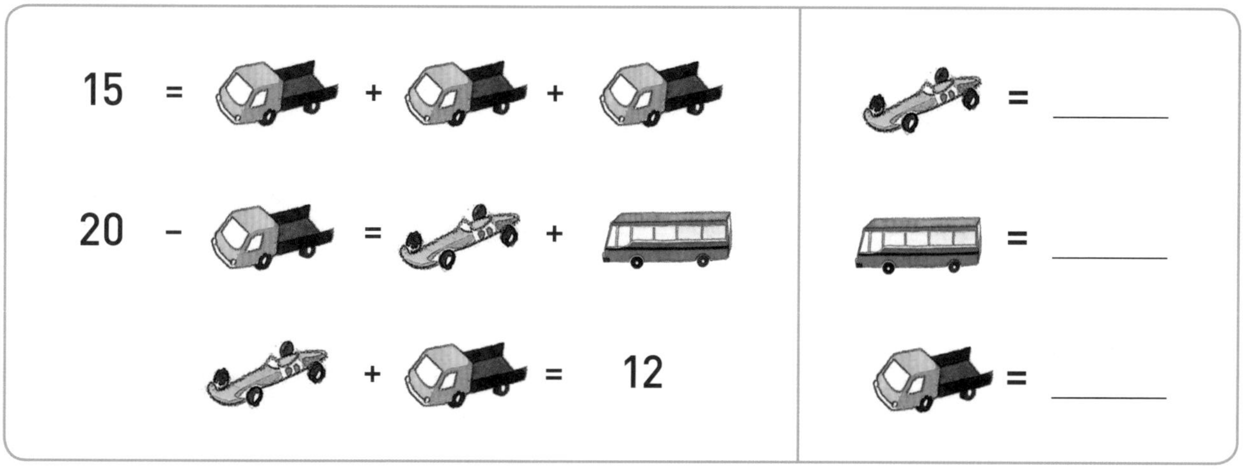

공룡 + 개 + 곰 = 15

곰 + 곰 + 곰 = 12

고양이 + 곰 + 고양이 = 18

개 + 고양이 + 곰 = 19

공룡 = _____

개 = _____

곰 = _____

고양이 = _____

15 = 트럭 + 트럭 + 트럭

20 − 트럭 = 경주차 + 버스

경주차 + 트럭 = 12

경주차 = _____

버스 = _____

트럭 = _____

73

13 절반의 수와 2배의 수

1. 그림을 보고 주어진 수를 반으로 똑같이 나눈 후, ☐ 안에 써넣어 보세요.

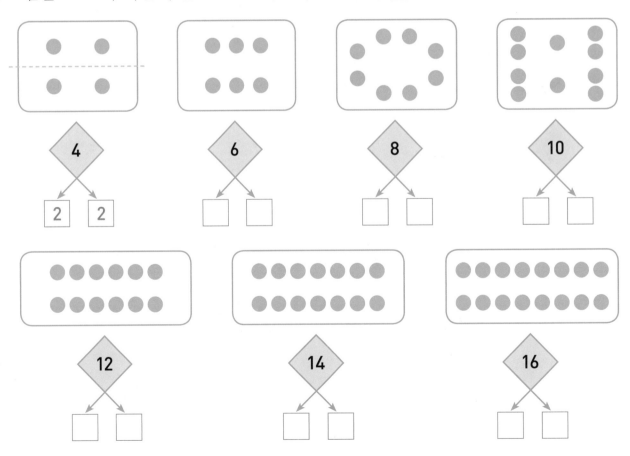

2. 주어진 수의 2배가 되도록 ◯를 그린 후, ☐ 안에 써넣어 보세요.

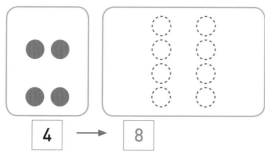

4 → 8

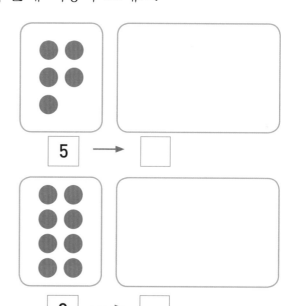

5 → ☐

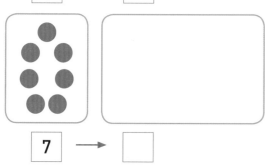

7 → ☐

8 → ☐

3. 계산해 보세요.

1 + 1 = _____   2 + 2 = _____   4 + 4 = _____

3 + 3 = _____   6 + 6 = _____   5 + 5 = _____

한 번 더 연습해요!

1. 주어진 수를 반으로 똑같이 나눈 후,
☐ 안에 써넣어 보세요.

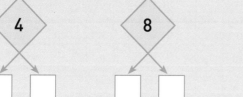

2. 계산해 보세요.

7 + 3 + 8 = _____

4 + 7 + 6 = _____

9 + 8 + 2 = _____

6 + 7 + 7 = _____

7 + 8 + 5 = _____

9 + 7 + 4 = _____

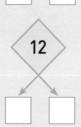

4. 주어진 도형의 절반을 색칠해 보세요.

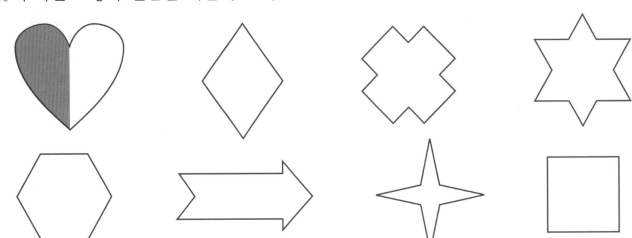

5. 계산 결과에 맞게 짝수는 파란색, 홀수는 초록색으로 색칠해 보세요.

4 + 4 = ☐   3 + 3 = ☐   4 + 3 = ☐

6 + 6 = ☐   5 + 5 = ☐   6 + 5 = ☐

8 + 8 = ☐   7 + 7 = ☐   7 + 6 = ☐

10 + 10 = ☐   9 + 9 = ☐   9 + 8 = ☐

6. 왼쪽 그림을 오른쪽에 똑같이 그린 후 색칠해 보세요.

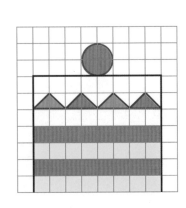

7. 주어진 돈을 반으로 똑같이 나눈 값을 ☐ 안에 써넣어 보세요.

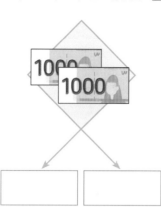

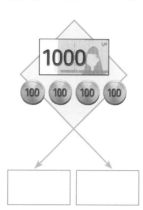

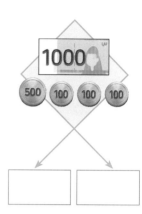

스스로 문제를 만들어 풀어 보세요.

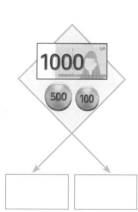

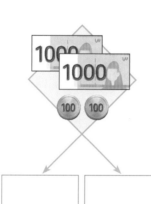

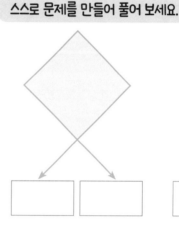

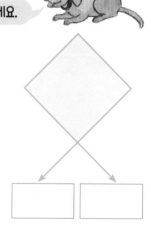

놀이 수학

짝수 나누기 놀이

인원 : 2명   준비물 : 주사위 2개

 놀이 방법

1. 번갈아 가며 주사위 2개를 굴려 그 값에 따라 빈칸을 순서대로 채워요.
2. 주사위를 굴린 수의 합이 짝수인 경우, 합을 반으로 나눈 값을 빈칸에 써요. 주사위를 굴린 수의 합이 홀수인 경우, 빈칸에 0을 써요.
3. 4개의 수를 다 채우면 합을 구해요.
4. 합이 더 큰 사람이 놀이에서 이겨요.

이름 :

놀이1 : ___ + ___ + ___ + ___ = ____

놀이2 : ___ + ___ + ___ + ___ = ____

이름 :

놀이1 : ___ + ___ + ___ + ___ = ____

놀이2 : ___ + ___ + ___ + ___ = ____

8. 두 수를 더해 ☐ 안에 쓰세요.

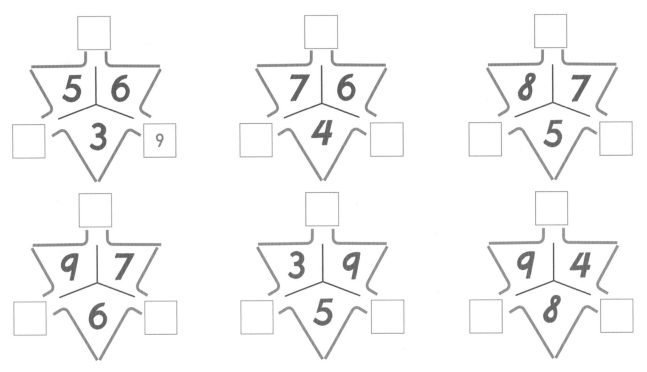

9. 계산값이 14와 15가 나오는 길을 따라가 보세요. 까치와 다람쥐는 어떤 간식을 먹을까요?

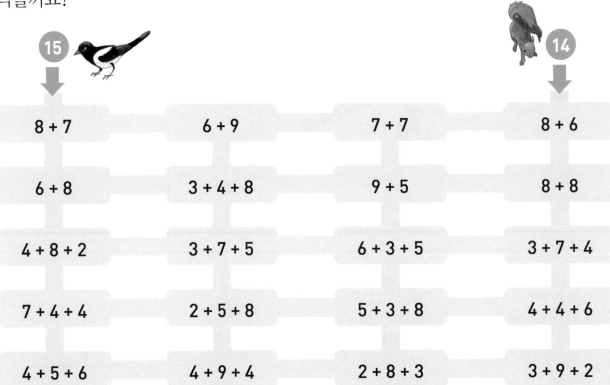

8 + 7	6 + 9	7 + 7	8 + 6
6 + 8	3 + 4 + 8	9 + 5	8 + 8
4 + 8 + 2	3 + 7 + 5	6 + 3 + 5	3 + 7 + 4
7 + 4 + 4	2 + 5 + 8	5 + 3 + 8	4 + 4 + 6
4 + 5 + 6	4 + 9 + 4	2 + 8 + 3	3 + 9 + 2

10. 바깥의 수는 두 수를 더한 값이에요. □ 안에 알맞은 수를 구해 보세요.

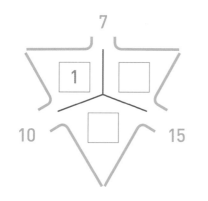
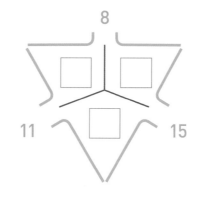
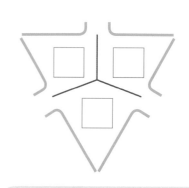

스스로 문제를 만들어 풀어 보세요.

11. □ 안에 알맞은 수를 넣어 덧셈 계단을 완성해 보세요.

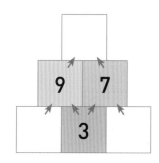
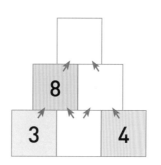
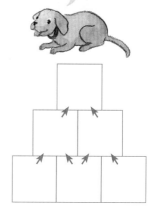

12. 알파벳이 들어간 식을 보고 알파벳의 값을 구해 보세요.

$15 = A + B$ $16 = B + B$ $A + B + C = 19$	A = _____ B = _____ C = _____
$D - E = F + F$ $11 < D < 13$ $F + F + F + F = D$	D = _____ E = _____ F = _____

_____ 월 _____ 일 _____ 요일

1. 규칙에 따라 수를 써넣어 보세요.

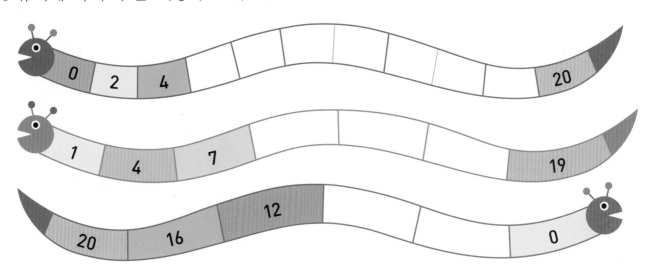

2. 식에 맞게 ○를 알맞게 그려 넣은 후 답을 구해 보세요.

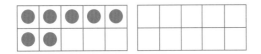

7 + 4 = _____

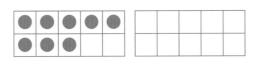

8 + 6 = _____

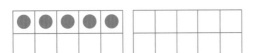

5 + 8 = _____

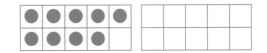

9 + 7 = _____

3. 계산해 보세요.

6 + 5 = _____   7 + 6 = _____   8 + 7 = _____   9 + 8 = _____

6 + 6 = _____   7 + 7 = _____   8 + 8 = _____   9 + 9 = _____

6 + 7 = _____   7 + 8 = _____   8 + 9 = _____   9 + 10 = _____

4. □ 안에 >, =, <를 알맞게 써넣어 보세요.

7 + 6 □ 13   16 □ 9 + 7   8 + 6 □ 8 + 7

9 + 5 □ 13   14 □ 9 + 6   7 + 7 □ 7 + 6

5. 그림을 그린 후 식을 쓰고 답을 구해 보세요.

❶ 마리는 동화책 8권과 과학책 7권을 가지고 있어요. 마리가 가진 책은 모두 몇 권인가요?

식 : _____

정답 : _____ 권

❷ 알렉스는 축구공 5개와 야구공 9개를 가지고 있어요. 알렉스가 가진 공은 모두 몇 개인가요?

식 : _____

정답 : _____ 개

❸ 토니는 파란 블록 8개와 노란 블록 8개를 가지고 있어요. 토니가 가진 블록은 모두 몇 개인가요?

식 : _____

정답 : _____ 개

얼마나 잘했나요?

실력이 자란 만큼 별을 색칠하세요.

☆☆☆

★★★ 정말 잘했어요.

★★☆ 꽤 잘했어요.

★☆☆ 계속 노력할게요.

단원 평가

1 빈칸에 알맞은 수를 구해 보세요.

8 + _____ = 18   8 + _____ = 15   1 + _____ = 12

9 + _____ = 11   2 + _____ = 14   11 + _____ = 15

9 + _____ = 17   7 + _____ = 12   8 + _____ = 11

8 + _____ = 13   7 + _____ = 13   4 + _____ = 12

9 + _____ = 15   5 + _____ = 14   9 + _____ = 18

2 빈칸에 알맞은 수를 구해 보세요.

6 + _____ + 4 = 19

7 + 4 + _____ = 12

_____ + 5 + 2 = 15

9 + _____ + 1 = 16

2 + 9 + _____ = 19

_____ + 6 + 4 = 13

5 + _____ + 5 = 16

3 주어진 수를 반으로 똑같이 나눈 후, □ 안에 써 보세요.

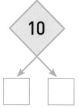

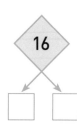

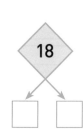

4 에밀리아의 가방을 찾아 ◯표 해 보세요.

- 어깨끈이 없어요.
- 바퀴가 없어요.
- 빨간색이 아니에요.
- 주머니가 없어요.

5 ★★★★

숫자 1과 2를 이용해서 각 자물쇠 번호를 모두 다르게 만들어 보세요.

시계 놀이　　인원 : 2명　준비물 : 주사위 2개, 98쪽 활동지

📝 놀이 방법

1. 한 명은 교재를, 다른 한 명은 교재 뒤에 있는 활동지를 잘라서 사용하세요.

2. 2명이 번갈아 가며 주사위를 굴려요. 주사위를 1개 혹은 2개 굴릴지 선택할 수 있어요. 2개를 굴리면 주사위 눈의 수를 합해요.

3. 주사위 눈의 수를 보고 시각을 알 수 있어요. 예를 들어 주사위 1개를 굴려서 3이 나오면 3시, 주사위 2개를 굴려서 3과 4가 나오면 합하여 7시가 돼요.

4. 해당하는 시각의 시계를 찾아 X표를 해요. 모든 시계에 먼저 X표를 한 사람이 이겨요.

시간표 놀이

인원 : 2명
준비물 : 주사위 1개, 1~5까지 수 카드, 2가지 색의 색연필

	월요일 1	화요일 2	수요일 3	목요일 4	금요일 5
1			수학	국어	
2	국어	국어	수학	국어 활동	국어
3	겨울	겨울	국어	겨울	국어 활동
4	수학	수학	겨울	수학	안전한 생활
5	창체	수학		국어	
6				방과후 활동	

🖊 놀이 방법

1. 책상 위에 수 카드를 뒤집어서 펼쳐 놓아요.

2. 가위바위보를 해서 이긴 사람이 먼저 카드를 한 장 뒤집고,
   주사위를 굴려요. 카드는 요일, 주사위는 수업 차시를 나타내요.
   예를 들어 카드 4가 나오고 주사위 3이 나오면 목요일의
   3차시인 겨울에 색칠해요.

3. 선택한 카드는 다시 뒤집어 놓은 후 순서를 바꿔요.

4. 10회까지 해서 가장 많은 시간을 색칠한 사람이 이겨요.

★ 97쪽에 있는 활동지로 한 번 더 놀이해요!

수 카드 1~5는
순서대로 월, 화, 수, 목,
금요일을 나타내~!

책 뒤에 있는 놀이 카드를 이용하세요.

한 번 더 연습해요!

1. 계산해 보세요.

12 - 2 = _____   11 - 1 - 3 = _____   8 + 2 + 2 = _____

12 - 1 = _____   11 - 1 - 5 = _____   4 + 6 + 1 = _____

12 - 0 = _____   11 - 1 - 9 = _____   3 + 7 + 2 = _____

놀이 수학

배를 색칠해요

인원 : 2명   준비물 : 주사위 1개, 2가지 색의 색연필

놀이 방법

1. 번갈아 가며 주사위를 굴려요.

2. 주사위를 굴려서 나온 수에 따라 식을 선택해요. 예를 들어 2가 나왔다면 주사위 눈 옆에 있는 식

   8 + 5   6 + 5   7 + 5

   중에서 1개를 골라요. 6+5를 골랐으면 계산값이 11인 배를 찾아 색칠하고 순서를 바꿔요.

3. 답이 틀리거나, 식을 골랐는데 그 식에 해당하는 배가 이미 색칠되어 있다면 순서를 바꿔요.

4. 배 8개를 먼저 색칠하는 사람이 이겨요.

★ 99쪽에 있는 활동지로 한 번 더 놀이해요!

| • | 9 + 4 | 7 + 4 | 8 + 4 |

| •• | 8 + 5 | 6 + 5 | 7 + 5 |

| ••• | 7 + 6 | 9 + 6 | 6 + 6 |

| :: | 4 + 7 | 6 + 7 | 8 + 7 |

| ::. | 3 + 8 | 5 + 8 | 8 + 8 |

| ::: | 4 + 9 | 6 + 9 | 9 + 9 |

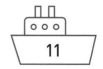

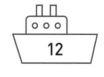

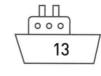

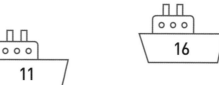

86

주사위 놀이

인원 : 2명   준비물 : 주사위 1개

누가 더
큰 수가 나왔을까?

 놀이 방법

1. 순서를 정한 후 차례대로 주사위를 2번씩 굴려서 나온 수를 빈칸에 쓰세요.

2. 2개 수를 넣은 식을 계산하세요.

3. 계산값이 더 큰 사람은 □에 √표 하세요. 계산값이 같으면 두 사람 모두 □에 √표 하세요.

4. □에 표시를 더 많이 한 사람이 이겨요.

이름 :

8 + _____ + _____ = _____ ☐

8 + _____ + _____ = _____ ☐

8 + _____ + _____ = _____ ☐

이름 :

8 + _____ + _____ = _____ ☐

8 + _____ + _____ = _____ ☐

8 + _____ + _____ = _____ ☐

 한 번 더 연습해요!

1. 그림을 그리고 식과 답을 구하세요.

제리는 파란 공 7개, 노란 공 7개를 가지고
있어요. 제리가 가진 공은 모두 몇 개인가요?

식 : _____

정답 : _____ 개

2. 계산해 보세요.

9 + 2 = _____

4 + 9 = _____

8 + 8 = _____

8 + 7 = _____

9 + 8 = _____

6 + 8 = _____

9 + 9 = _____

놀이 수학

돈 쓰기 놀이

인원 : 2명 준비물 : 모형 돈, 주사위

한 사람당 2000원(1000원짜리 지폐 1개, 500원짜리 동전 1개, 100원짜리 동전 5개)씩 가지고 놀이를 시작해요. 중앙에 잔돈으로 400원을 두어요.

놀이 1

이름	이름
2000원	2000원

	2000원	2000원
1회		
2회		
3회		
4회		
5회		
6회		
7회		
8회		
9회		
10회		

놀이 2

이름	이름
2000원	2000원

	2000원	2000원
1회		
2회		
3회		
4회		
5회		
6회		
7회		
8회		
9회		
10회		

 놀이 방법

1. 두 사람 모두 2000원을 가지고 시작해요.

2. 주사위를 한 번 굴릴 때마다 나온 눈의 수만큼 100원을 빼요. 예를 들어 주사위 눈이 3이 나오면 2000원에서 300원을 빼요. 뺀 금액은 중앙에 두고, 필요한 경우 잔돈 바꿀 때 사용할 수 있어요.

3. 두 사람 중 한 명이 돈이 다 떨어지면 놀이는 끝나요. 돈이 남아 있는 사람이 이겨요.

책 뒤에 있는 놀이 카드를 이용하세요.

빙고

인원 : 2명 이상

 놀이 방법

1. 0에서 20 사이의 수를 한 번만 사용해서 16칸을 자유롭게 모두 채워요.

2. 놀이에 참여한 사람은 순서를 정해 차례로 수를 불러요.

3. 부른 수가 있다면 X표를 해요.

4. 가로, 세로 또는 대각선으로 4개를 연속해서 표시하면 '빙고'를 외치고 놀이에서 이겨요.

> 놀이에 익숙해지면 숫자의 범위를 넓혀서도 해 보렴~!

한 번 더 연습해요!

1. 아래 글을 읽고 식을 쓴 후 답을 구해 보세요.

조엘은 2000원을 가지고 있고, 케빈은 700원을 가지고 있어요.
케빈이 가진 돈은 조엘이 가진 돈보다 얼마만큼 적은가요?

식 : _____

정답 : _____

2. □ 안에 >, =, <를 알맞게 써넣어 보세요.

15 – 9	□	14 – 8		14 + 3	□	11 + 4		7 + 8	□	6 + 9
17 – 6	□	18 – 9		13 + 6	□	12 + 7		7 + 6	□	6 + 8
14 – 7	□	15 – 7		16 – 5	□	15 – 2		8 + 8	□	9 + 6

알렉의 하루

몇 시인지 써 보세요.

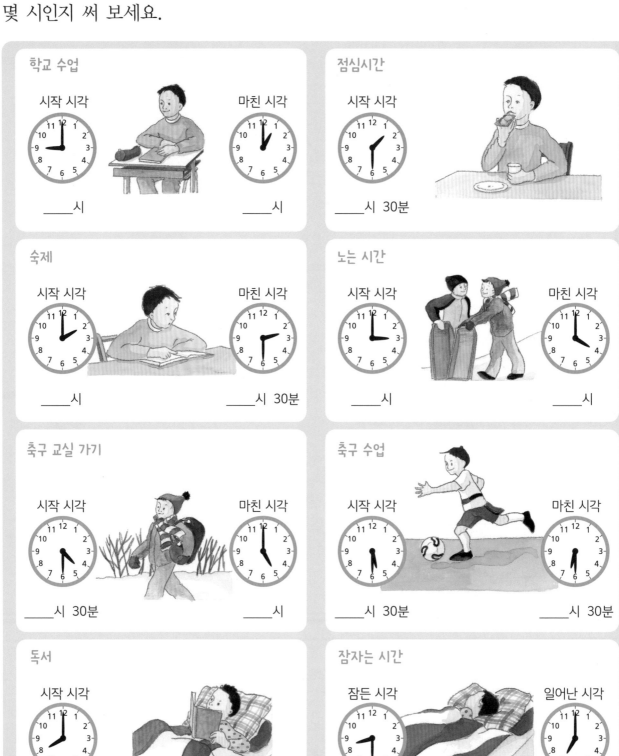

학교 수업

시작 시각 _____ 시

마친 시각 _____ 시

점심시간

시작 시각 _____ 시 30분

숙제

시작 시각 _____ 시

마친 시각 _____ 시 30분

노는 시간

시작 시각 _____ 시

마친 시각 _____ 시

축구 교실 가기

시작 시각 _____ 시 30분

마친 시각 _____ 시

축구 수업

시작 시각 _____ 시 30분

마친 시각 _____ 시 30분

독서

시작 시각 _____ 시

잠자는 시간

잠든 시각 _____ 시 30분

일어난 시각 _____ 시

나의 하루

나의 일과를 그린 후 시계에 시각을 나타내 보세요.

시작 시각 　　　　마친 시각

시작 시각 　　　　마친 시각

시작 시각 　　　　마친 시각

시작 시각 　　　　마친 시각

시작 시각 　　　　마친 시각

시작 시각 　　　　마친 시각

조사하기

<보기>

			=	2
╫╫╫	=	5
╫╫╫			=	7
╫╫╫ ╫╫╫	=	10

알렉과 엠마는 같은 반 친구 20명을 대상으로 좋아하는 색깔을 조사했어요.
알렉과 엠마는 아래와 같이 조사표를 만들었어요.

색깔	●	●	●	●	●
수				╫╫╫					╫╫╫						

7명은 파란색을 좋아해요.
몇 명의 친구들이 검정색을 좋아하나요? _____
몇 명의 친구들이 분홍색을 좋아하나요? _____

학급 친구들이 좋아하는 색을 조사하여 아래 표를 완성해 보세요.

색깔					
수					

친구들이 가장 좋아하는 색은 무슨 색인가요? _____

나만의 조사

조사 주제

_____

조사한 내용을 바탕으로 표를 완성해 보세요.

수					

수					

완성한 표를 바탕으로 그래프를 그려 보세요.

_____월 _____일 _____요일

수 배열표 완성하기

아래 표를 완성해 보세요.

1	2		4	5			8		10
	12	13	14		16	17	18	19	
21		23	24			27	28		30
31	32		34		36	37		39	40
	42	43		45		47	48	49	
51	52		54	55	56	57		59	60
61		63		65			68		70
	72	73		75	76		78	79	
	82		84	85		87		89	90
91	92	93	94				98		100

아래 표에 들어갈 알맞은 수를 써넣어 보세요.

15

31

29

57

90

96

나만의 수 배열표 만들기

100까지의 수 배열표를 참고해서 빈칸을 완성해 보세요.

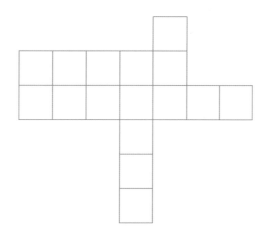

41쪽 놀이 수학 〈홀수와 짝수 놀이〉에 활용하세요.

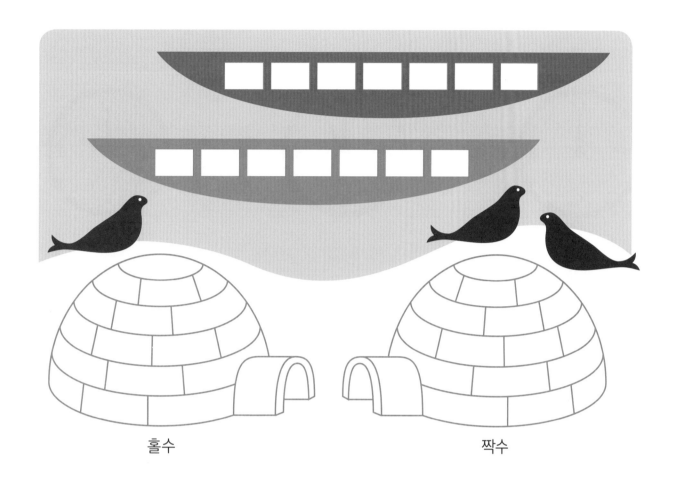

홀수   짝수

85쪽 놀이 수학 〈시간표 놀이〉에 활용하세요.

	월요일 1	화요일 2	수요일 3	목요일 4	금요일 5
1			수학	국어	
2	국어	국어	수학	국어 활동	국어
3	겨울	겨울	국어	겨울	국어 활동
4	수학	수학	겨울	수학	안전한 생활
5	창체	수학		국어	
6				방과후 활동	

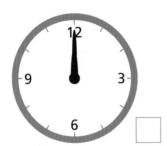

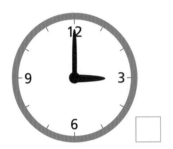

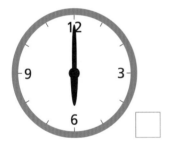

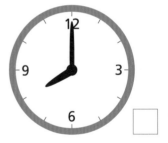

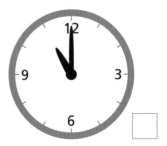

| · | 9 + 4 | 7 + 4 | 8 + 4 |

🚢 13   🚢 11

| ·· | 8 + 5 | 6 + 5 | 7 + 5 |

| ·· | 7 + 6 | 9 + 6 | 6 + 6 |

🚢 12   🚢 13   🚢 12

| :: | 4 + 7 | 6 + 7 | 8 + 7 |

🚢 12   🚢 13   🚢 15

| ⁙ | 3 + 8 | 5 + 8 | 8 + 8 |

| ⁚⁚ | 4 + 9 | 6 + 9 | 9 + 9 |

🚢 11   🚢 13   🚢 15

🚢 13   🚢 11   🚢 16

🚢 11   🚢 15   🚢 13   🚢 18

놀이 카드는 반복해서 사용할
준비물이니 잃어버리지 않도록
잘 보관해 주세요.

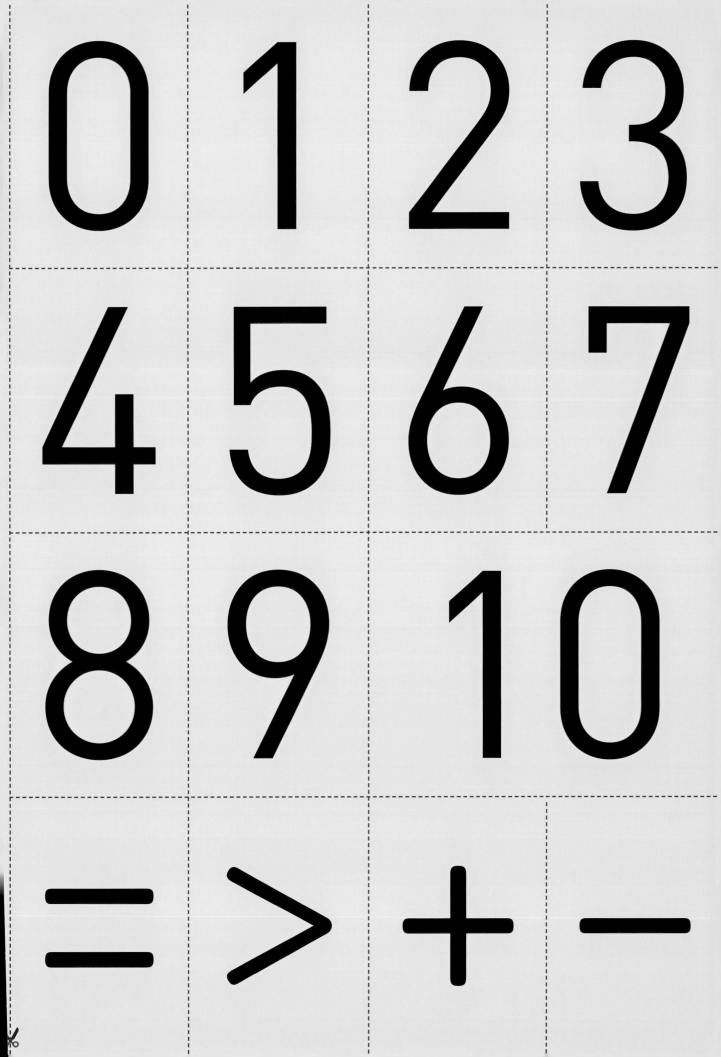

0 1 2 3

4 5 6 7

8 9 10

H T O −

+

Hundreds
(백의 자리)

Tens
(십의 자리)

Ones
(일의 자리)

백 모형

일 모형

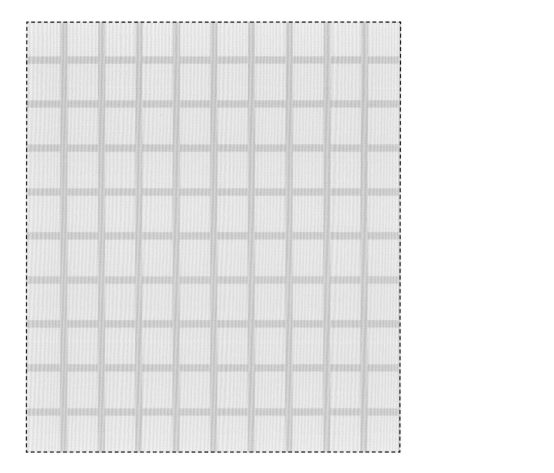

십 모형

백 모형

일 모형

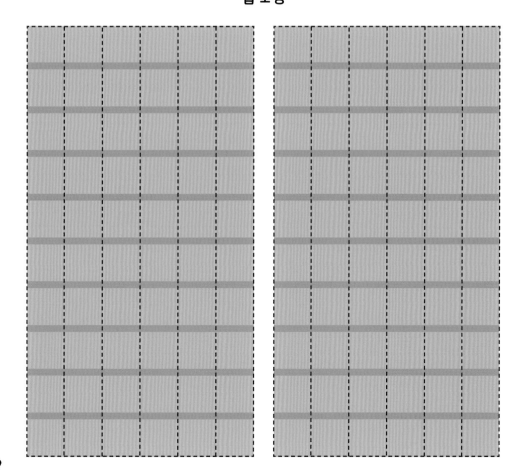

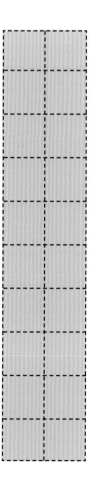

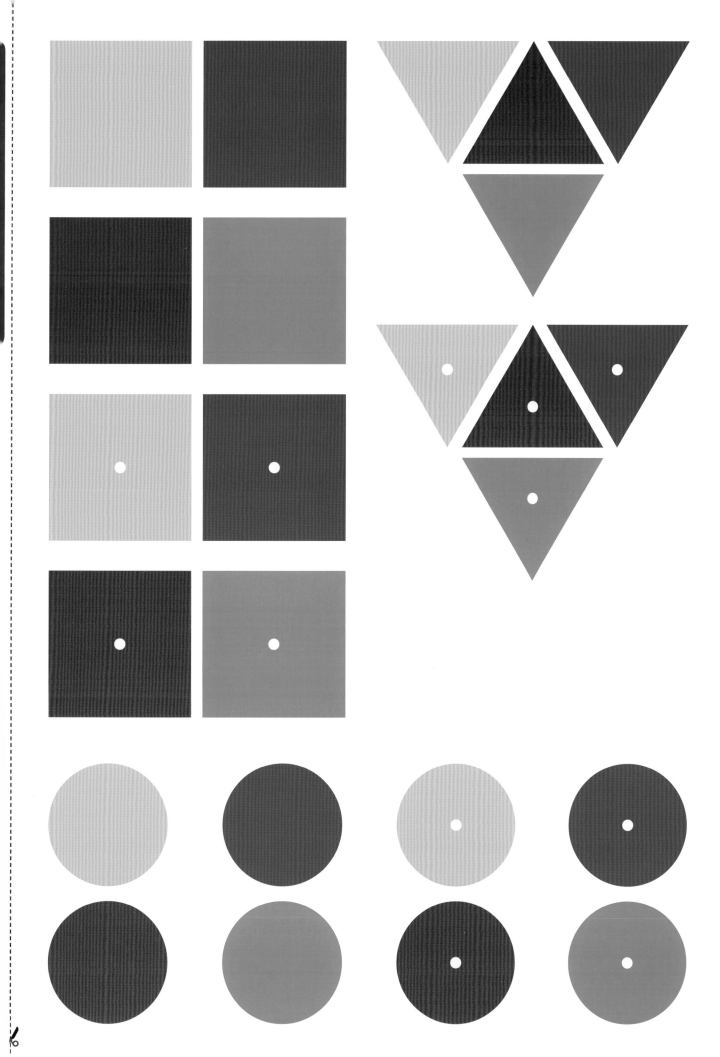

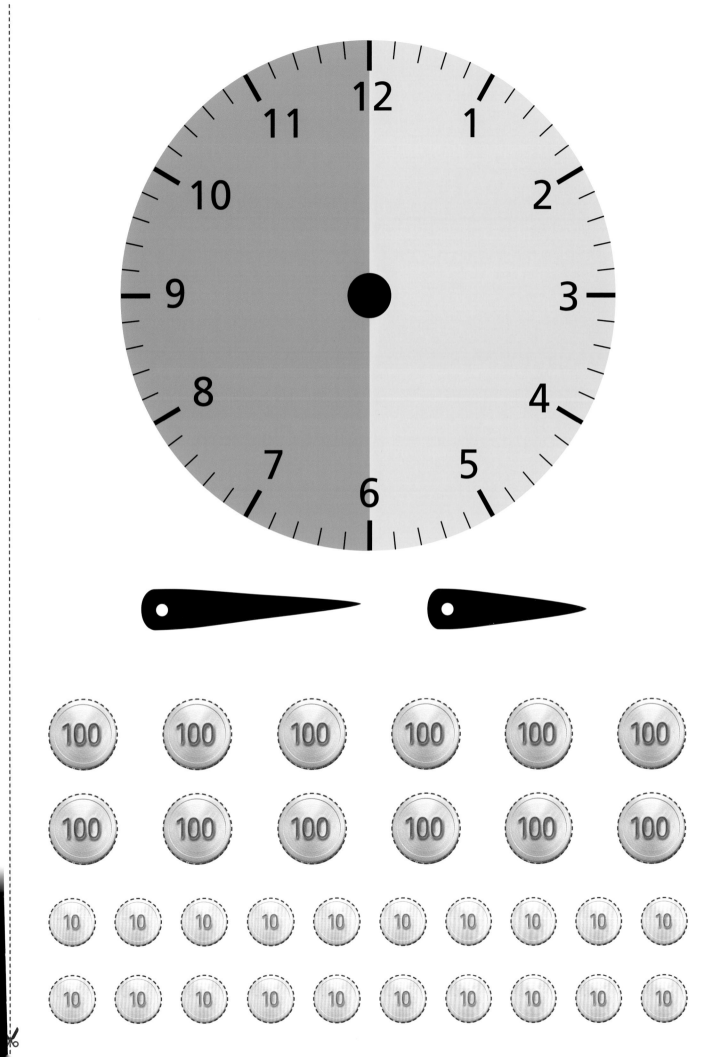

교육 경쟁력 1위 핀란드 초등학교에서 가장 많이 보는
핀란드 수학 교과서 로 집에서도 신나게 공부해요!

핀란드 수학 교과서 시리즈

핀란드 1학년 수학 교과서

1-1 1부터 10까지의 수 | 수의 크기 비교 | 덧셈과 뺄셈 | 세 수의 덧셈과 뺄셈

1-2 100까지의 수 | 짝수와 홀수 | 시계 보기 | 여러 가지 모양 | 길이 재기

핀란드 2학년 수학 교과서

2-1 두 자리 수의 덧셈과 뺄셈 | 곱셈 구구 | 혼합 계산 | 도형

2-2 곱셈과 나눗셈 | 측정 | 시각과 시간 | 세 자리 수의 덧셈과 뺄셈

핀란드 3학년 수학 교과서

3-1 세 수의 덧셈과 뺄셈 | 시간 계산 | 받아 올림이 있는 곱셈하기

3-2 나눗셈 | 분수 | 측정(mm, cm, m, km) | 도형의 둘레와 넓이

핀란드 4학년 수학 교과서

4-1 괄호가 있는 혼합 계산 | 곱셈 | 분수와 나눗셈 | 대칭

4-2 분수와 소수의 덧셈과 뺄셈 | 측정 | 음수 | 그래프

핀란드 5학년 수학 교과서

5-1 분수의 곱셈 | 분수의 혼합 계산 | 소수의 곱셈 | 각 | 원

5-2 소수의 나눗셈 | 단위 환산 | 백분율 | 평균 | 그래프 | 도형의 닮음 | 비율

핀란드 6학년 수학 교과서

6-1 분수와 소수의 나눗셈 | 약수와 공배수 | 넓이와 부피 | 직육면체의 겉넓이

6-2 시간과 날짜 | 평균 속력 | 확률 | 방정식과 부등식 | 도형의 이동, 둘레와 넓이

- ☑ 스스로 공부하는 학생을 위한 최적의 학습서
  전국수학교사모임

- ☑ 학생들이 수학에 쏟는 노력과 시간이 높은 수준의 창의적 문제 해결력이라는 성취로 이어지게 하는 교재
  손재호(KAGE영재교육학술원 동탄본원장)

- ☑ 다양한 수학적 활동을 통하여 수학 개념을 자연스럽게 깨닫게 하고, 논리적 사고를 유도하는 문제들로 가득한 책
  하동우(민족사관고등학교 수학 교사)

- ☑ 배운 개념이 거미줄처럼 수평으로 확장, 반복되고, 아이들은 넓고 깊게 스며들 듯이 개념을 이해
  정유숙(쑥샘TV 운영자)

- ☑ 놀이와 탐구를 통해 수학에 대한 흥미를 높이고 문제를 스스로 이해하고 터득하는 데 도움을 주는 교재
  김재련(사월이네 공부방 원장)

1~6학년까지 초등 수학은 핀란드 수학 교과서와 함께!

글 **마아리트 포슈박** | Maarit Forsback

에스푸에서 수학 교사로 학생들을 가르치면서 다양한 교육학적 연구를 통해 교수법을 개선하고 있습니다. 수학 학습의 어려움을 진단하는 전문가로 교내 모든 학생들을 대상으로 수학 특수 교육법을 시행하고 있습니다. 다양한 과제와 문제를 통해 학생들이 수학 구조를 발견하고 이해하면 수학 공식을 암기할 필요 없이 사고력을 기를 수 있다고 생각합니다.

안네 칼리올라 | Anne Kalliola

핀란드 초등학교에서 모든 학년을 가르친 바 있으며 특히 1~2학년 교육에 관심이 많습니다. 대학에서 수학을 전공했으며, 수학 공부에 어려움을 느끼는 학생들을 돕고 있습니다. 교사로서 학생들이 함께 수학 문제를 풀고 서로에게 가르쳐 줄 때 보람을 느낍니다.

아르토 티카넨 | Arto Tikkanen

20여 년 동안 학교에서 수학 교사로 근무했습니다. 1999년부터 교재를 집필하고 있으며, 현재 핀란드 오울루 소재 학교에서 교장으로 근무하고 있습니다. 학생들의 나이와 경험을 고려하여 연령에 적합한 방식으로 수학 개념을 가르치는 걸 중요하다고 생각합니다.

미이아-리이사 바네우스 | Miia-Liisa Waneus

헬싱키에서 20년 이상 교사로 근무하고 있습니다. 수학은 논리와 체계성의 재미를 느낄 수 있는 과목이라고 생각합니다. 그래서 교구와 일상 속에서 흔히 경험하는 수학적인 사건들을 활용하여 가르치려고 노력합니다.

그림 **마이사 라야마키-쿠코넨** | Maisa Rajamäki-Kukkonen

미술 교사로 30년 이상 근무했습니다. 교재 삽화는 단순히 책을 꾸미는 기능만 있는 게 아니라 교육의 일부라고 생각하며 이 교과서 작업을 했습니다. 그 덕에 핀란드 수학 교과서의 삽화는 수학적 개념과 문제를 직관적으로 쉽게 이해하도록 구성되어 학생들의 흥미를 자극하는 데 큰 역할을 합니다.

옮김 **이경희**

서울교육대학교와 동 대학원에서 초등교육방법을 전공했으며, 2009 개정 교육과정에 따른 초등학교 수학 교과서 집필진으로 활동했습니다. ICME12(세계 수학교육자대회)에서 한국 수학 교과서 발표, 2012년 경기도 연구년 교사로 덴마크에서 덴마크 수학을 공부했습니다. 현재 학교를 은퇴하고 외국인들에게 한국어를 가르쳐 주며 봉사활동을 하고 있습니다. 집필한 책으로는 『외우지 않고 구구단이 술술술』『예비 초등학생을 위한 든든한 수학 짝꿍』『한 권으로 끝내는 초등 수학사전』 등이 있습니다.

핀란드
1학년
수학 교과서

Star Maths 1B: ISBN 978-951-1-32167-5

© 2015 Maarit Forsback, Sirpa Haapaniemi, Anne Kalliola, Sirpa Mörsky, Arto Tikkanen,
Päivi Vehmas, Juha Voima, Miia-Liisa Waneus and Otava Publishing Company Ltd., Helsinki, Finland
Korean Translation Copyright ©2021 Mind Bridge Publishing Company

QR코드를 스캔하면 놀이 수학
동영상을 보실 수 있습니다.

핀란드 1학년 수학 교과서 1-2 2권

초판 6쇄 발행 2024년 5월 20일

지은이 마아리트 포슈박, 안네 칼리올라, 아르토 티카넨, 미이아-리이사 바네우스
그린이 마이사 라야마키-쿠코넨   **옮긴이** 이경희
펴낸이 정혜숙   **펴낸곳** 마음이음

책임편집 이금정   **디자인** 디자인서가
등록 2016년 4월 5일(제2018-000037호)
주소 03925 서울시 마포구 월드컵북로 402, 9층 917A호(상암동, KGIT센터)
전화 070-7570-8869 **팩스** 0505-333-8869
전자우편 ieum2016@hanmail.net
블로그 https://blog.naver.com/ieum2018

ISBN 979-11-89010-55-3 64410
          979-11-89010-53-9 (세트)

이 책의 내용은 저작권법의 보호를 받는 저작물이므로 무단전재와 복제를 금합니다.
책값은 뒤표지에 있습니다.

어린이제품안전특별법에 의한 제품표시
제조자명 마음이음   **제조국명** 대한민국   **사용연령** 7세 이상 어린이 제품
KC마크는 이 제품이 공통안전기준에 적합하였음을 의미합니다.

핀란드 1학년 수학 교과서

1-2 2권

글　마아리트 포슈박, 안네 칼리올라,
　　아르토 티카넨, 미이아-리이사 바네우스
그림　마이사 라야마키-쿠코넨
옮김　이경희(전 수학 교과서 집필진)

마음이음

아이들이 수학을 공부해야 하는 이유는 수학 지식을 위한 단순 암기도 아니며, 많은 문제를 빠르게 푸는 것도 아닙니다. 시행착오를 통해 정답을 유추해 가면서 스스로 사고하는 힘을 키우기 위함입니다.

핀란드의 수학 교육은 다양한 수학적 활동을 통하여 수학 개념을 자연스럽게 깨닫게 하고, 논리적 사고를 유도하는 문제들로 학생들이 수학에 흥미를 갖도록 하는 데 성공했습니다. 이러한 자기 주도적인 수학 교과서가 우리나라에 번역되어 출판하게 된 것을 두 팔 벌려 환영하며, 학생들이 수학을 즐겁게 공부하게 될 것이라 생각하여 감히 추천하는 바입니다.

하동우(민족사관고등학교 수학 교사)

수학은 언어, 그림, 색깔, 그래프, 방정식 등으로 다양하게 표현하는 의사소통의 한 형태입니다. 이들 사이의 관계를 파악하면서 수학적 사고력도 높아지는데, 안타깝게도 우리나라 교육 환경에서는 수학이 의사소통임을 인지하기 어렵습니다. 수학 교육 과정이 수직적으로 배열되어 있기 때문입니다. 그런데 『핀란드 수학 교과서』는 배운 개념이 거미줄처럼 수평으로 확장, 반복되고, 아이들은 넓고 깊게 스며들 듯이 개념을 이해할 수 있습니다.

정유숙(쑥샘TV 운영자)

『핀란드 수학 교과서』를 보는 순간 다양한 문제들을 보고 놀랐습니다. 다양한 형태의 문제를 풀면서 생각의 폭을 넓히고, 생각의 힘을 기르고, 수학 실력을 보다 안정적으로 만들 수 있습니다. 또한 놀이와 탐구로 학습하면서 수학에 대한 흥미가 높아져 문제를 스스로 이해하고 터득하는 데 도움이 됩니다.

숫자가 바탕이 되는 수학은 세계적인 유일한 공통 과목입니다. 21세기를 이끌어 갈 아이들에게 4차산업혁명을 넘어 인공지능 시대에 맞는 창의적인 사고를 길러 주는 바람직한 수학 교육이 이 책을 통해 이루어지길 바랍니다.

김재련(사월이네 공부방 원장)

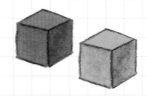

「핀란드 수학 교과서(Star Maths)」시리즈를 펴낸 오타바(Otava) 출판사는 교재 전문 출판사로 120년이 넘는 역사를 지닌 명실상부한 핀란드의 대표 출판사입니다. 특히 「Star Maths」시리즈는 핀란드 학교 현장의 수학 전문가들이 최신 핀란드 국립교육과정을 반영하여 함께 개발한 핀란드의 대표 수학 교과서입니다.

수 개념과 십진법을 이해하기 위한 탄탄한 기반을 제공하여 연산 능력을 키우고, 기본, 응용, 심화 문제 등 학생 개개인의 학습 차이를 다각도에서 고려하여 다양한 평가 문제를 실었습니다. 또한 친구 또는 부모님과 함께 놀이를 통해 문제 해결을 하며 수학적 즐거움을 발견하여 수학에 대한 긍정적인 태도를 갖도록 합니다.

한국의 학생들이 이 책과 함께 즐거운 수학 세계로 여행을 떠나길 바랍니다.

마아리트 포슈박, 안네 칼리올라, 아르토 티카넨,
미이아-리이사 바네우스(STAR MATHS 공동 저자)

차 례

1 여러 가지 모양

1. 아래 모양을 몇 개나 찾을 수 있나요? 위 그림에서 찾아보고 □ 안에 알맞은 수를 써 보세요.

  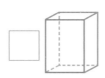

2. 우리 집에서 주어진 모양을 몇 개나 찾았는지 그래프에 색칠해 보세요.

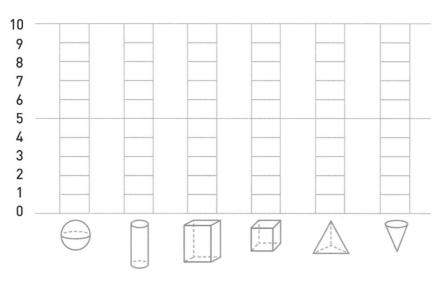

8

3. 규칙에 맞게 색칠해 보세요.

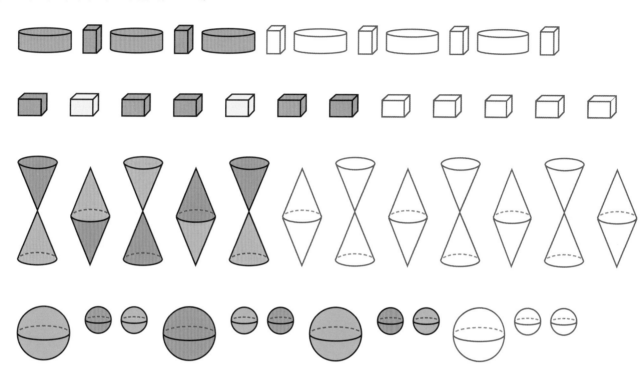

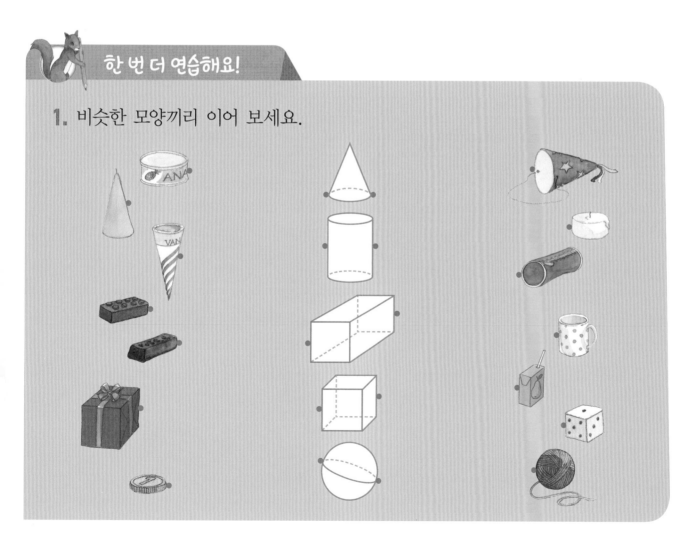

한 번 더 연습해요!

1. 비슷한 모양끼리 이어 보세요.

4. 작은 수부터 순서대로 이어 보세요.

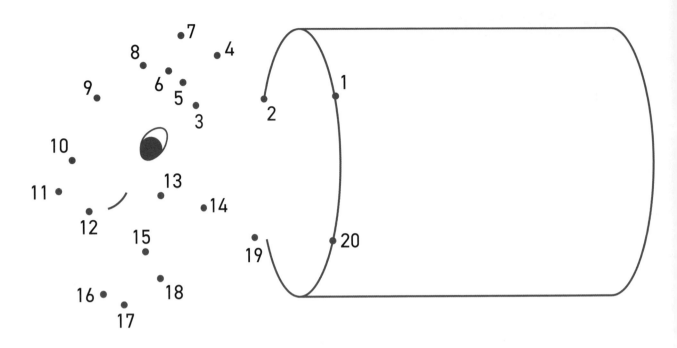

5. 계산값이 11과 같으면 색칠해 보세요.

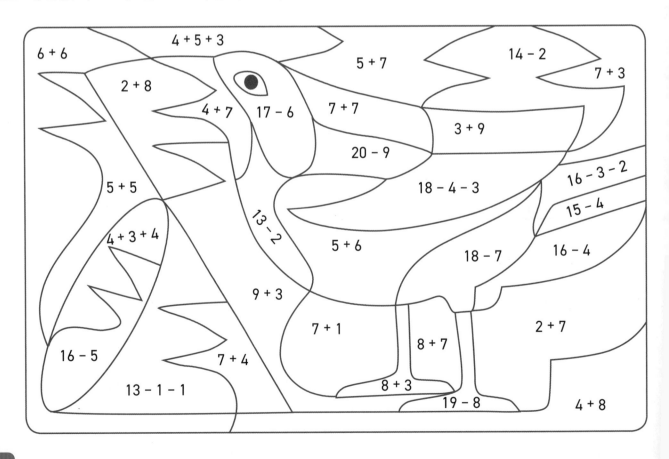

6. 위에서 내려다본 모양을 찾아 이어 보세요.

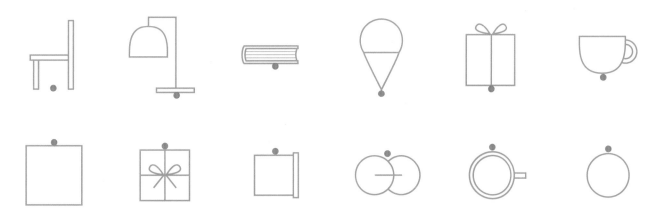

7. 자를 사용하여 똑같이 그려 보세요.

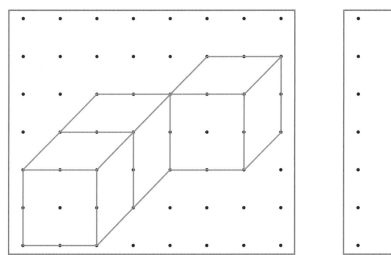
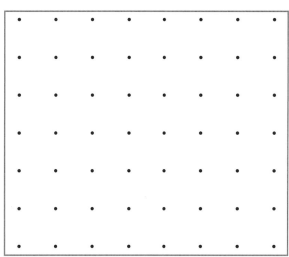

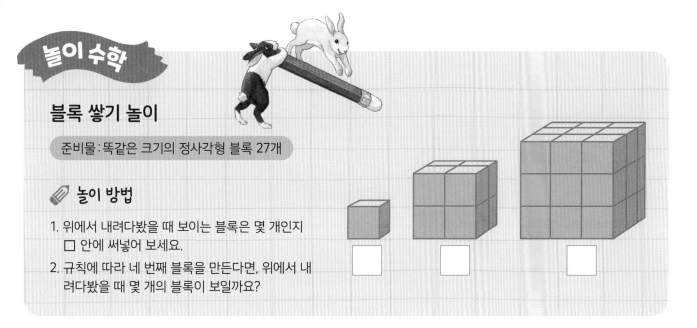

놀이 수학

블록 쌓기 놀이

준비물 : 똑같은 크기의 정사각형 블록 27개

✏️ **놀이 방법**

1. 위에서 내려다봤을 때 보이는 블록은 몇 개인지 □ 안에 써넣어 보세요.
2. 규칙에 따라 네 번째 블록을 만든다면, 위에서 내려다봤을 때 몇 개의 블록이 보일까요?

2 입체도형

1. 같은 모양끼리 같은 색으로 색칠해 보세요.

2. 아래 도형을 몇 개나 찾을 수 있나요? 1번 그림에서 찾아보고 □ 안에 알맞은 수를 써 보세요.

  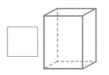 

3. 왼쪽 물건을 포장할 수 있는 도형을 찾아 선으로 이어 보세요.

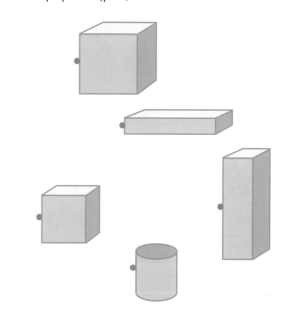

4. 자를 사용하여 똑같이 그려 보세요.

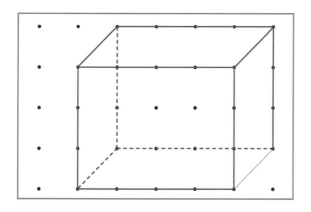
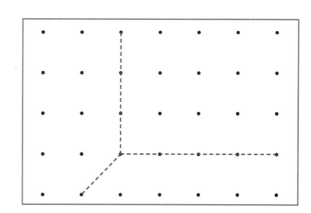

1. 자를 사용하여 똑같이 그려 보세요.

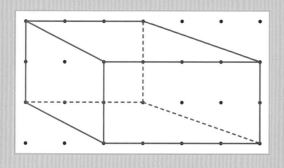
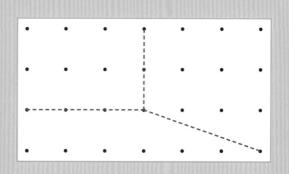

5. 규칙에 따라 색칠해 보세요.

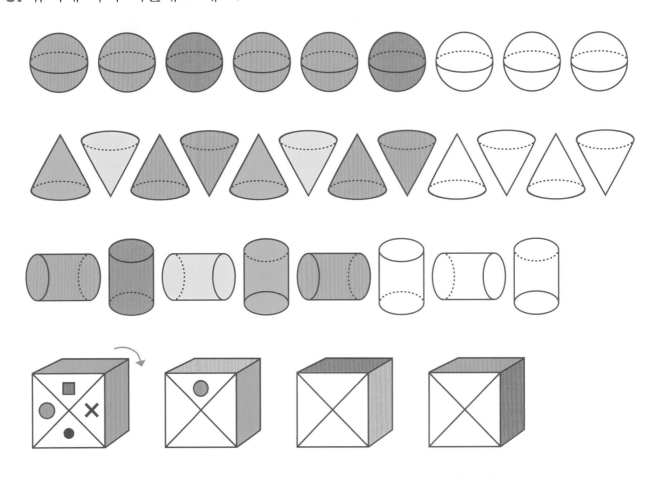

6. 계산한 후 정답에 해당하는 알파벳을 찾아 써넣으세요.

$9 + 8 =$ _____ ☐

$10 + 9 =$ _____ ☐

_____ $= 6 + 7$ ☐

$9 + 9 =$ _____ ☐

_____ $= 6 + 8$ ☐

$8 + 8 =$ _____ ☐

$4 + 8 =$ _____ ☐

$7 + 8 =$ _____ ☐

_____ $= 7 + 7$ ☐

_____ $= 2 + 10$ ☐

$7 + 13 =$ _____ ☐

_____ $= 9 + 7$ ☐

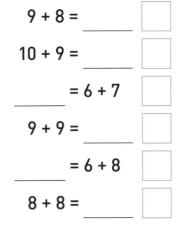

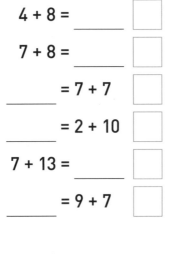

면

꼭짓점

12	13	14	15	16	17	18	19	20
C	U	R	I	E	S	A	Q	L

7. 아래 설명을 읽고 어떤 도형인지 알파벳을 써넣으세요.

a. 　　b. 　　c. 　　d.

내 도형에는 한 개의
꼭짓점이 있고 바닥은
원 모양이야.

내 도형의 바닥은
사각형 모양이고 꼭짓점은
8개보다 적어.

린다　　조엘

린다의 도형 : _____

조엘의 도형 : _____

내 도형은 면도 없고
꼭짓점도 없어.

내 도형은 6개의 면과
8개의 꼭짓점이 있어.

마리　　샘

마리의 도형 : _____

샘의 도형 : _____

8. 주어진 전개도로 만들 수 있는 정육면체를 모두 찾아 ○표를 하세요.

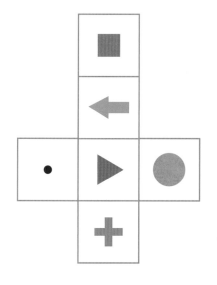

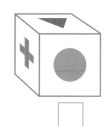

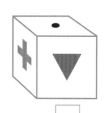

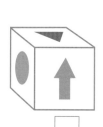

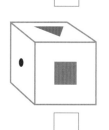

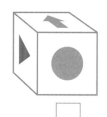

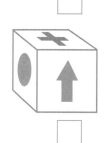

3 평면도형

다양한 물건들을 대고 그리면 평면도형을 그릴 수 있어요.

삼각형

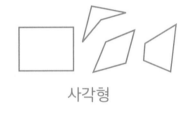

사각형

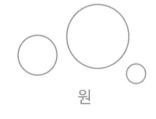

원

1. 색칠해 보세요.   삼각형 ▲ 사각형 ■ 원 ●

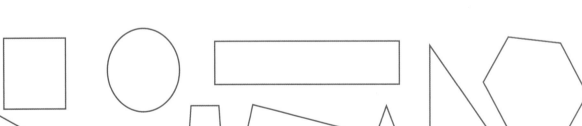

2. 입체도형을 대고 그리면 나올 수 있는 평면도형을 찾아 이어 보세요.

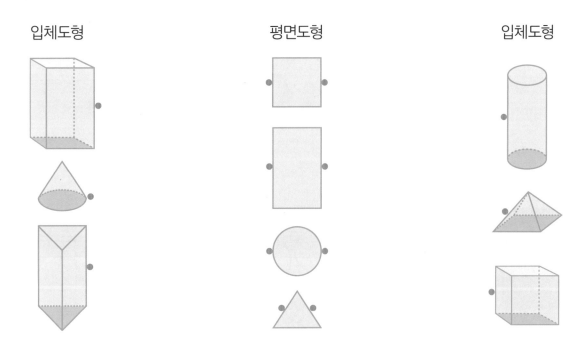

입체도형   평면도형   입체도형

3. 자를 이용해서 그려 보세요.

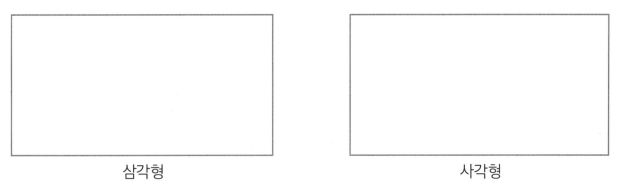

삼각형   사각형

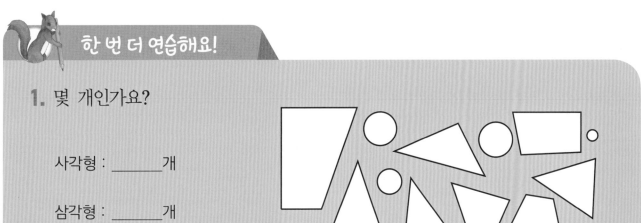

1. 몇 개인가요?

사각형 : _____개

삼각형 : _____개

원 : _____개

4. 색칠해 보세요.

원 ● 삼각형 ▲ 사각형 ■

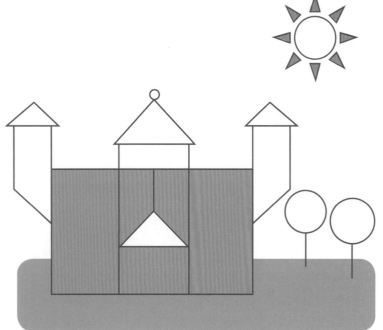

5. 4번 그림에서 찾을 수 있는 도형의 수를 세어 그래프로 나타내 보세요.

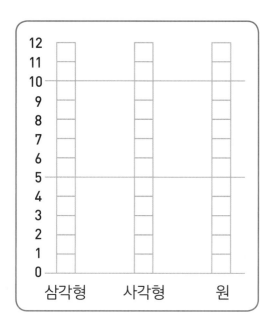

가장 많이 찾은 도형은 무엇인가요?

6. 계산해 보세요. 계산 결과의 순서에 따라 점을 이어 보세요.

6 + 5 = _____   9 + 7 = _____

5 + 7 = _____   8 + 6 = _____

6 + 7 = _____   6 + 9 = _____

4 + 5 = _____   9 + 8 = _____

9 + 1 = _____   16 + 4 = _____

10 + 9 = _____   6 + 2 = _____

9 + 9 = _____

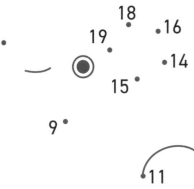

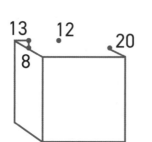

7. 주어진 도형을 대고 그릴 때 나오는 모양에 ◯표를 하세요.

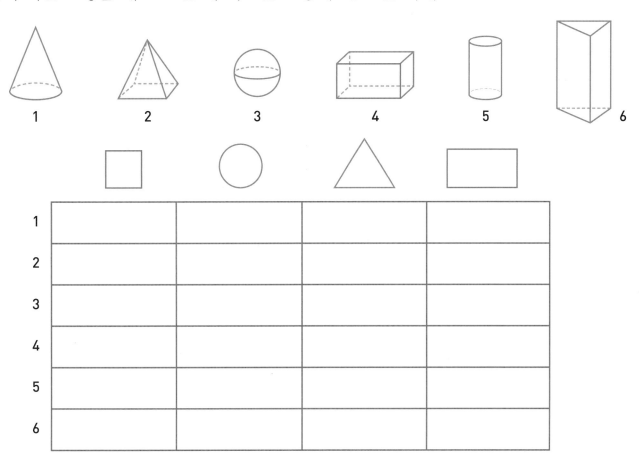

8. 주어진 도형이 몇 개 필요한지 ☐ 안에 써 보세요.

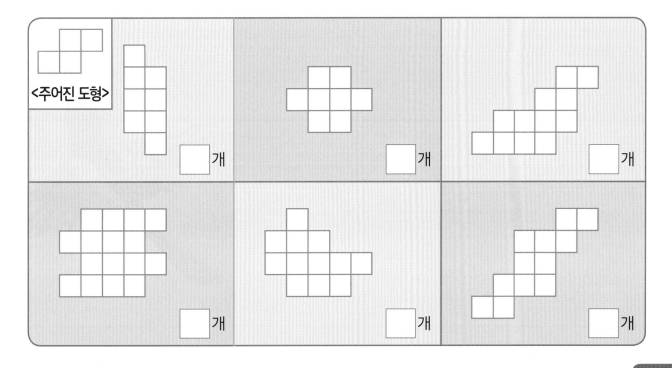

9. 계산해 보고, 계산값을 영어 단어로 써 보세요. 굵은 파랑 선을 따라 세로로 읽으면 영어 문장이 완성돼요.

16 − 8 − 7 = _____

12 − 1 − 1 = _____

14 − 7 − 4 = _____

12 − 2 − 1 = _____

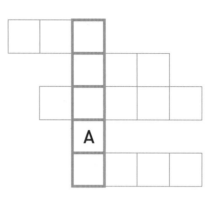

13 − 3 − 4 = _____

19 − 10 − 2 = _____

18 − 5 − 8 = _____

13 − 1 − 2 = _____

17 − 5 − 3 = _____

11 − 8 − 2 = _____

15 − 4 − 3 = _____

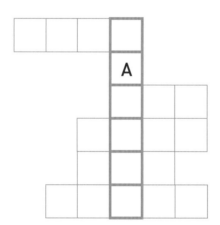

어떤 영어 문장이 완성되었나요? 빈칸에 써넣으세요.

___ ___ ___ ___ ___ ___

___ ___ ___ ___ ___ ___ ___ .

10. 친구들의 이름을 찾아보세요. Anthony, Anton, Arthur, Jan, Johnny, Jonah가
누구일지 알아맞혀 보세요.

11. 아래 글을 읽고 누구의 도형인지 알아맞혀 보세요.

아하!
그렇구나!

- 앤의 도형은 둥글지 않아요.
- 엠마와 샌디의 도형은 가운데 작은 원이 있어요.
- 알렉과 샌디의 도형은 모양이 같아요.
- 토비와 앤의 도형은 모양이 같아요.
- 알렉과 엠마의 도형은 같은 색이에요.
- 토비의 도형은 오른쪽 끝에 있어요.

_____ _____ _____ _____ _____

21

4 측정

엄지와 다른 손가락을 한껏 벌린 길이를 뼘이라고 해요. 예로부터 길이를 어림할 때
자신의 신체 부위를 이용해서 많이 재었답니다. 측정은 직접 재어 보는 활동이에요.

1. 엠마의 한 뼘 길이에요. 나의 한 뼘은 얼마나 되는지 재어 본 후 표시하세요.
그리고 우리 가족 또는 친구의 한 뼘 길이를 재어 표시해 보세요.

엠마의 뼘

나의 뼘

_____의 뼘

_____의 뼘

_____의 뼘

2. 나의 한 뼘 길이보다 짧은 연필에 ◯표를 해 보세요.

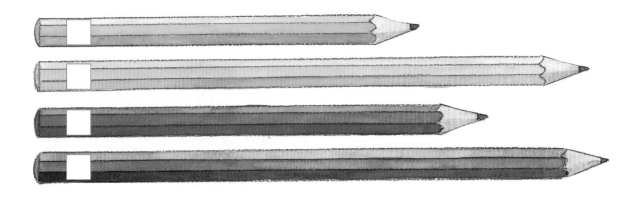

3. 나의 가방과 책상을 뼘을 이용해서 재어 보세요.

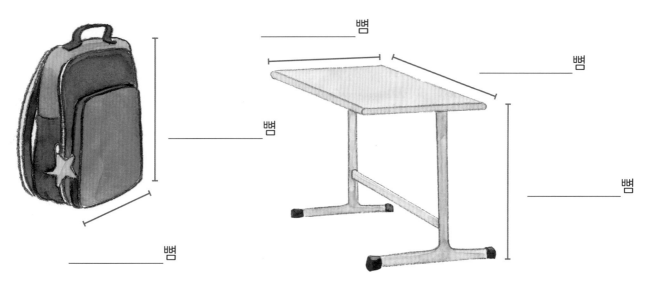

뼘

뼘

뼘

뼘

뼘

한 번 더 연습해요!

1. 손가락으로 내 침대 길이를 잰 후 몇 뼘인지 써 보세요.

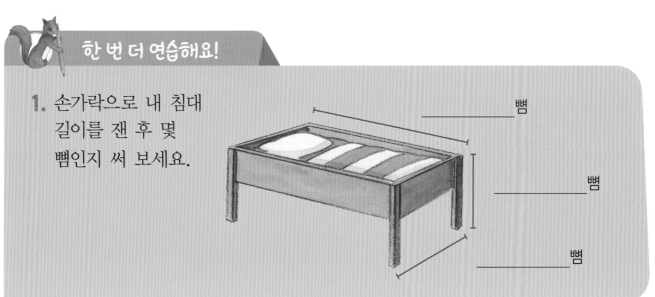

뼘

뼘

뼘

4. 아래 물건들을 클립을 이용해서 길이를 재어 보세요.

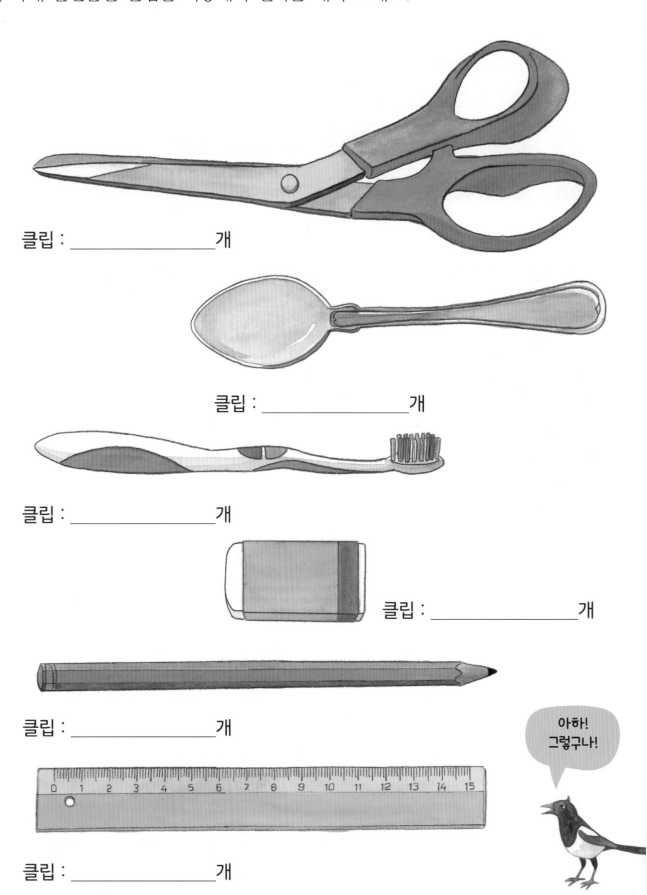

클립 : _____개

클립 : _____개

클립 : _____개

클립 : _____개

클립 : _____개

클립 : _____개

아하!
그렇구나!

5. 그림이 들어간 식을 보고 그림의 값을 구해 보세요.

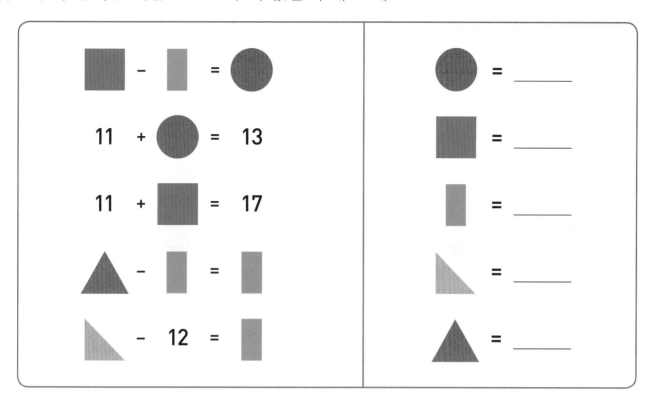

6. 주어진 도형이 몇 개 필요한지 □ 안에 써 보세요.

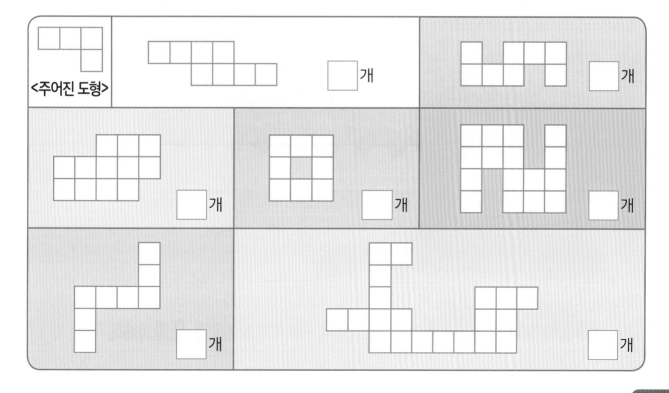

5 센티미터

자로 길이를 잴 때는 0부터 시작해요.
1cm는 1센티미터라고 읽어요.

⊢———⊣
1 cm

1. 동물들의 길이를 자로 잰 후 빈칸에 써 보세요.

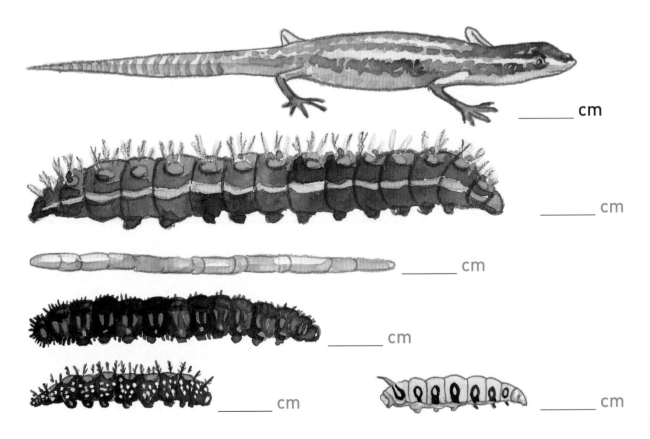

_____ cm

_____ cm

_____ cm

_____ cm

_____ cm   _____ cm

2. 개미가 간 길을 자로 잰 후 빈칸에 써 보세요.

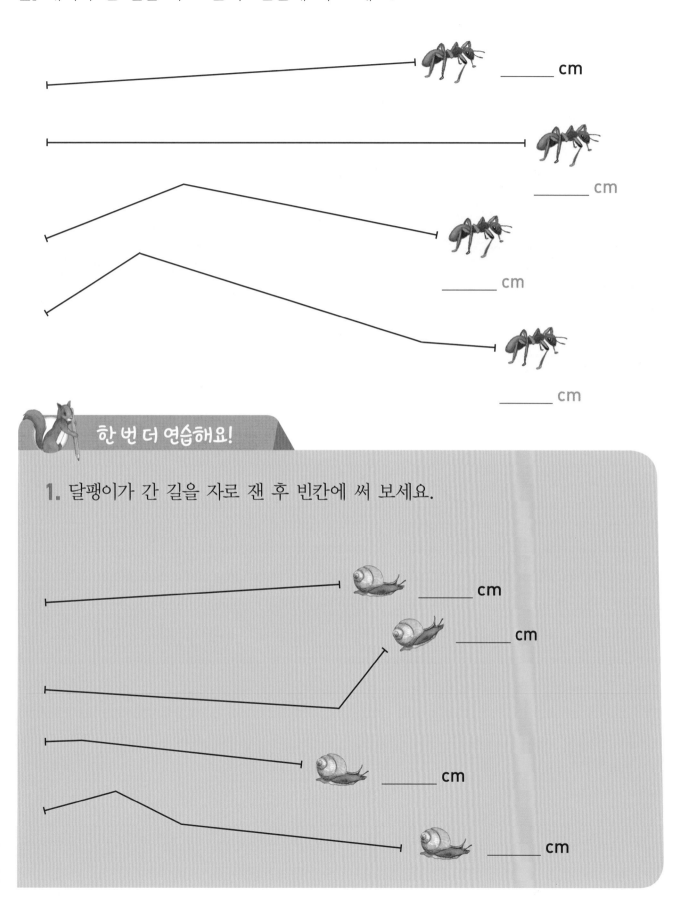

_____ cm

_____ cm

_____ cm

_____ cm

한 번 더 연습해요!

1. 달팽이가 간 길을 자로 잰 후 빈칸에 써 보세요.

_____ cm

_____ cm

_____ cm

_____ cm

3. 두더지 굴의 길이를 자로 잰 후 빈칸에 써 보세요.

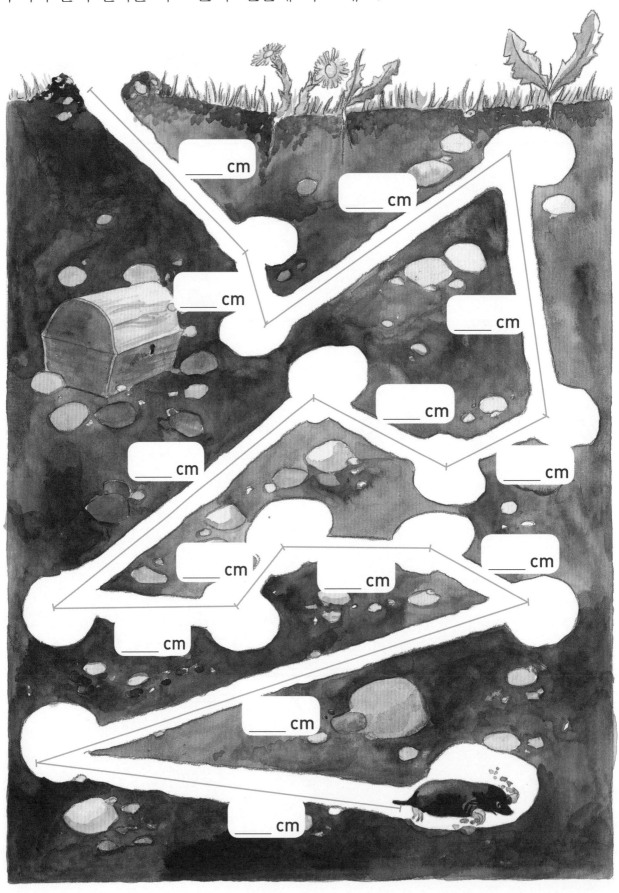

4. 계산해 보세요.

2 cm + 8 cm + 6 cm = _____

3 cm + 4 cm + 7 cm = _____

8 cm + 2 cm + 5 cm = _____

4 cm + 6 cm + 1 cm = _____

16 cm − 6 cm − _____ = 3 cm

19 cm − 9 cm − _____ = 2 cm

16 cm − _____ − 3 cm = 10 cm

19 cm − _____ − 2 cm = 12 cm

 스스로 문제를 만들어 풀어 보세요.

_____ cm + _____ cm + _____ cm = _____

_____ cm + _____ cm + _____ cm = _____

5. 아래 설명을 읽고 식을 쓴 후 답을 구해 보세요.

❶ 무당벌레 2마리가 11cm 떨어져 있어요. 서로를 향하여 한 마리는 2cm를 움직이고
다른 한 마리는 4cm를 움직였어요. 두 마리는 지금 얼마만큼 떨어져 있을까요?

식 : _____

정답 : _____

❷ 딱정벌레 2마리가 14cm 떨어져 있어요. 서로를 향하여 한 마리는 6cm를 움직이고
다른 한 마리는 5cm를 움직였어요. 두 마리는 지금 얼마만큼 떨어져 있을까요?

식 : _____

정답 : _____

6 프로그래밍

1. 사용한 명령어는 X표 하면서 주어진 명령에 따라 로봇이 가는 길을 그려 보세요.

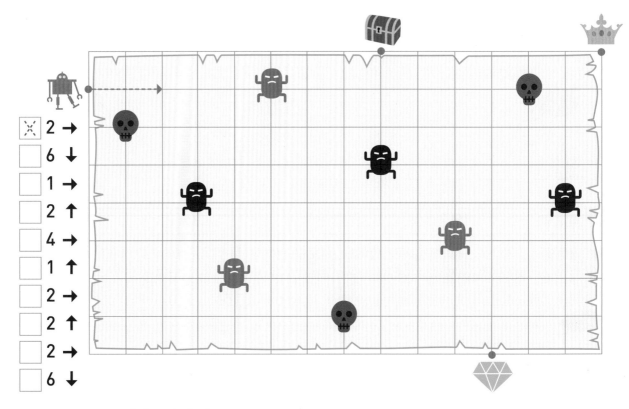

☒	2 →
□	6 ↓
□	1 →
□	2 ↑
□	4 →
□	1 ↑
□	2 →
□	2 ↑
□	2 →
□	6 ↓

무엇을 찾았나요? _____

2. 사용한 명령어는 X표 하면서 주어진 명령에 따라 로켓이 가는 길을 그려 보세요.

☒ 위로 2cm

☐ 왼쪽으로 3cm

☐ 아래로 1cm

☐ 왼쪽으로 3cm

☐ 위로 3cm

☐ 오른쪽으로 4cm

☐ 위로 2cm

☐ 왼쪽으로 6cm

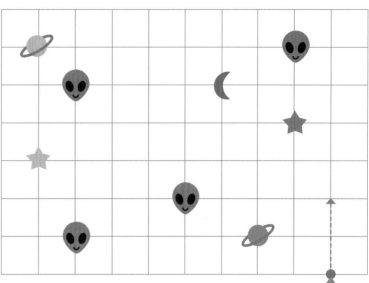

어디에 도착했나요? _____

한 번 더 연습해요!

1. 사용한 명령어는 X표 하면서 주어진 명령에 따라 자동차가 가는 길을 그려 보세요.

☐ 오른쪽으로 2cm

☐ 위로 1cm

☐ 오른쪽으로 4cm

☐ 아래로 3cm

☐ 왼쪽으로 3cm

☐ 아래로 1cm

☐ 오른쪽으로 2cm

☐ 아래로 2cm

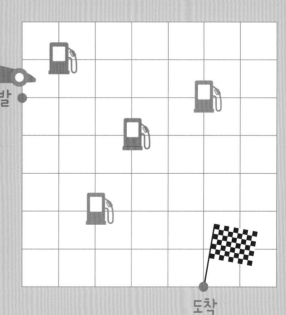

3. 계산한 후 정답에 해당하는 알파벳을 찾아 써넣으세요.

15 – 5 – 3 = _____ ☐   20 – 7 = _____ ☐

8 + 8 = _____ ☐   20 – 10 = _____ ☐

17 – 7 = _____ ☐   7 + 8 = _____ ☐

9 + 5 + 5 = _____ ☐   15 – 5 – 1 = _____ ☐

20 – 9 = _____ ☐

7 + 9 = _____ ☐   7 + 6 = _____ ☐

20 – 8 = _____ ☐   9 + 9 = _____ ☐

9 + 5 = _____ ☐   16 – 6 – 1 = _____ ☐

9 + 8 = _____ ☐   20 – 4 = _____ ☐

10 + 10 = _____ ☐   5 + 6 = _____ ☐

7	9	10	11	12	13	14	15	16	17	18	19	20
S	G	O	T	E	L	A	N	H	V	I	R	Y

4. 표를 살펴본 후 규칙을 찾아 색칠해 보세요.

5. 설명을 읽고 알맞은 도형을 그리고 색칠해 보세요.

❶ 이 도형은 녹색 삼각형 아래
있어요.

❷ 이 도형은 파란 삼각형 위에
있어요.

❸ 이 도형은 노란 사각형
오른쪽에 있어요.

❹ 이 도형은 주황색 사각형
왼쪽에 있어요.

❺ 이 도형은 가장 아래 줄의
오른쪽에 있어요.

❻ 이 도형은 가장 위 줄의
오른쪽에 있어요.

놀이 수학

나만의 도형 그리기

✏️ **놀이 방법**

1. 점끼리 연결하여 나만의 도형을 디자인하여 그려 보세요.
2. 내가 그린 도형을 부모님 또는 친구가 똑같이 그리도록 해 보세요.

★ 125쪽에 있는 활동지를 이용하여 놀이를 반복할 수 있어요!

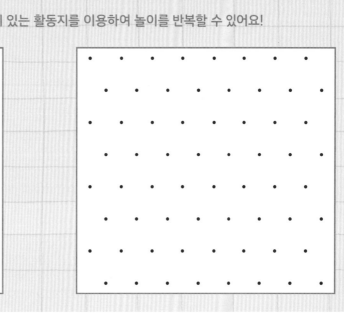

1. 아래 도형을 몇 개나 찾을 수 있나요? 위 그림에서 찾아보고 빈칸에 알맞은 수를 써 보세요.

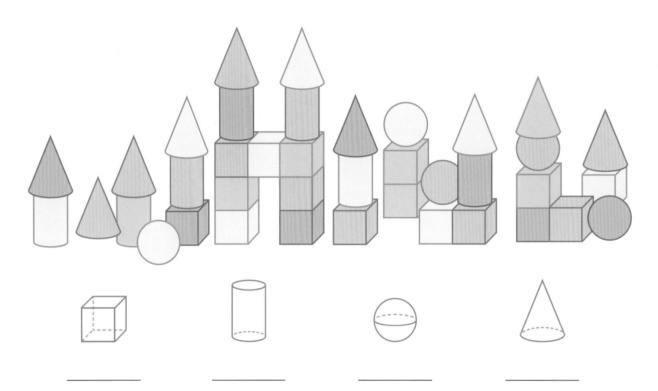

_____   _____   _____   _____

2. 모양에 맞게 색칠해 보세요.

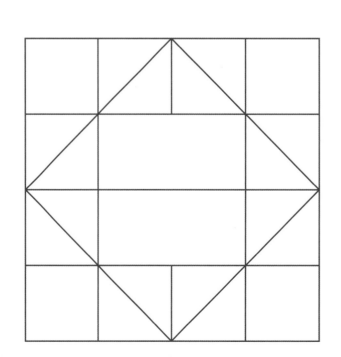

3. 달팽이와 개구리가 지나간 길을 자로 잰 후 빈칸에 써 보세요.

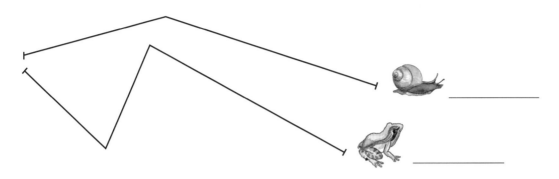

_____

_____

4. 사용한 명령어는 X표 하면서 주어진 명령에 따라 새가 가는 길을 그려 보세요.

☐ 새는 아래로 4cm 날아갔다가, 왼쪽으로 5cm 계속 날아갔어요.

☐ 새는 아래로 3cm 총총 뛰었어요.

☐ 새는 오른쪽으로 5cm 날아갔어요.

☐ 새는 위로 1cm 올라간 후, 오른쪽으로 1cm 갔다가, 아래로 3cm 내려갔어요.

☐ 새는 왼쪽으로 7cm 날아가서 _____를 발견했어요.

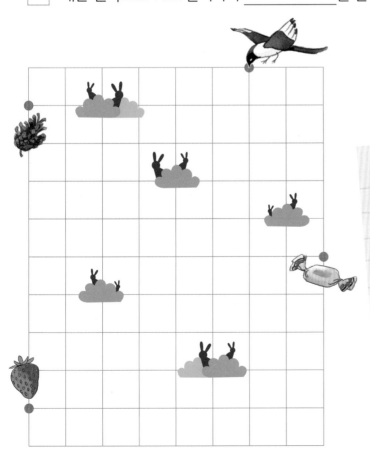

얼마나 ✦
잘했나요? ✦

실력이 자란 만큼 별을 색칠하세요.

☆☆☆

★★★ 정말 잘했어요.

★★☆ 꽤 잘했어요.

★☆☆ 계속 노력할게요.

1 색칠해 보세요.

원 ● 삼각형 ▲ 사각형 ▢

2 규칙에 따라 색칠하세요.

3 리본의 길이를 자로 잰 후 빈칸에 써 보세요.

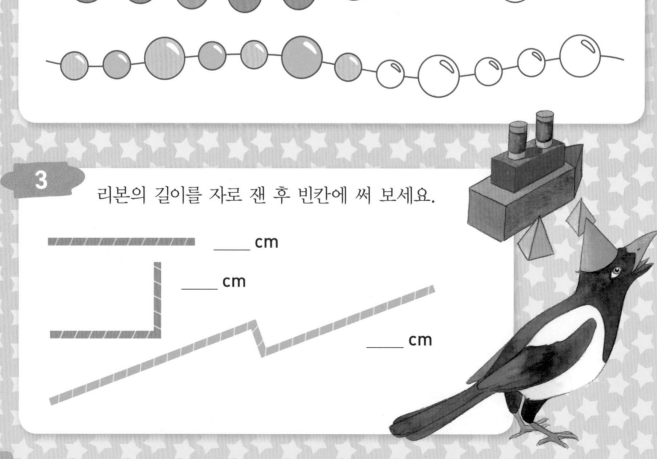

_____ cm

_____ cm

_____ cm

4 설명에 맞게 색칠하세요.

- 가장 작은 사각형은 파란색이에요.
- 제일 아래 오른쪽에 있는 삼각형은 노란색이에요.
- 가장 작은 삼각형은 빨간색이에요.
- 삼각형 위에 있는 원은 초록색이에요.
- 가장 큰 사각형 아래에 있는 원은 보라색이에요.
- 가장 큰 사각형은 검정색이에요.

5 ★★★

주어진 전개도로 만들 수 있는 정육면체에 ○표 해 보세요.

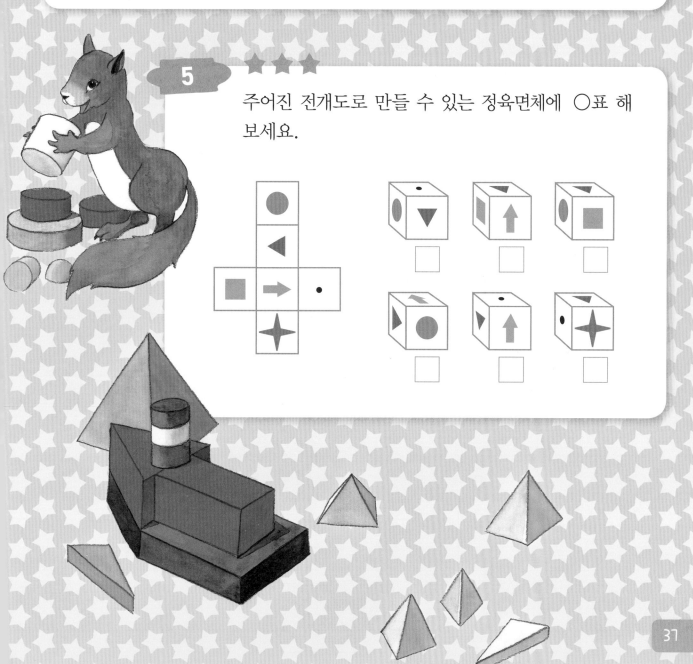

37

7 뺄셈

19 − 9 = 10

1. 계산값을 찾아 수직선과 바르게 이어 보세요.

11 − 1

12 − 2

13 − 3

14 − 4

15 − 5

16 − 6

17 − 7

18 − 8

19 − 9

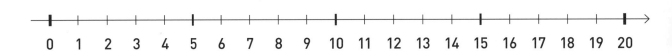

0 1 2 3 4 5 6 7 8 9 10 11 12 13 14 15 16 17 18 19 20

2. 빈칸에 알맞은 수를 구해 보세요.

11 − _____ = 10   13 − _____ = 10   16 − _____ = 10

18 − _____ = 10   15 − _____ = 10   19 − _____ = 10

12 − _____ = 10   14 − _____ = 10   17 − _____ = 10

3. 계산해 보세요.

12 − 2 − 6 = ____   14 − 4 − 4 = ____   11 − 1 − 7 = ____

15 − 5 − 3 = ____   18 − 8 − 5 = ____   16 − 6 − 8 = ____

13 − 3 − 1 = ____   17 − 7 − 2 = ____   19 − 9 − 9 = ____

4. □ 안에 >, =, <를 알맞게 써넣어 보세요.

16 − 6 □ 10   13 − 2 □ 17 − 7   11 □ 19 − 8

17 − 5 □ 13   16 − 5 □ 18 − 7   13 □ 15 − 5

14 − 4 □ 9   15 − 4 □ 16 − 4   12 □ 16 − 3

13 − 2 □ 11   19 − 9 □ 18 − 7   10 □ 18 − 8

한 번 더 연습해요!

1. 10을 만들어 보세요.

2. 계산해 보세요.

11 − 1 − 1 = ____   13 − 3 − 9 = ____   17 − 7 − 2 = ____

19 − 9 − 4 = ____   12 − 2 − 7 = ____   14 − 4 − 8 = ____

15 − 5 − 5 = ____   18 − 8 − 6 = ____   16 − 6 − 3 = ____

5. □ 안에 알맞은 수를 구해 보세요.

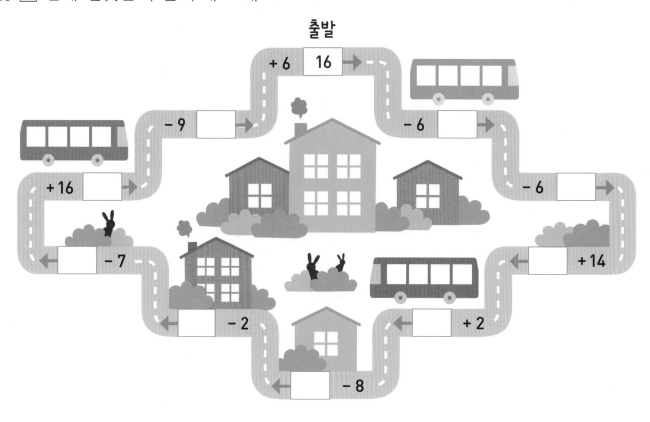

6. 계산값이 10이 나오는 길을 따라가 보세요.

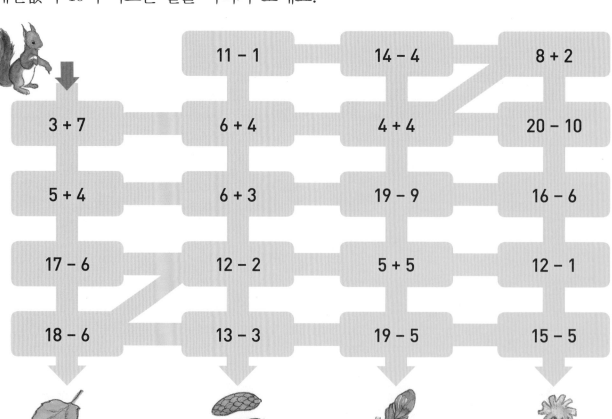

7. ☐ 안에 >, =, <를 알맞게 써넣어 보세요.

15 − 4 ☐ 12   16 − 5 ☐ 16 − 4

19 − 7 ☐ 11   17 − 6 ☐ 18 − 7

14 − 3 ☐ 10   12 + 5 ☐ 13 + 4

18 − 4 ☐ 14   8 + 7 ☐ 7 + 7

8. 바깥의 수는 두 수를 더한 값이에요. ☐ 안에 알맞은 수를 구해 보세요.

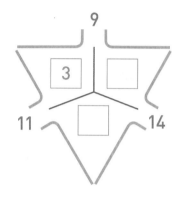 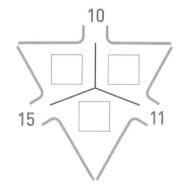 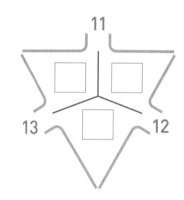

9. 친구들의 이름을 찾아보세요. Eino, Ossi, Eric, Rick, Kirk, Ira가 누구일지 알아맞혀 보세요.

1 3 5 6

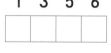

1 2 3 4

3 2 7

2 3 4 8

6 9 9 3

8 3 2 8

8 2에서 5까지 빼서 10 만들기

12 − 5

= 12 − 2 − 3

= 10 − 3

= 7

10을 먼저 만들고 나서 남은 수를 빼요.

1. 그림을 그리면서 계산해 보세요.

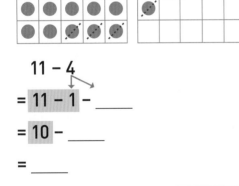

11 − 4

= 11 − 1 − _____

= 10 − _____

= _____

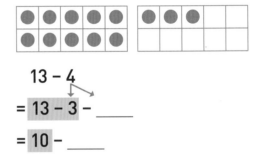

13 − 4

= 13 − 3 − _____

= 10 − _____

= _____

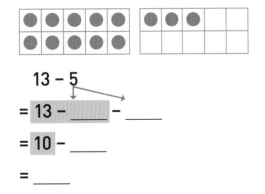

13 − 5

= 13 − _____ − _____

= 10 − _____

= _____

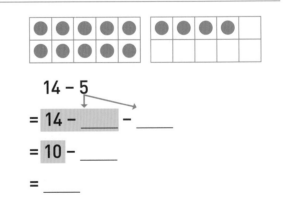

14 − 5

= 14 − _____ − _____

= 10 − _____

= _____

2. 그림을 그리면서 계산해 보세요.

10을 먼저 만들어요.

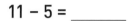

11 – 5 = _____

12 – 5 = _____

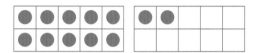

12 – 4 = _____

13 – 4 = _____

3. 계산해 보세요.

13 – 3 – 2 = ____   11 – 1 – 3 = ____   11 – 2 = ____

13 – 5 = ____   11 – 4 = ____   12 – 3 = ____

                                                        11 – 3 = ____

14 – 4 – 1 = ____   12 – 2 – 3 = ____   13 – 5 = ____

14 – 5 = ____   12 – 5 = ____   11 – 5 = ____

한 번 더 연습해요!

1. 그림을 그리면서 계산해 보세요.

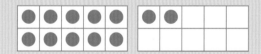

12 – 4 = _____

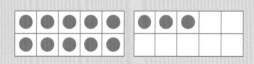

13 – 5 = _____

2. 계산해 보세요.

10 – 3 = ____   14 – 4 – 1 = ____   11 – 4 = ____

10 – 8 = ____   12 – 2 – 3 = ____   14 – 5 = ____

4. 빈칸에 알맞은 수를 구해 보세요.   스스로 문제를 만들어 풀어 보세요.

13 < _____ < 15   16 < _____ < 18   _____ < _____ < _____

14 > _____ > 12   17 > _____ > 15   _____ > _____ > _____

5. 계산한 후 답을 찾아 색칠해 보세요.

14 – 5 = _____	13 – 5 = _____	12 – 5 = _____	11 – 5 = _____
13 – 4 = _____	12 – 4 = _____	11 – 4 = _____	10 – 4 = _____
9 + 5 = _____	8 + 5 = _____	7 + 5 = _____	6 + 5 = _____
9 + 4 = _____	8 + 4 = _____	7 + 4 = _____	6 + 4 = _____

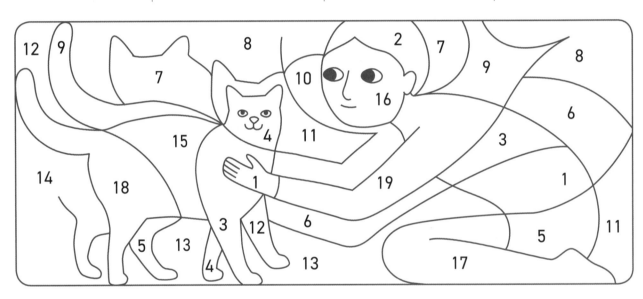

6. 규칙에 따라 표에 모양을 그리고 색칠해 보세요.

7. □ 안에 +, −를 알맞게 써넣어 보세요.

12 □ 4 = 16

12 □ 4 = 8

12 □ 4 > 12

12 □ 4 < 12

14 □ 2 = 10 □ 2

14 □ 12 = 16 □ 14

12 □ 10 > 14 □ 12

14 □ 13 < 2 □ 1

8. 좌표를 보고 빈칸을 채워 보세요. 다람쥐와 까치가 어떤 대화를 나누고 있나요?

(2,5)	(5,5)	(1,3)	(4,3)	(5,2)
E	T			

(2,2)	(4,1)	(3,4)	(2,5)

(1,3)	(2,5)	(6,4)	(2,5)
❗

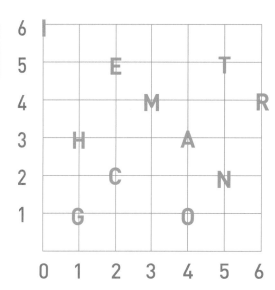

(2,2)	(4,1)	(3,4)	(0,6)	(5,2)	(1,1)
❗

9. 규칙에 따라 주사위 눈을 그려 보세요.

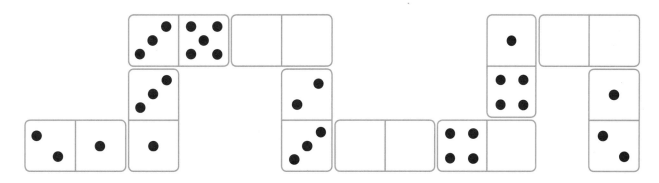

10. 그림을 그린 후 식을 쓰고 답을 구해 보세요.

❶ 우리에 양이 11마리 있어요. 그중
4마리가 들판으로 나갔어요. 우리에
남은 양은 몇 마리인가요?

식 :

정답 :   마리

❷ 마당에 닭이 12마리 있어요. 그중
5마리가 닭장 안으로 들어갔어요. 마당에
남은 닭은 몇 마리인가요?

식 :

정답 :   마리

❸ 마구간에 말이 14마리 있어요. 그중
5마리가 들판으로 나갔어요. 마구간에
남은 말은 몇 마리인가요?

식 :

정답 :   마리

❹ 외양간에 소가 13마리 있어요. 그중
4마리가 들판으로 나갔어요. 외양간에
남은 소는 몇 마리인가요?

식 :

정답 :   마리

11. 계산해 보세요.

15 – 4 = _____   16 – 6 = _____   16 – 1 = _____

11 – 3 = _____   12 – 5 = _____   11 – 5 = _____

17 – 3 = _____   12 – 3 = _____   10 – 5 = _____

19 – 6 = _____   14 – 5 = _____   14 – 4 = _____

12. 규칙에 따라 수를 써넣어 보세요.

| 2 | 5 | 8 | | | | 20 |

| 19 | 16 | 13 | | | | 1 |

한 번 더 연습해요!

1. 그림을 그리고 식과 답을 구해 보세요.

마당에 닭이 12마리 있어요. 그중 4마리가 닭장 안으로 들어갔어요. 마당에 남은 닭은 몇 마리인가요?

식 : _____

정답 : _____ 마리

2. 계산해 보세요.

13 – 5 = _____

11 – 4 = _____

13 – 4 = _____

11 – 5 = _____

12 – 5 = _____

11 – 3 = _____

12 – 3 = _____

13. 규칙에 따라 수를 써넣어 보세요. 수직선을 활용해도 돼요.

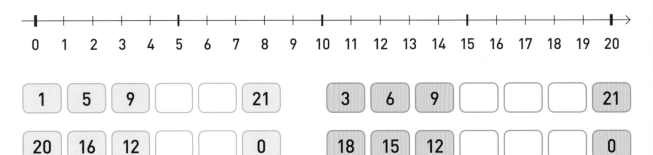

| 1 | 5 | 9 | | | 21 |

| 3 | 6 | 9 | | | | 21 |

| 20 | 16 | 12 | | | 0 |

| 18 | 15 | 12 | | | | 0 |

14. 표를 보고 그림 암호를 풀어 보세요.

	●	●	●
♡	F	W	S
△	O	R	E
☆	T	A	C
☾	M	L	G

15. 규칙에 따라 그림을 그려 보세요.

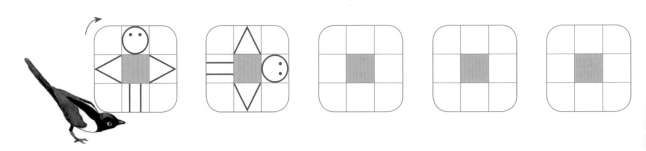

16. □ 안에 +, −를 알맞게 써넣어 보세요.

19 = 17 □ 2   17 □ 2 = 16 □ 3

15 = 17 □ 2   15 □ 3 = 11 □ 1

16 > 17 □ 2   11 □ 8 > 12 □ 9

16 < 15 □ 2   15 □ 13 < 11 □ 9

17. 바깥의 수는 두 수를 더한 값이에요. □ 안에 알맞은 수를 구해 보세요.

9
3 □
□
14   17

14
□ □
□
19   15

16
□ □
□
18   20

18. 친구들의 이름을 알아보세요. Hannah, Helia, May, Minea, Wilma, Winnie가 누구일지 알아맞혀 보세요.

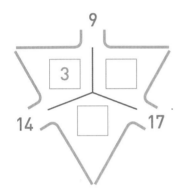

1 3 5 8 2
□ □ □ □ □

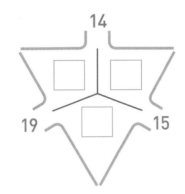

6 3 4 1 2
□ □ □ □ □

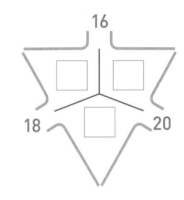

7 8 4 3 2
□ □ □ □ □

6 3 5 5 3 8
□ □ □ □ □ □

1 2 9
□ □ □

7 2 5 5 2 7
□ □ □ □ □ □

9 6과 7을 빼서 10 만들기

13 – 7

= 13 – 3 – 4

= 10 – 4

= 6

10을 먼저 만들고 나서 남은 수를 빼요.

1. 그림을 그리면서 계산해 보세요.

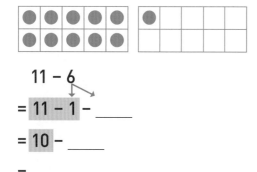

11 – 6

= 11 – 1 – ____

= 10 – ____

= ____

11 – 6 (우측)

13 – 6

= 13 – 3 – ____

= 10 – ____

= ____

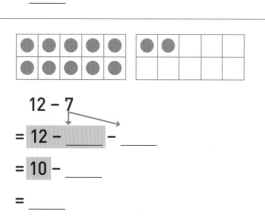

12 – 7

= 12 – ____ – ____

= 10 – ____

= ____

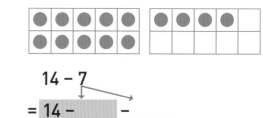

14 – 7

= 14 – ____ – ____

= 10 – ____

= ____

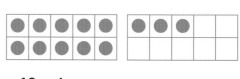

2. 그림을 그리면서 계산해 보세요.

10을 먼저 만들어요.

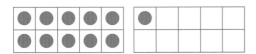

$$11 - 7 = \underline{\hspace{2cm}}$$

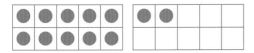

$$12 - 6 = \underline{\hspace{2cm}}$$

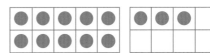

$$13 - 7 = \underline{\hspace{2cm}}$$

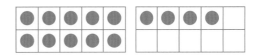

$$14 - 6 = \underline{\hspace{2cm}}$$

3. 계산해 보세요.

$15 - 5 - 1 = \underline{\hspace{1cm}}$ $16 - 6 - 1 = \underline{\hspace{1cm}}$ $11 - 4 = \underline{\hspace{1cm}}$

$15 - 6 = \underline{\hspace{1cm}}$ $16 - 7 = \underline{\hspace{1cm}}$ $12 - 7 = \underline{\hspace{1cm}}$

$15 - 5 - 2 = \underline{\hspace{1cm}}$ $13 - 3 - 3 = \underline{\hspace{1cm}}$ $11 - 5 = \underline{\hspace{1cm}}$

$15 - 7 = \underline{\hspace{1cm}}$ $13 - 6 = \underline{\hspace{1cm}}$ $15 - 6 = \underline{\hspace{1cm}}$

한 번 더 연습해요!

1. 그림을 그리고 식과 답을 구해 보세요.

우리에 양이 14마리 있어요. 그중 7마리가 들판으로 나갔어요. 우리에 남은 양은 몇 마리인가요?

식 : _____

정답 : _____ 마리

2. 계산해 보세요.

$11 - 6 = \underline{\hspace{2cm}}$

$14 - 6 = \underline{\hspace{2cm}}$

$11 - 7 = \underline{\hspace{2cm}}$

$15 - 6 = \underline{\hspace{2cm}}$

$16 - 7 = \underline{\hspace{2cm}}$

$12 - 7 = \underline{\hspace{2cm}}$

$17 - 7 = \underline{\hspace{2cm}}$

4. 빈칸에 알맞은 수를 구해 보세요.

12 - _____ = 5   19 - _____ = 10   13 - _____ = 7

20 - _____ = 10   12 - _____ = 4   10 - _____ = 9

14 - _____ = 3   13 - _____ = 6   12 - _____ = 8

11 - _____ = 4   11 - _____ = 7   11 - _____ = 9

11 - _____ = 6   13 - _____ = 8   12 - _____ = 9

5. 계산값이 8과 같으면 색칠해 보세요.

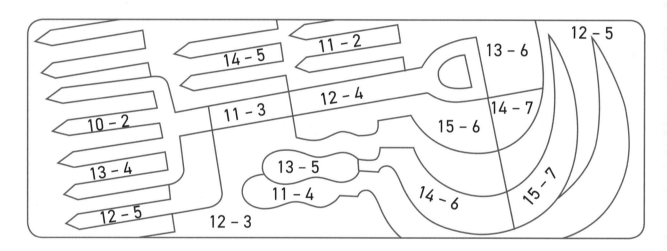

6. 똑같이 그려 보세요.

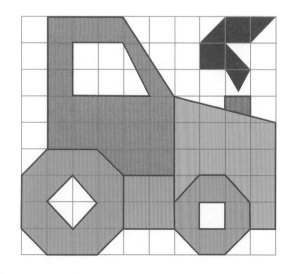
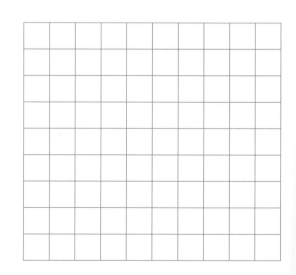

7. □ 안에 >, =, <를 알맞게 써넣어 보세요.

20 − 6 □ 15   20 − 7 □ 20 − 6

15 − 7 □ 8   19 − 6 □ 18 − 6

12 − 6 □ 6   13 + 6 □ 13 − 6

13 − 7 □ 7   6 + 7 □ 7 + 6

8. 아래 글을 읽고 누구의 가방인지 알아맞혀 보세요.

_____   _____   _____   _____   _____

- 엠마의 가방은 13보다 크고 20보다 작아요.
- 엘리스의 가방은 십의 자리 수가 가장 커요.
- 사라의 가방은 일의 자리 수가 가장 커요.
- 알렉스와 사라의 가방을 더하면 엘리스 가방의 수와 같아요.
- 매튜의 가방은 줄의 끝에 있어요.

9. 그림이 들어간 식을 보고 그림의 값을 구해 보세요.

 + = 15

 = _____

 − = 3

 = _____

10. 그림을 그린 후 식을 쓰고 답을 구해 보세요.

❶ 헨리는 1100원을 가지고 있어요. 사이먼은
헨리보다 600원을 더 적게 가지고 있어요.
사이먼은 얼마를 가지고 있나요?

식 : _____

정답 : _____ 원

❷ 마이클은 1200원을 가지고 있어요. 조엘은
마이클보다 700원을 더 적게 가지고
있어요. 조엘은 얼마를 가지고 있나요?

식 : _____

정답 : _____ 원

❸ 사라는 1500원을 가지고 있어요. 앤은
600원을 가지고 있어요. 앤은 사라보다
얼마 더 적게 가지고 있나요?

식 : _____

정답 : _____ 원

❹ 레오는 1400원을 가지고 있어요. 헨리는
700원을 가지고 있어요. 헨리는 레오보다
얼마 더 적게 가지고 있나요?

식 : _____

정답 : _____ 원

놀이 카드에 있는 모형 돈을 활용하세요.

11. 주어진 돈으로 물건을 사고 남은 돈은 얼마인지 식과 답을 구해 보세요.

식 : _____

정답 : _____

식 : _____

정답 : _____

식 : _____

정답 : _____

식 : _____

정답 : _____

식 : _____

정답 : _____

식 : _____

정답 : _____

 한 번 더 연습해요!

1. 계산해 보세요.

$11 - 6 =$ _____ $14 - 6 =$ _____ $15 - 6 =$ _____

$12 - 6 =$ _____ $17 - 7 =$ _____ $14 - 7 =$ _____

$15 - 7 =$ _____ $13 - 7 =$ _____ $13 - 6 =$ _____

12. □ 안에 알맞은 수를 구해 보세요.

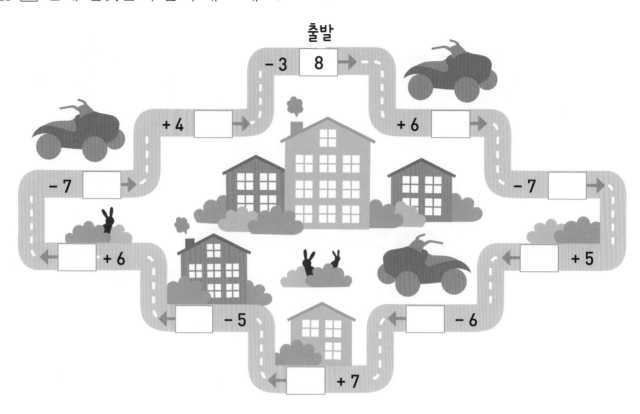

13. 규칙에 따라 수를 써넣어 보세요.

14. 계산한 후 조건에 맞게 색칠해 보세요.   0 < ⬤ < 8   ⬤ = 8   8 < ⬤ < 20

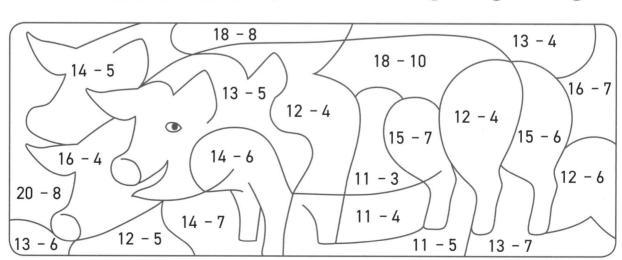

15. 좌표를 보고 빈칸을 채워 보세요.

(5,5)	(1,5)	(3,3)	(2,5)	(5,5)

(1,1)	(4,2)	(5,1)	(3,1)

(4,4)	(3,1)	(1,5)	(2,2)

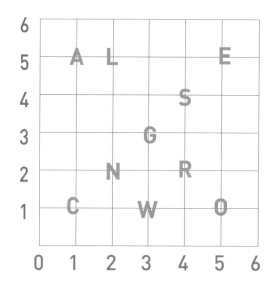

16. 그림이 들어간 식을 보고 그림의 값을 구해 보세요.

 − =

 + = 25

30 − =

 = _____

 = _____

 = _____

놀이 수학

시장 놀이

인원 : 2명   준비물 : 종이와 연필

✏️ **놀이 방법**

1. 각자 종이에 5개의 물건을 그리고 가격을 써넣으세요.
2. 상대방이 그린 물건 중 2개를 고른 후, 물건의 가격 차이를 계산해요.
3. 함께 답이 맞는지 계산한 후 역할을 바꿔 놀이를 계속해요.

10 8과 9를 빼서 10 만들기

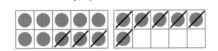

16 – 9

= 16 – 6 – 3

= 10 – 3

= 7

10을 먼저 만들고 나서 남은 수를 빼요.

1. 그림을 그리면서 계산해 보세요.

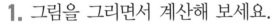

11 – 8

= 11 – 1 – ____

= 10 – ____

= ____

14 – 8

= 14 – 4 – ____

= 10 – ____

= ____

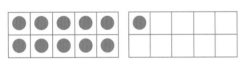

12 – 9

= 12 – ____ – ____

= 10 – ____

= ____

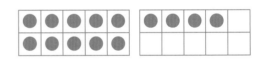

13 – 9

= 13 – ____ – ____

= 10 – ____

= ____

2. 그림을 그리면서 계산해 보세요.

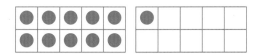

11 − 9 = _____

14 − 9 = _____

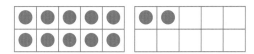

12 − 8 = _____

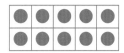

14 − 8 = _____

3. 계산해 보세요.

15 − 5 − 4 = ____   16 − 6 − 2 = ____   15 − 8 = ____

15 − 9 = ____   16 − 8 = ____   16 − 9 = ____

17 − 7 − 2 = ____   18 − 8 − 1 = ____   17 − 8 = ____

17 − 9 = ____   18 − 9 = ____   14 − 9 = ____

 한 번 더 연습해요!

1. 그림을 그리고 식과 답을 구해 보세요.

엠마는 구슬을 14개 가지고 있어요. 알렉은
구슬을 9개 가지고 있어요. 알렉은 엠마보다
구슬을 몇 개 더 적게 가지고 있나요?

식 : _____

정답 : _____ 개

2. 계산해 보세요.

11 − 8 = _____

11 − 9 = _____

12 − 8 = _____

15 − 9 = _____

16 − 8 = _____

14 − 9 = _____

17 − 8 = _____

59

4. 계산값을 찾아 바르게 이어 보세요.

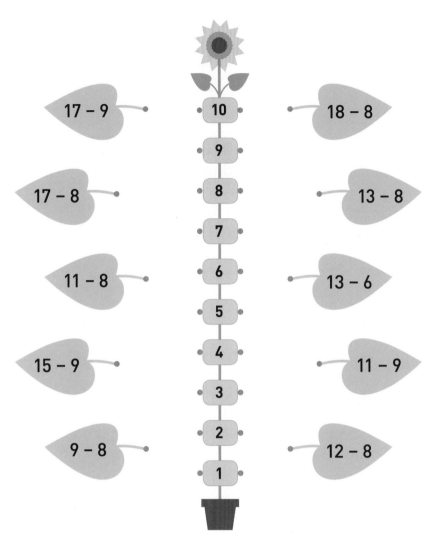

5. 규칙에 따라 수를 써넣어 보세요.

6. 파란색과 노란색을 사용하여 각 정육면체를 다른 방법으로 색칠해 보세요.

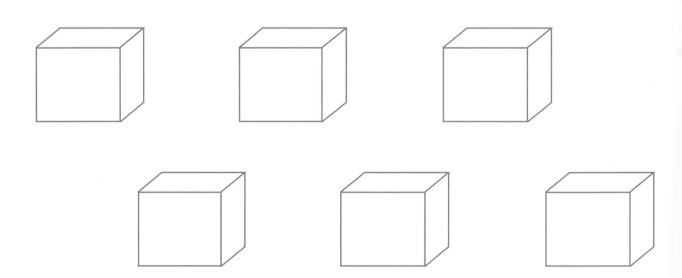

7. 규칙에 따라 색칠해 보세요.

8. ☐ 안에 +, −를 알맞게 써넣어 보세요.

20 ☐ 10 = 10   15 ☐ 3 = 13 ☐ 5

20 ☐ 10 = 30   15 ☐ 5 = 14 ☐ 4

20 ☐ 10 > 11   11 ☐ 11 > 12 ☐ 11

20 ☐ 10 < 11   14 ☐ 14 < 11 ☐ 11

9. 세로로 이어진 4칸에 빨간색 2개, 파란색 2개를 사용하여 각각 다른 방법으로 색칠해 보세요.

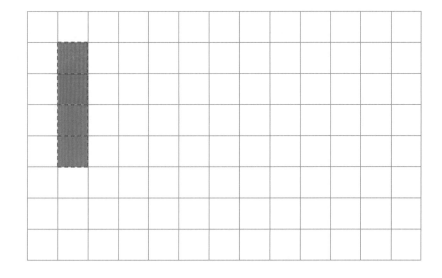

6가지 방법으로 색칠할 수 있네요.
여러분은 몇 가지 방법을 찾았나요? _____

10. 계산한 후 정답에 해당하는 알파벳을 찾아 써넣으세요.

11 – 8 = _____ ☐   12 – 9 = _____ ☐   12 – 5 = _____ ☐

11 – 9 = _____ ☐   16 – 8 = _____ ☐   13 – 8 = _____ ☐

13 – 6 = _____ ☐   18 – 9 = _____ ☐   11 – 7 = _____ ☐

15 – 9 = _____ ☐

2	3	4	5	6	7	8	9
U	D	T	A	K	C	O	G

11. 계산값이 7이 나오는 길을 따라가 보세요.

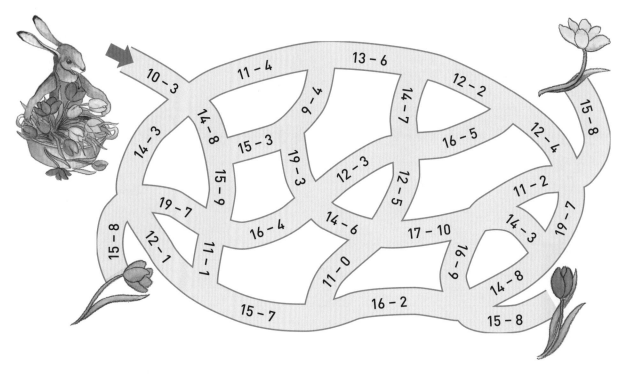

12. 빠진 그림을 빈칸에 그려 보세요.

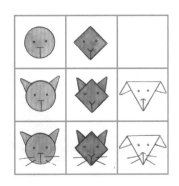   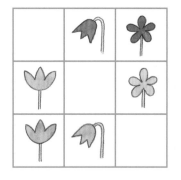

13. ☐ 안에 알맞은 수를 구해 보세요.

14. 아래 지시에 따라 선을 그려 보세요. 지나간 길은 ☐ 안에 X표 하세요.

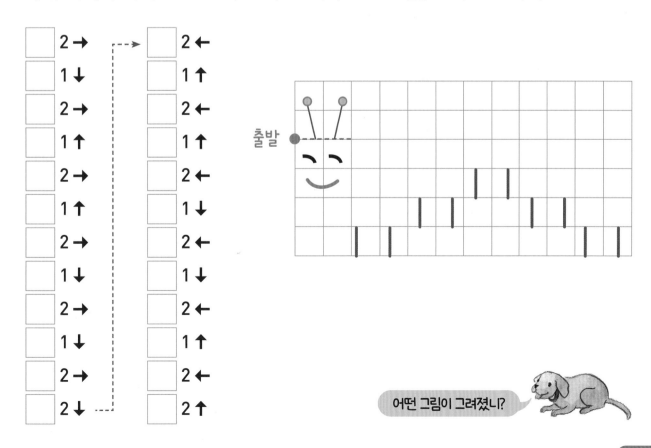

어떤 그림이 그려졌니?

15. 그림과 식에 맞게 계산해 보세요.

5 + 6 = _____

6 + 5 = _____

11 − 6 = _____

11 − 5 = _____

4 + 8 = _____

8 + 4 = _____

12 − 8 = _____

12 − 4 = _____

8 + 7 = _____

7 + 8 = _____

15 − 7 = _____

15 − 8 = _____

9 + 8 = _____

8 + 9 = _____

17 − 8 = _____

17 − 9 = _____

16. 주어진 수 가족을 이용해서 식을 완성해 보세요.

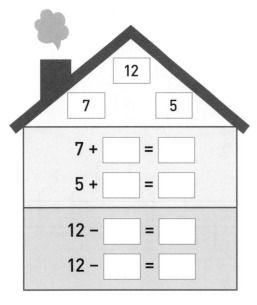

7 + ☐ = ☐

5 + ☐ = ☐

12 − ☐ = ☐

12 − ☐ = ☐

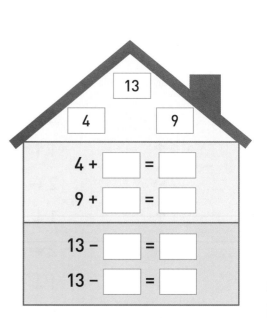

4 + ☐ = ☐

9 + ☐ = ☐

13 − ☐ = ☐

13 − ☐ = ☐

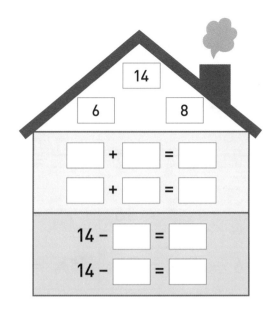

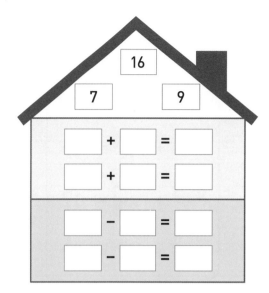

17. 계산한 후 정답에 해당하는 알파벳을 찾아 써넣으세요.

13 − _____ = 4 ☐   7 + _____ = 18 ☐

14 − _____ = 9 ☐   16 − _____ = 6 ☐

13 − _____ = 8 ☐   12 − _____ = 5 ☐

14 − _____ = 6 ☐   7 + _____ = 19 ☐

14 − _____ = 8 ☐

5	6	7	8	9	10	11	12
O	E	C	S	G	U	D	K

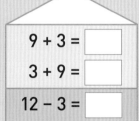
한 번 더 연습해요!

1. 계산해 보세요.

9 + 3 = ☐   8 + 5 = ☐   15 − 6 = _____

3 + 9 = ☐   5 + 8 = ☐   16 − 8 = _____

12 − 3 = ☐   13 − 5 = ☐   11 − 9 = _____

12 − 9 = ☐   13 − 8 = ☐   14 − 7 = _____

18. 그림이 들어간 식을 보고 그림의 값을 구하세요.

13 − 6 = 🐔	🐔 = ___
🐓 + 🐓 = 15	🐓 = ___
🐓 + 🐕 = 17	🐕 = ___
🐕 + 🐤 = 19	🐤 = ___

10 − 🐑 = 🐑	🐑 = ___
🐑 + 🐕 = 12	🐕 = ___
🐑 + 🐈 = 16	🐈 = ___
16 − 🐄 = 🐄	🐄 = ___

19. 표를 보고 그림 암호를 풀어 보세요.

	●	●	●
♡	C	T	R
△	E	H	F
☆	L	D	I
☾	A	M	N
✖	P		S

♥	▲	✦	✦	✦	♥	▲	☾

✖	▲	♥	♥	▲	✦

▲	☾	♥	☾

☾	☾	✦	☾	☾	✦	✖

20. 주어진 식을 이용하여 수 가족을 완성해 보세요.

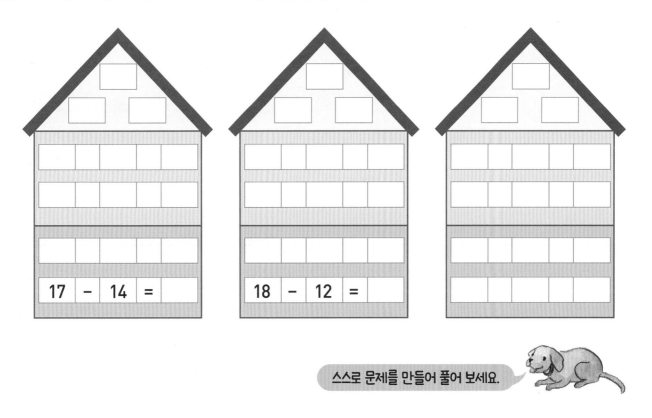

17 − 14 =

18 − 12 =

스스로 문제를 만들어 풀어 보세요.

21. 주어진 수를 골라 수 가족을 완성해 보세요.

4   5   8

13   15   19

11 뺄셈 검산하기

13 − 5 = 8
검산: 8 + 5 = 13

덧셈을 이용하여 뺄셈을 검산해요.

1. 그림에 선을 그어 가며 계산한 후 검산해 보세요.

 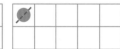

11 − 2 = _9_

검산 : _9_ + _2_ = ____

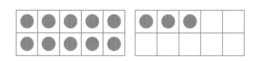

13 − 9 = ____

검산 : ____ + ____ = ____

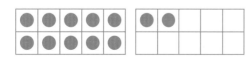

12 − 4 = ____

검산 : ____ + ____ = ____

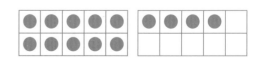

14 − 6 = ____

검산 : ____ + ____ = ____

2. 계산한 후 검산해 보세요.

13 − 7 = ___6___

검산 : __6__ + __7__ = _____

16 − 8 = _____

검산 : ____ + ____ = _____

14 − 7 = _____

검산 : ____ + ____ = _____

15 − 6 = _____

검산 : ____ + ____ = _____

3. 그림을 그려 식을 쓰고 답을 구한 후, 검산으로 답을 확인해 보세요.

❶ 마구간에 말이 15마리 있어요. 그중 8마리만 남고 나머지는 초원으로 나갔어요. 몇 마리가 나간 건가요?

식 : _____

검산 : _____

❷ 외양간에 소가 13마리 있어요. 그중 6마리만 남고 나머지는 초원으로 나갔어요. 몇 마리가 나간 건가요?

식 : _____

검산 : _____

한 번 더 연습해요!

1. 계산한 후 검산해 보세요.

12 − 5 = _____

____ + ____ = ____

15 − 8 = _____

____ + ____ = ____

17 − 9 = _____

____ + ____ = ____

4. 부등호에 맞게 수를 순서대로 써넣어 보세요.

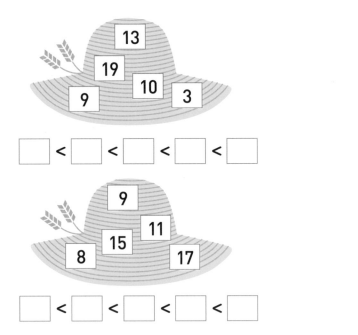

□ < □ < □ < □ < □

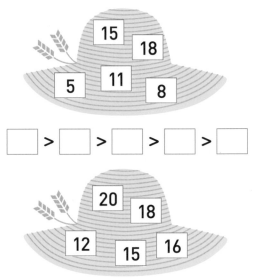

□ > □ > □ > □ > □

□ < □ < □ < □ < □

□ > □ > □ > □ > □

5. 계산한 후 검산해 보세요. 답이 맞으면 ○, 틀리면 X표를 하세요.

14 − 8 = 6 □	15 − 7 = 8 □	17 − 9 = 9 □
검산 : 6 + 8 = 14	검산 : ___ + ___ = ___	검산 : ___ + ___ = ___
16 − 7 = 8 □	13 − 6 = 7 □	18 − 9 = 9 □
검산 : ___ + ___ = ___	검산 : ___ + ___ = ___	검산 : ___ + ___ = ___

6. 말발굽을 찾아 색칠해 보세요. 몇 개를 찾았나요?

7. □ 안에 알맞은 수를 구해 보세요.

스스로 문제를 만들어 풀어 보세요.

1	2	3
5	6	6
6		9

5	4	9
7	1	8
	6	7

7	2	6
3	11	8
	9	4

6	9	5
4	12	
7	3	6

7	4	3
8	2	
9	5	4

놀이 수학

수 가족 만들기

✎ **놀이 방법**

1. 수 가족이 될 수 있는 3개의 수 2쌍을 찾아 나무에 써넣으세요.
2. 1에서 쓴 수 가족을 가지고 각각의 집에 식을 완성해 보세요.

□ + □ = □
□ + □ = □
□ − □ = □
□ − □ = □

□ + □ = □
□ + □ = □
□ − □ = □
□ − □ = □

1. 그림에 선을 그어 가며 계산해 보세요.

11 – 4 = _____

14 – 6 = _____

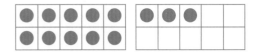

13 – 7 = _____

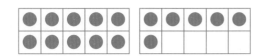

16 – 9 = _____

2. 계산해 보세요.

12 – 6 = _____	14 – 7 = _____	16 – 8 = _____	18 – 9 = _____
11 – 5 = _____	13 – 6 = _____	15 – 7 = _____	17 – 8 = _____
13 – 7 = _____	15 – 8 = _____	17 – 9 = _____	19 – 10 = _____

3. 계산해 보세요.

6 + 5 = _____	4 + 8 = _____	9 + 7 = _____
5 + 6 = _____	8 + 4 = _____	7 + 9 = _____
11 – 6 = _____	12 – 4 = _____	16 – 9 = _____
11 – 5 = _____	12 – 8 = _____	16 – 7 = _____

4. ☐ 안에 >, =, <를 알맞게 써넣어 보세요.

13 – 6 ☐ 6   9 ☐ 16 – 7   16 – 8 ☐ 17 – 8

14 – 5 ☐ 9   8 ☐ 15 – 8   13 – 8 ☐ 13 – 7

5. 그림을 그려 식을 쓰고 답을 구한 후, 검산으로 답을 확인해 보세요.

❶ 마구간에 말이 12마리 있고, 초원에 5마리가 있어요. 초원에 있는 말은 마구간에 있는 말보다 몇 마리 적나요?

식 : _____

검산 : _____

❷ 외양간에 소가 15마리 있고, 초원에 9마리가 있어요. 외양간에 있는 말은 초원에 있는 말보다 몇 마리 많나요?

식 : _____

검산 : _____

6. 계산한 후 정답에 해당하는 알파벳을 찾아 써넣으세요.

11 − _____ = 9　□

12 − _____ = 4　□

14 − _____ = 7　□

13 − _____ = 10　□

10 − _____ = 7　□

13 − _____ = 9　□

11 − _____ = 6　□

12 − _____ = 7　□

15 − _____ = 9　□

어떤 영어 단어가 완성되었니?

2	3	4	5	6	7	8
C	S	R	O	M	A	L

얼마나 잘했나요?

실력이 자란 만큼 별을 색칠하세요.

☆☆☆

★★★　정말 잘했어요.

★★☆　꽤 잘했어요.

★☆☆　계속 노력할게요.

1 규칙에 따라 수를 써넣어 보세요.

| 1 | | 5 | | 9 | | 13 | | 17 | | 21 |

| 20 | | 16 | | 12 | | 8 | | 4 | | 0 |

| 20 | | 12 | | 4 | |

2 계산값을 찾아 수직선과 바르게 이어 보세요.

| 11 – 7 | | 11 – 4 | | 4 + 7 | | 7 + 4 |

0 1 2 3 4 5 6 7 8 9 10 11 12 13 14 15 16 17 18 19 20

| 17 – 9 | | 17 – 8 | | 8 + 9 | | 9 + 8 |

3 주어진 코드의 규칙을 알아내어 빈칸을 채워 보세요.

1	2	E	4	5
A	7	S	9	0

11	T	N	D	15
16	17	18	19	20

10	13	3	8			6	13	14			12	3	13	8

주사위의 규칙을 알아내어 빈칸에 그려 보세요.

그림이 들어간 식을 보고 그림의 값을 구해 보세요.

12 덧셈

1. 계산해 보세요.

5 + 4 = _____   7 + 6 = _____   9 + 8 = _____

5 + 5 = _____   7 + 7 = _____   9 + 9 = _____

5 + 6 = _____   7 + 8 = _____   9 + 10 = _____

12 + 1 = _____   13 + 2 = _____   14 + 3 = _____

12 + 2 = _____   13 + 3 = _____   14 + 4 = _____

12 + 3 = _____   13 + 4 = _____   14 + 5 = _____

2. 빈칸에 알맞은 수를 구해 보세요.

6 + _____ = 11   8 + _____ = 15   9 + _____ = 17

6 + _____ = 12   8 + _____ = 16   9 + _____ = 18

6 + _____ = 13   8 + _____ = 17   9 + _____ = 19

3. 식을 쓰고 답을 구한 후 정답을 찾아 ◯표 하세요.

❶ 선반에 인형이 6개 있어요. 선반에 인형을 6개 더 올려 두었어요. 인형은 모두 몇 개인가요?

식 : _____

정답 : _____

❷ 선반에 곰 인형이 6개 있어요. 선반에 곰 인형을 5개 더 올려 두었어요. 곰 인형은 모두 몇 개인가요?

식 : _____

정답 : _____

❸ 선반에 팽이가 8개 있어요. 선반에 팽이를 8개 더 올려 두었어요. 팽이는 모두 몇 개인가요?

식 : _____

정답 : _____

❹ 선반에 공이 8개 있어요. 선반에 공을 7개 더 올려 두었어요. 공은 모두 몇 개인가요?

식 : _____

정답 : _____

11 12 13 15 16

한 번 더 연습해요!

1. 계산해 보세요.

5 + 4 = _____   8 + 8 = _____

5 + 5 = _____   8 + 9 = _____

6 + 6 = _____   9 + 9 = _____

6 + 7 = _____   9 + 10 = _____

2. 계산해 보세요.

12 + 4 = _____

10 + 9 = _____

16 + 3 = _____

15 + 5 = _____

17 + 2 = _____

4. 수의 순서에 맞게 주어진 수의 앞과 뒤에 오는 수를 바르게 써넣어 보세요.

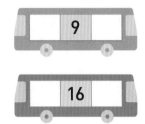
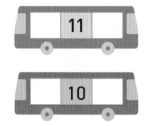

5. 계산해 보세요.

$12 + 3 =$ _____

$12 + 4 =$ _____

$16 + 2 =$ _____

$16 + 3 =$ _____

$14 + 4 =$ _____

$14 + 5 =$ _____

$15 + 3 =$ _____

$15 + 4 =$ _____

$11 + 8 =$ _____

$11 + 7 =$ _____

$13 + 6 =$ _____

$13 + 5 =$ _____

6. 빨간색은 짝수값을,
파란색은 홀수값을
따라가 보세요.

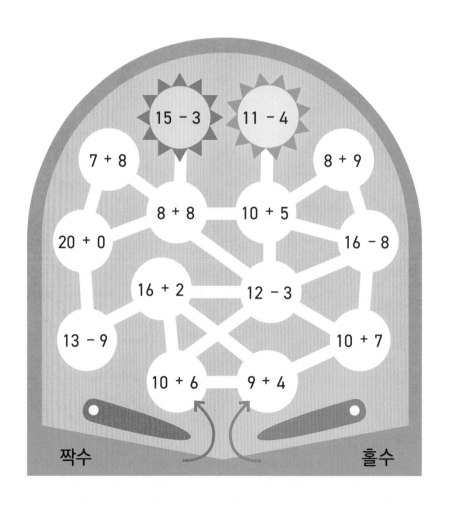

7. □ 안에 >, =, <를 알맞게 써넣어 보세요.

12 + 2 □ 14   14 □ 11 + 5   12 + 3 □ 17 − 2

14 + 3 □ 15   17 □ 14 + 4   13 + 4 □ 19 − 6

13 + 5 □ 19   19 □ 13 + 6   14 + 5 □ 20 − 1

8. 바깥의 수는 두 수를 더한 값이에요. □ 안에 알맞은 수를 구해 보세요.

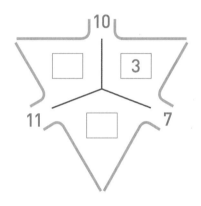
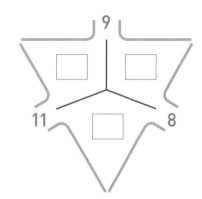
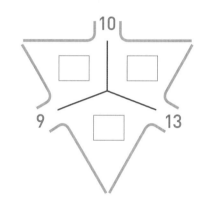

9. 아래 글을 읽고 장난감의 주인이 누구일지 알아맞혀 보세요.

78   61   99   86

_____   _____   _____   _____

- 로라의 장난감은 짝수이고, 일의 자리 수는 십의 자리 수보다 작아요.
- 샘의 장난감은 68보다 7만큼 작아요.
- 엠마의 장난감은 70보다 크고 80보다 작아요.
- 토미의 장난감은 92에 7을 더한 수와 같아요.

13 뺄셈

1500원 − 1100원 = 400원

1. 그림을 보고 계산해 보세요.

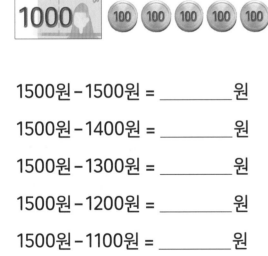

1500원 − 1500원 = _____원

1500원 − 1400원 = _____원

1500원 − 1300원 = _____원

1500원 − 1200원 = _____원

1500원 − 1100원 = _____원

1700원 − 1600원 = _____원

1700원 − 1700원 = _____원

1700원 − 1400원 = _____원

1700원 − 1500원 = _____원

1700원 − 1300원 = _____원

2. 계산해 보세요.

12 − 12 = _____   16 − 16 = _____   19 − 17 = _____

12 − 11 = _____   16 − 15 = _____   18 − 15 = _____

12 − 10 = _____   16 − 14 = _____   20 − 19 = _____

3. 식을 쓰고 답을 구한 후, 정답을 찾아 ○표 하세요.

❶ 마트에 아이스크림이 13개 있어요.
그중 11개가 팔렸어요. 마트에 남은
아이스크림은 몇 개인가요?

식 : _____

정답 : _____

❷ 마트에 막대 사탕이 15개 있어요.
그중 12개가 팔렸어요. 마트에 남은
막대 사탕은 몇 개인가요?

식 : _____

정답 : _____

❸ 마트에 생수가 14개 있어요.
그중 14개가 팔렸어요. 마트에 남은
생수는 몇 개인가요?

식 : _____

정답 : _____

❹ 마트에 우유가 19개 있어요.
그중 15개가 팔렸어요. 마트에 남은
우유는 몇 개인가요?

식 : _____

정답 : _____

0   2   3   4   5

한 번 더 연습해요!

1. 계산해 보세요.

$11 - 11 =$ _____

$11 - 10 =$ _____

$14 - 12 =$ _____

$14 - 13 =$ _____

$18 - 16 =$ _____

$18 - 17 =$ _____

$12 - 11 =$ _____

$12 - 12 =$ _____

$17 - 14 =$ _____

$17 - 16 =$ _____

$19 - 19 =$ _____

$19 - 16 =$ _____

4. 계산해 보세요.

17 – 5 = _____   14 – 2 = _____   19 – 7 = _____

17 – 15 = _____   14 – 12 = _____   19 – 17 = _____

5. 규칙에 따라 수를 써넣어 보세요.

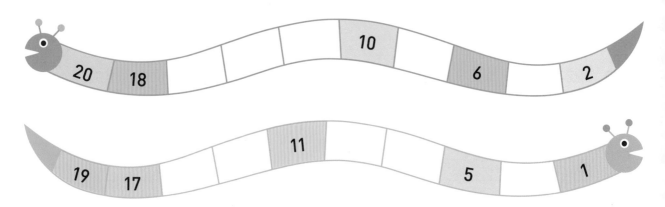

6. 계산한 후 정답에 해당하는 알파벳을 찾아 써넣으세요.

19 – 12 = _____ ☐   18 – 12 = _____ ☐

11 – 10 = _____ ☐   17 – 12 = _____ ☐

16 – 6 = _____ ☐   12 – 10 = _____ ☐

16 – 14 = _____ ☐   15 – 12 = _____ ☐

19 – 13 = _____ ☐   18 – 13 = _____ ☐

19 – 11 = _____ ☐   15 – 11 = _____ ☐

18 – 10 = _____ ☐   13 – 4 = _____ ☐

1	2	3	4	5	6	7	8	9	10
I	C	A	D	N	O	B	T	Y	G

7. 바깥의 수는 두 수를 더한 값이에요. □ 안에 알맞은 수를 구해 보세요.

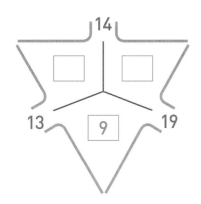 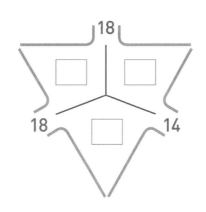 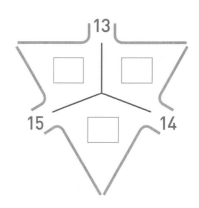

8. 빈칸에 알맞은 수를 구해 보세요.

$15 - 3 - \underline{\hspace{2em}} = 10$　　$17 - \underline{\hspace{2em}} - 2 = 12$　　$16 - \underline{\hspace{2em}} - 2 = 13$

$13 - 1 - \underline{\hspace{2em}} = 10$　　$18 - \underline{\hspace{2em}} - 3 = 12$　　$17 - \underline{\hspace{2em}} - 5 = 10$

$17 - 4 - \underline{\hspace{2em}} = 10$　　$16 - \underline{\hspace{2em}} - 3 = 12$　　$19 - 3 - \underline{\hspace{2em}} = 14$

$14 - 2 - \underline{\hspace{2em}} = 10$　　$19 - \underline{\hspace{2em}} - 3 = 12$　　$20 - 5 - \underline{\hspace{2em}} = 15$

주사위 눈의 합이 더 작은 사람이 이기겠네~!

놀이 수학

빼기 놀이

인원 : 2명　　준비물 : 주사위 3개

✏️ **놀이 방법**

1. 두 사람이 번갈아 가며 주사위 3개를 굴려요.
2. 주사위 3개의 눈의 수를 모두 합한 후 18에서 빼요.
3. 뺄셈을 한 후 남은 수가 더 큰 사람이 놀이에서 이겨요.

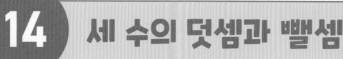

14 세 수의 덧셈과 뺄셈

$11 - 4 + 2$

$= 7 + 2$

$= 9$

앞의 두 수를 먼저 계산하여 나온 수에 나머지 수를 계산해요.

1. 계산해 보세요.

$7 - 3 + 5 =$ _____ $12 - 3 + 3 =$ _____ $12 + 3 - 6 =$ _____

$8 - 3 + 6 =$ _____ $11 - 3 + 5 =$ _____ $16 + 3 - 7 =$ _____

$9 - 4 + 7 =$ _____ $13 - 4 + 2 =$ _____ $17 + 2 - 8 =$ _____

$14 + 3 - 3 =$ _____ $11 + 3 + 5 =$ _____ $12 - 4 - 3 =$ _____

$13 + 2 - 8 =$ _____ $13 + 4 + 2 =$ _____ $16 - 7 - 2 =$ _____

$17 + 3 - 9 =$ _____ $14 + 4 + 2 =$ _____ $18 - 8 - 7 =$ _____

2. ☐ 안에 +, −를 알맞게 써넣어 보세요.

$12 - 3 \ \boxed{} \ 4 = 13$ $15 \ \boxed{} \ 2 - 8 = 9$

$14 + 2 \ \boxed{} \ 5 = 11$ $18 \ \boxed{} \ 3 - 6 = 9$

3. 그림을 그리고 식을 쓴 후 답을 구해 보세요.

❶ 마트에 공이 12개 있었는데, 그중 6개가 팔렸어요. 그 후 공이 5개 더 진열되었어요. 마트에 있는 공은 모두 몇 개인가요?

식 : _____

정답 : _____

❷ 마트에 공이 16개 있었는데, 4개가 더 진열되었어요. 그 후 3개의 공이 팔렸다면 마트에 남은 공은 모두 몇 개인가요?

식 : _____

정답 : _____

❸ 마트에 공이 11개 있었는데, 그중 3개가 팔렸어요. 그 후 공이 5개 더 진열되었어요. 마트에 있는 공은 모두 몇 개인가요?

식 : _____

정답 : _____

❹ 마트에 공이 9개 있었는데, 9개가 더 진열되었어요. 그 후 공이 4개 팔렸다면 마트에 남은 공은 모두 몇 개인가요?

식 : _____

정답 : _____

 한 번 더 연습해요!

1. 계산해 보세요.

$10 + 8 - 3 =$ _____ $14 - 4 + 8 =$ _____ $9 + 7 - 3 =$ _____

$12 + 7 - 6 =$ _____ $19 - 4 + 2 =$ _____ $13 - 5 + 8 =$ _____

$11 + 5 - 9 =$ _____ $15 - 7 + 4 =$ _____ $8 + 4 - 6 =$ _____

4. 주사위 눈을 더한 값을 찾아 이어 보세요.

12

13

14

15

5. 계산해 보세요.

19 − 7 + 5 = _____   11 − 9 + 3 = _____   10 − 9 + 1 = _____

14 + 2 − 7 = _____   17 − 8 + 5 = _____   20 − 8 + 2 = _____

18 − 5 + 1 = _____   15 + 5 − 11 = _____   5 + 8 − 3 = _____

20 − 8 + 2 = _____   10 + 10 − 3 = _____   20 − 4 + 2 = _____

6. 조건에 맞게 색칠해 보세요.   짝수 ● 홀수 ●

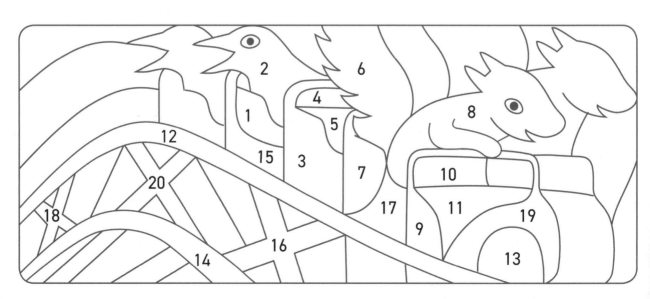

7. □ 안에 +, −를 알맞게 써넣어 보세요.

9 □ 4 □ 3 = 10   14 □ 8 □ 7 = 13   7 □ 8 □ 5 = 20

8 □ 5 □ 9 = 12   19 □ 9 □ 8 = 18   6 □ 5 □ 4 = 15

11 □ 9 □ 5 = 15   13 □ 6 □ 7 = 0   16 □ 9 □ 9 = 16

8. 스스로 문제를 만들어 풀어 보세요.

_____ + _____ − _____ = _____   _____ + _____ − _____ = _____

_____ − _____ + _____ = _____   _____ − _____ + _____ = _____

9. 아래 글을 읽고 피에로의 이름을 알아맞혀 보세요.

24   31   48   59   56

_____ _____ _____ _____ _____

- 레옹의 수는 일의 자리 수가 십의 자리 수보다 작아요.
- 보보의 수는 레옹의 수보다 작아요.
- 호호의 수는 보보의 수보다 십의 자리 수가 2만큼 커요.
- 코코의 수는 포포의 수보다 일의 자리 수가 3만큼 작아요.

답이 확실한 조건을 먼저 찾아서 문제를 풀으렴~!

15 100까지의 수

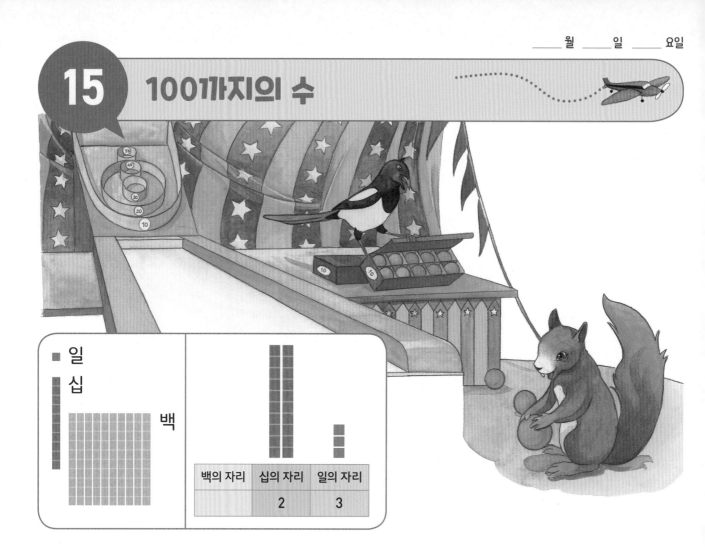

백의 자리	십의 자리	일의 자리
	2	3

1. 수 막대를 보고 알맞은 수를 써넣으세요.

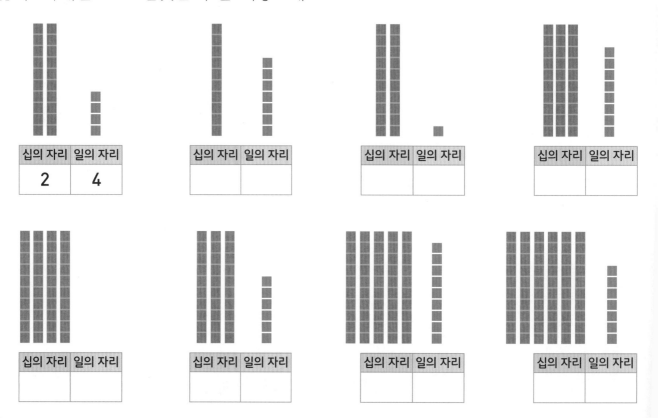

십의 자리	일의 자리
2	4

십의 자리	일의 자리

십의 자리	일의 자리

십의 자리	일의 자리

십의 자리	일의 자리

십의 자리	일의 자리

십의 자리	일의 자리

십의 자리	일의 자리

2. 그림을 보고 얼마인지 계산해 보세요.

_____ 원   _____ 원   _____ 원

_____ 원   _____ 원   _____ 원

_____ 원   _____ 원   _____ 원

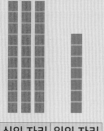

한 번 더 연습해요!

1. 수 막대를 보고 알맞은 수를 써넣으세요.

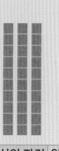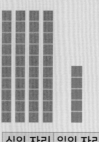

십의 자리	일의 자리

십의 자리	일의 자리

십의 자리	일의 자리

십의 자리	일의 자리

3. 규칙에 따라 수를 써넣어 보세요.

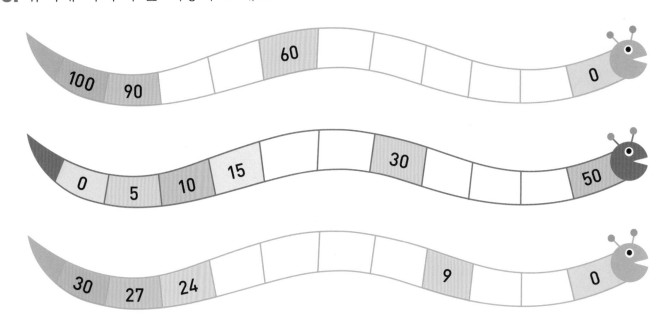

4. 조건에 맞게 색칠해 보세요.   십의 자리 수 2 ● 십의 자리 수 3 ○

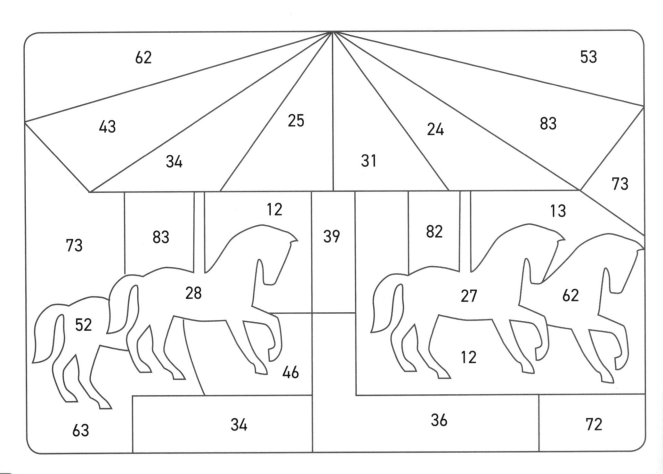

5. 아래 글을 읽고 번호에 맞게 차를 색칠해 보세요.

37   45   57

63   39

설명을 꼼꼼히
읽으렴~!

- 빨간 차는 십의 자리 수보다 일의 자리 수가 커요.
- 노란 차는 초록 차보다 2만큼 작아요.
- 파란 차는 노란 차와 일의 자리 수가 같아요.
- 초록 차는 빨간 차보다 십의 자리 수가 1만큼 작아요.
- 하얀 차는 십의 자리 수가 가장 커요.

놀이 수학

일의 자리와 십의 자리 놀이

준비물 : 0~9까지의 수 카드 2세트, 일의 자리와 십의 자리 카드

✏ 놀이 방법

1. 가위바위보로 순서를 정해요. 이긴 사람이 10에서 99까지의 수 가운데 1개를 말해요.

책 뒤에 있는 놀이
카드를 이용하세요.

2. 예를 들어 이긴 사람이 27을 말했다면, 다른 한 사람은 일의 자리에 7을, 십의 자리에 2를 놓아요.

3. 정답을 확인한 후, 순서를 바꿔 놀이를 이어 가요.

16 수의 크기 비교

1	2	3	4	5	6	7	8	9	10
11	12	13	14	15	16	17	18	19	20
21	22	23	24	25	26	27	28	29	30
31	32	33	34	35	36	37	38	39	40
41	42	43	44	45	46	47	48	49	50
51	52	53	54	55	56	57	58	59	60
61	62	63	64	65	66	67	68	69	70
71	72	73	74	75	76	77	78	79	80
81	82	83	84	85	86	87	88	89	90
91	92	93	94	95	96	97	98	99	100

32 > 24

1. 수를 쓴 후 □ 안에 >, <를 알맞게 써넣어 보세요.

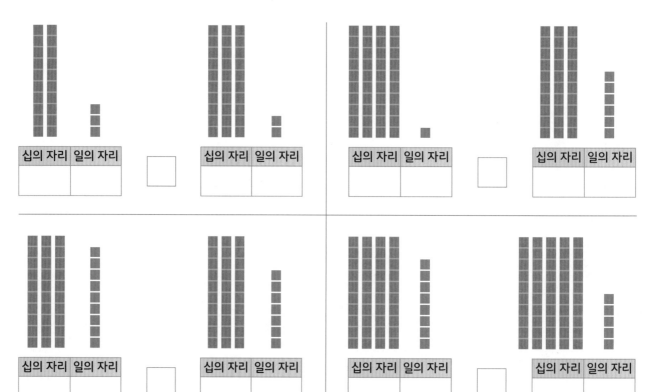

십의 자리	일의 자리

□

십의 자리	일의 자리

십의 자리	일의 자리

□

십의 자리	일의 자리

십의 자리	일의 자리

□

십의 자리	일의 자리

십의 자리	일의 자리

□

십의 자리	일의 자리

2. ☐ 안에 >, =, <를 알맞게 써넣어 보세요.

17 ☐ 21	53 ☐ 35	49 ☐ 71
25 ☐ 32	29 ☐ 29	83 ☐ 63
36 ☐ 27	34 ☐ 43	98 ☐ 99

3. 주어진 수를 작은 수부터 순서대로 ☐ 안에 써넣어 보세요.

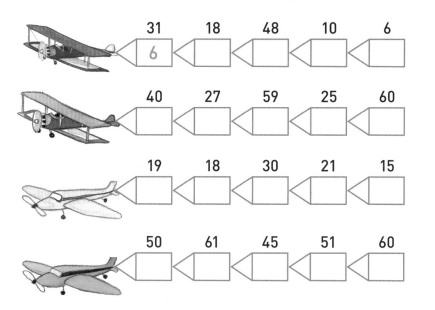

31 18 48 10 6
[6] < ☐ < ☐ < ☐ < ☐

40 27 59 25 60
☐ < ☐ < ☐ < ☐ < ☐

19 18 30 21 15
☐ < ☐ < ☐ < ☐ < ☐

50 61 45 51 60
☐ < ☐ < ☐ < ☐ < ☐

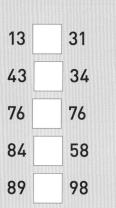

한 번 더 연습해요!

1. ☐ 안에 >, =, <를 알맞게 써넣어 보세요.

13 ☐ 31
43 ☐ 34
76 ☐ 76
84 ☐ 58
89 ☐ 98

2. 주어진 수를 작은 수부터 순서대로 ☐ 안에 써넣어 보세요.

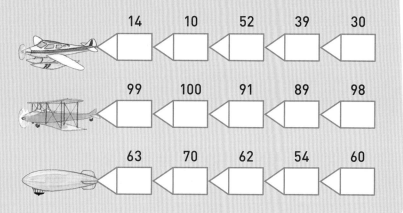

14 10 52 39 30
☐ < ☐ < ☐ < ☐ < ☐

99 100 91 89 98
☐ < ☐ < ☐ < ☐ < ☐

63 70 62 54 60
☐ < ☐ < ☐ < ☐ < ☐

4. 주어진 수 중 알맞은 수를 골라 빈칸에 써넣으세요.

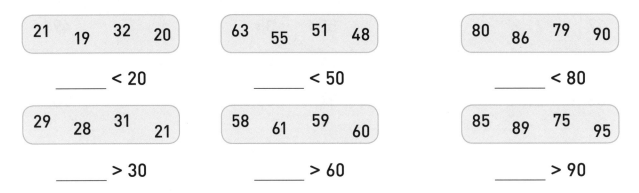

21 19 32 20

_____ < 20

63 55 51 48

_____ < 50

80 86 79 90

_____ < 80

29 28 31 21

_____ > 30

58 61 59 60

_____ > 60

85 89 75 95

_____ > 90

5. 50에서 100까지 작은 수부터 순서대로 이어 보세요.

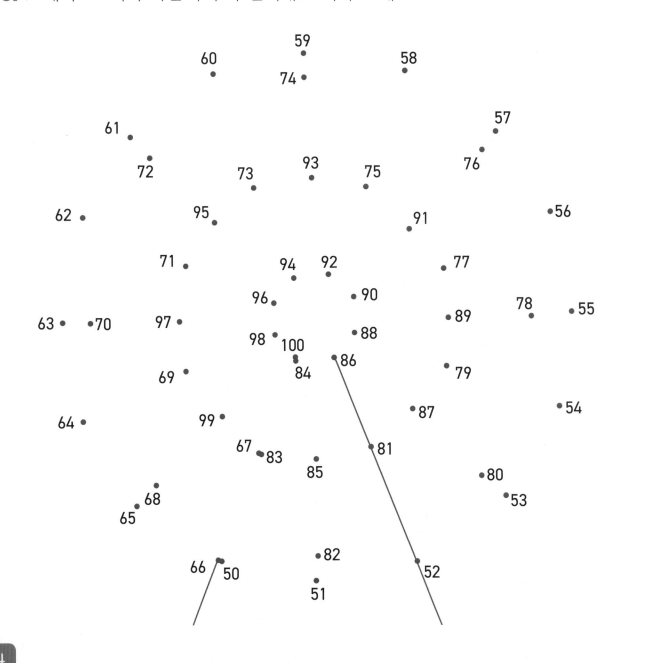

6. 주어진 수를 한 번씩만 모두 사용하여 부등식을 완성해 보세요.

29 26 24	16 12 10	43 41 45
_____ > 27	_____ < 13	_____ < 44
_____ < 25 < _____	_____ < 11 < _____	_____ > 42 > _____

34 35 32	63 65 67	95 93 98
_____ > 31	_____ > 66	96 > _____
33 < _____ < _____	62 < _____ < _____	_____ > _____ > 94

놀이 수학

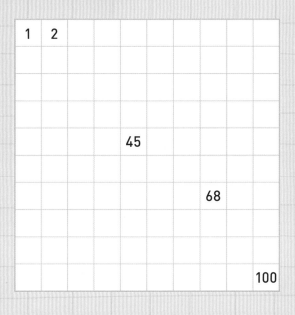

1	2						
				45			
						68	
							100

수 배열표 놀이

인원 : 2명   준비물 : 연필과 종이

✏️ 놀이 방법

1. 가위바위보에서 이긴 사람이 100까지 수 배열표에
   서 빈칸 1개를 가리켜요.
2. 다음 사람은 빈칸에 들어갈 수를 맞혀요.
3. 두 사람이 함께 답을 확인하고 순서를 바꿔요.
4. 놀이가 익숙해지면, 이번에는 가리킨 숫자를 둘러싼
   수 8개를 맞히는 놀이를 해요.

★ 126쪽에 있는 활동지를 이용하여 놀이를 반복할
   수 있어요!

7. 규칙에 따라 수를 써넣어 보세요.

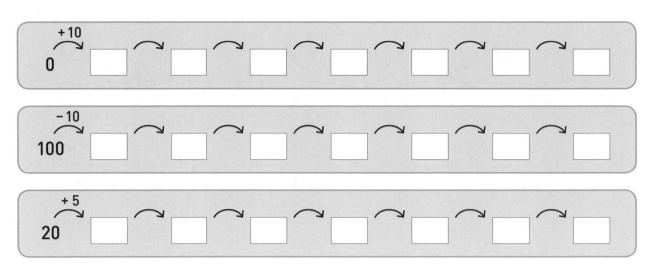

8. 친구들이 말하는 수를 알아맞혀 보세요.

일의 자리 수는 5이고,
십의 자리 수는 3이야.

일의 자리 수는 9이고,
십의 자리 수는 1이야.

올리의 수 _____

에밀리의 수 _____

일의 자리 수는 2이고,
십의 자리 수는 6이야.

일의 자리 수는 4이고,
십의 자리 수는 6이야.

토미의 수 _____

로라의 수 _____

위에서 나온 4개의 수를 작은 수부터 큰 순서대로 써넣어 보세요.

_____ < _____ < _____ < _____

9. 빈칸에 알맞은 수를 쓰세요.

10 + _____ = 20   10 + _____ = 15   40 = 60 – _____

20 + _____ = 30   20 + _____ = 27   20 = 30 – _____

30 + _____ = 50   60 + _____ = 69   30 = 50 – _____

40 + _____ = 80   8 + _____ = 38   40 = 80 – _____

30 + _____ = 90   4 + _____ = 94   60 = 90 – _____

10. 그림이 들어간 식을 보고 그림의 값을 구해 보세요.

   +   **20**   =   **50**

90   –   =

   +   +   =   **100**

 = _____

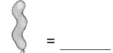 = _____

= _____

   +   +   +      =

   +   =   **80**

   +   =      +

   –   =

   =   +

 = _____

 = _____

 = _____

 = _____

 = _____

 17 몇십

30 + 20 = 50   50 − 20 = 30

1. 그림을 그린 후 덧셈식을 완성해 보세요.

20 + 10 = _____   40 + 20 = _____   30 + 50 = _____

2. 그림을 그린 후 뺄셈식을 완성해 보세요.

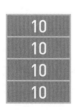

40 − 10 = _____   60 − 50 = _____   70 − 40 = _____

3. 계산해 보세요.

1 + 1 = _____	1 − 1 = _____	4 − 3 = _____
10 + 10 = _____	10 − 10 = _____	40 − 30 = _____
2 + 2 = _____	5 − 3 = _____	10 − 7 = _____
20 + 20 = _____	50 − 30 = _____	100 − 70 = _____
6 + 3 = _____	6 − 2 = _____	10 − 5 = _____
60 + 30 = _____	60 − 20 = _____	100 − 50 = _____

4. 계산한 후 정답에 해당하는 알파벳을 찾아 써넣으세요.

40 + 50 = _____ ☐	90 − 70 = _____ ☐	60 − 40 = _____ ☐
50 − 20 = _____ ☐	10 + 20 = _____ ☐	100 − 50 = _____ ☐
40 + 30 = _____ ☐	70 − 10 = _____ ☐	10 + 0 = _____ ☐
50 + 20 = _____ ☐	50 + 50 = _____ ☐	80 − 40 = _____ ☐
20 + 60 = _____ ☐		

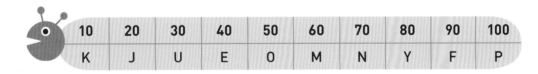

10	20	30	40	50	60	70	80	90	100
K	J	U	E	O	M	N	Y	F	P

한 번 더 연습해요!

1. 계산해 보세요.

30 + 30 = _____	90 − 40 = _____	50 + 40 = _____
50 + 30 = _____	90 − 70 = _____	70 + 20 = _____
60 + 20 = _____	90 − 10 = _____	70 + 30 = _____

5. 규칙에 따라 수를 써넣어 보세요.

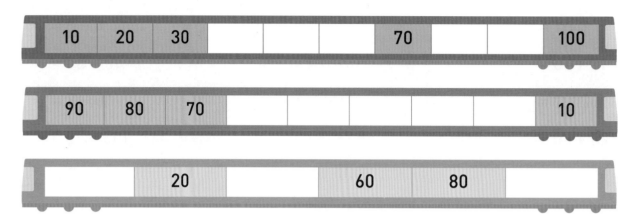

| 10 | 20 | 30 | | | | 70 | | | 100 |

| 90 | 80 | 70 | | | | | | | 10 |

| | | 20 | | | 60 | | 80 | | |

6. 계산값이 50이 나오는 길을 따라가 보세요.

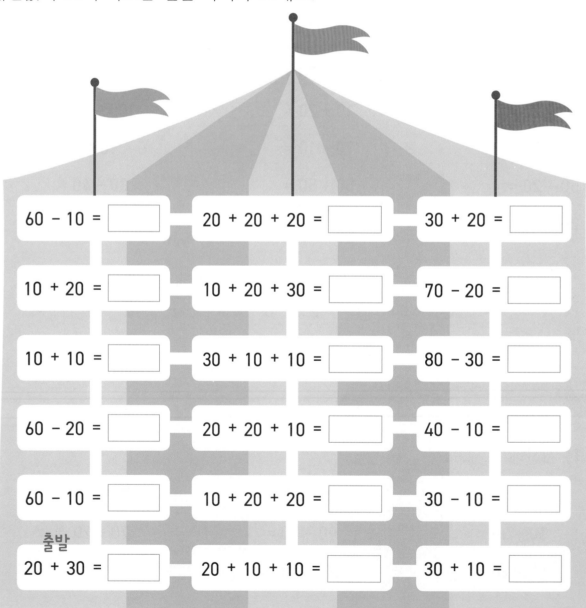

60 − 10 =　　20 + 20 + 20 =　　30 + 20 =

10 + 20 =　　10 + 20 + 30 =　　70 − 20 =

10 + 10 =　　30 + 10 + 10 =　　80 − 30 =

60 − 20 =　　20 + 20 + 10 =　　40 − 10 =

60 − 10 =　　10 + 20 + 20 =　　30 − 10 =

출발
20 + 30 =　　20 + 10 + 10 =　　30 + 10 =

7. 알맞은 식을 찾아 써넣으세요.

30 + 40	80 − 10
90 − 10	30 + 30

☐ ☐ ☐ ☐ = 60

10 + 30	10 + 40
30 + 30	80 − 20

☐ ☐ ☐ ☐ < 50

40 + 40	30 + 60
90 − 10	90 − 20

☐ ☐ ☐ ☐ < 80

60 − 30	10 + 20
80 − 30	80 − 40

☐ ☐ ☐ ☐ > 40

8. 아래 설명을 읽고 물건의 가격을 알아맞혀 보세요.

티셔츠는 20유로보다
10유로 더 비싸요.

가발은 티셔츠보다
20유로 싸요.

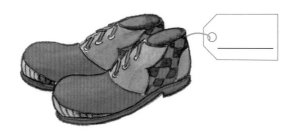

신발은 티셔츠 2개를
합한 가격과 같아요.

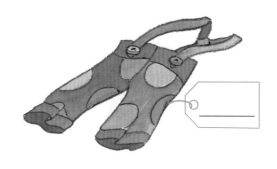

바지와 가발 가격의
합은 60유로예요.

101

18 몇십 몇

20 + 3 = 23
23 - 3 = 20

1. 그림을 그린 후 덧셈식을 완성해 보세요.

20 + 5 = _____

40 + 7 = _____

30 + 4 = _____

2. 그림을 그린 후 뺄셈식을 완성해 보세요.

26 - 6 = _____

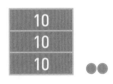

32 - 2 = _____

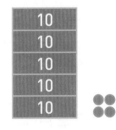

58 - 8 = _____

3. 계산해 보세요.

20 + 4 = _____　　　70 + 6 = _____　　　84 − 4 = _____

20 + 5 = _____　　　70 + 7 = _____　　　83 − 3 = _____

40 + 3 = _____　　　50 + 9 = _____　　　35 − 5 = _____

40 + 4 = _____　　　50 + 8 = _____　　　36 − 6 = _____

60 + 2 = _____　　　90 + 6 = _____　　　97 − 7 = _____

60 + 1 = _____　　　90 + 5 = _____　　　98 − 8 = _____

4. 규칙에 따라 수를 써넣어 보세요.

24		22			19

30			24	22	

85		75	70		60

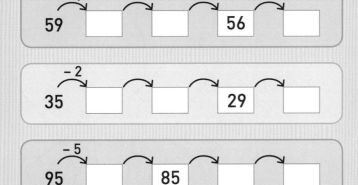
한 번 더 연습해요!

1. 규칙에 따라 수를 써넣어 보세요.

− 1
59 [ ] [ ] 56 [ ]

− 2
35 [ ] [ ] 29 [ ]

− 5
95 [ ] 85 [ ] [ ]

2. 계산해 보세요.

20 + 6 = _____

10 + 9 = _____

40 + 5 = _____

60 + 7 = _____

25 − 5 = _____

43 − 3 = _____

5. □ 안에 >, =, <를 알맞게 써넣어 보세요.

26 - 6 □ 20   28 □ 27 - 7   35 - 5 □ 41 - 1

29 - 9 □ 23   34 □ 37 - 7   58 - 8 □ 63 - 3

32 - 2 □ 30   41 □ 42 - 2   86 - 6 □ 79 - 9

6. 계산한 후 오른쪽 그림에서 정답을 찾아 색칠해 보세요.

60 + 5 = _____   60 + 10 = _____

20 + 8 = _____   10 + 20 = _____

30 + 4 = _____   20 + 30 = _____

50 + 6 = _____   40 + 10 = _____

70 + 2 = _____   10 + 60 = _____

30 + 20 = _____   90 - 20 = _____

10 + 40 = _____   60 - 30 = _____

20 + 50 = _____   80 - 10 = _____

40 + 30 = _____   70 - 40 = _____

50 + 20 = _____   50 - 20 = _____

어떤 그림이
완성됐니?

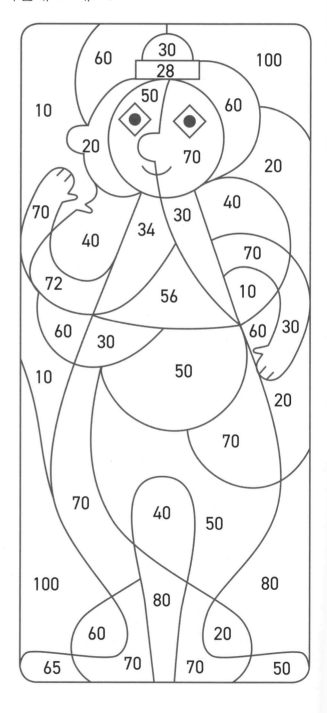

7. 알맞은 식을 찾아 써넣으세요.

8 + 7	8 + 9
9 + 9	7 + 9

| | | | < 16

40 – 2	2 + 37
30 – 1	31 + 6

| | | | > 38

7 + 20	7 + 30
30 + 0	70 + 3

| | | | | > 37

100 – 30	100 – 40
100 – 20	100 – 10

| | | | | | < 66

8. 피에로가 말하는 수를 알아맞혀 보세요.

37보다 크고 40보다 작은 홀수야.

헨리의 수 _____

십의 자리 수는 2이고, 일의 자리 수는 10에서 1을 뺀 수야.

조셉의 수 _____

일의 자리 수와 십의 자리 수가 같아. 이 수는 50보다 크고 60보다 작아.

알렉의 수 _____

일의 자리 수와 십의 자리 수가 같아. 이 수는 40보다 크고 50보다 작아.

토니의 수 _____

9. 깃발에 알맞은 수를 써넣으세요.

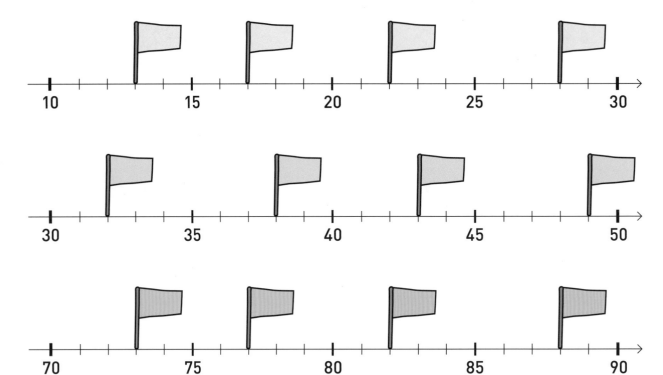

10. 계산해 보세요.

30 + 7 = _____   34 – 4 = _____   2 + 4 = _____

40 + 4 = _____   56 – 6 = _____   20 + 40 = _____

70 + 5 = _____   99 – 9 = _____   5 – 3 = _____

90 + 2 = _____   77 – 7 = _____   50 – 30 = _____

11. 계산해 보세요.

12 – 5 = _____   18 – 16 = _____

14 – 13 = _____   17 – 8 = _____

15 – 7 = _____   20 – 19 = _____

12. 계산값을 찾아 이어 보세요.

40 + 40 •	• 50
30 + 20 •	• 80
60 + 40 •	• 70
20 + 50 •	• 100

48 - 8 •	• 70
63 - 3 •	• 90
76 - 6 •	• 40
90 - 0 •	• 60

13. 그림을 그린 후 식을 쓰고 답을 구해 보세요.

❶ 가게에 인형이 14개 있어요. 그중 12개가 팔렸어요. 남은 인형은 몇 개인가요?

식 : _____

정답 : _____

❷ 가게에 장난감 자동차가 12개 있어요. 그중 6개가 팔렸고, 4개가 더 진열됐어요. 가게에 남은 장난감 자동차는 몇 개인가요?

식 : _____

정답 : _____

한 번 더 연습해요!

1. 그림을 그리고 식과 답을 구해 보세요.

바구니에 공이 11개 있어요. 2개를 바구니에 더 담았고, 그중 5개가 팔렸어요. 바구니에 담긴 공은 몇 개인가요?

식 : _____

정답 : _____

2. 계산해 보세요.

30 + 20 = _____

10 + 70 = _____

40 + 30 = _____

50 - 20 = _____

70 - 30 = _____

90 - 70 = _____

14. 계산한 후 정답에 해당하는 알파벳을 찾아 써넣으세요.

13 − 8 = _____ ☐

8 + 9 − 1 = _____ ☐

13 + 7 − 1 = _____ ☐

13 + 7 = _____ ☐

6 + 6 = _____ ☐

11 − 9 = _____ ☐

13 − 9 = _____ ☐

20 − 7 = _____ ☐

11 − 6 = _____ ☐

9 + 9 = _____ ☐

12 − 9 = _____ ☐

16 − 14 = _____ ☐

10 − 6 = _____ ☐

9 − 8 = _____ ☐

9 + 8 = _____ ☐

11 − 4 − 3 = _____ ☐

7 + 5 = _____ ☐

17 − 5 − 4 = _____ ☐

1	2	3	4	5	8	12	13	16	17	18	19	20
M	L	C	I	E	G	N	K	T	B	S	H	A

15. 20보다 크고 60보다 작은 수에 색칠해 보세요.

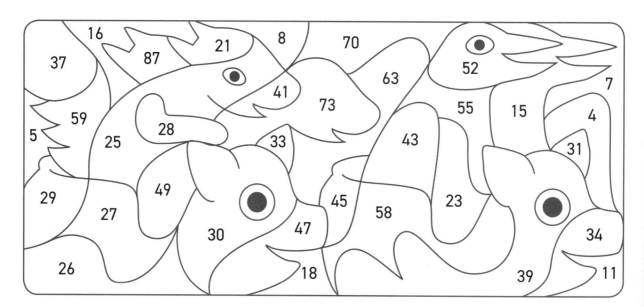

16. 아래 표에 들어갈 알맞은 수를 써넣어 보세요.

51						57	
	63			66			
	73		77		77		
82		86					
91			95			99	

17. 애벌레의 머리와 꼬리가 가린 수를 써넣어 보세요.

100가지의 수 배열표 규칙을 생각하며 문제를 풀으렴~!

애벌레	머리	꼬리
	5	1

1. 계산해 보세요.

5 + 4 = _____   7 + 6 = _____   9 + 8 = _____

5 + 5 = _____   7 + 7 = _____   9 + 9 = _____

5 + 6 = _____   7 + 8 = _____   9 + 10 = _____

2. 계산해 보세요.

16 − 15 = _____   19 − 13 = _____

16 − 14 = _____   19 − 14 = _____

16 − 13 = _____   19 − 16 = _____

16 − 12 = _____   19 − 19 = _____

16 − 11 = _____   19 − 15 = _____

3. 주어진 수를 큰 수부터 순서대로 ☐ 안에 써넣어 보세요.

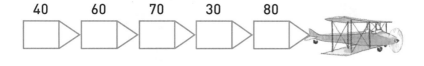

40   60   70   30   80

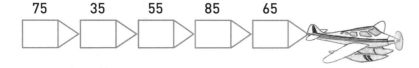

75   35   55   85   65

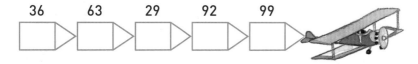

36   63   29   92   99

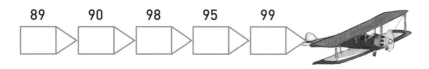

89   90   98   95   99

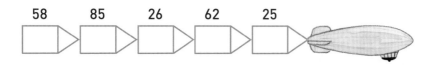

58   85   26   62   25

4. 그림을 그린 후 식과 답을 써 보세요.

❶ 냉장고에 아이스크림이 16개 있어요.
그중 12개가 팔렸어요. 냉장고에 남은
아이스크림은 몇 개인가요?

식 : _____

정답 : _____

❷ 유리병에 막대 사탕이 11개 있었는데,
8개를 더 집어넣었어요. 그중 5개가 팔렸
다면 남은 막대 사탕은 몇 개인가요?

식 : _____

정답 : _____

5. ☐ 안에 >, =, <를 알맞게 써넣어 보세요.

14 + 3 ☐ 17   30 ☐ 10 + 20   30 + 40 ☐ 90 – 30

19 – 3 ☐ 15   70 ☐ 100 – 30   60 + 4 ☐ 76 – 6

6. 아래 표에 들어갈 알맞은 수를
써넣어 보세요.

	17	
	38	

얼마나
잘했나요?

실력이 자란 만큼 별을 색칠하세요.

☆ ☆ ☆

★★★ 정말 잘했어요.

★★☆ 꽤 잘했어요.

★☆☆ 계속 노력할게요.

1 계산해 보세요.

10 + 10 = _____

20 + 20 = _____

30 + 30 = _____

40 + 40 = _____

50 + 50 = _____

2 수의 순서에 맞게 주어진 수의 앞과 뒤에 오는
수를 바르게 써넣어 보세요.

	19	
	27	
	34	

	51	
	79	
	98	

3 계산한 후 정답에 해당하는
알파벳을 찾아 써넣으세요.

15 – 12 = _____ ☐

19 – 13 = _____ ☐

17 – 16 = _____ ☐

19 – 16 = _____ ☐

11 – 9 = _____ ☐

18 – 14 = _____ ☐

18 – 13 = _____ ☐

1	2	3	4	5	6
N	A	F	I	R	U

4 아래 설명을 읽고 장난감의 주인이 누구일지 맞혀 보세요.

(39)　　　　　(47)　　　　　(64)　　　　　(73)

_____　_____　_____　_____

- 로라의 장난감은 십의 자리 수보다 일의 자리 수가 더 작고, 홀수예요.
- 토니의 장난감은 조슈아의 것보다 일의 자리 수가 2만큼 커요.
- 조슈아의 장난감은 로라의 것보다 십의 자리 수가 3만큼 작아요.
- 알렉스의 장난감은 60보다 크고 70보다 작아요.

5 ★★★

계산해 보세요.

13 + 7 = _____　　　　20 − 8 = _____

26 + 4 = _____　　　　40 − 6 = _____

47 + 6 = _____　　　　52 − 5 = _____

65 + 8 = _____　　　　73 − 9 = _____

내가 숨긴 도형은?

인원 : 2명   준비물 : 다양한 평면도형들

 놀이 방법

1. 가위바위보에서 이긴 사람은 상대방이 볼 수 없게 평면도형에서 1개를 골라 숨겨요.

2. 다른 한 명은 '예' 또는 '아니오'로 답할 수 있는 질문을 해요. 예를 들어 "도형이 큰가요?", "노란색인가요?", "구멍이 있나요?" 등의 질문을 여러 개 해요.

3. 질문을 통해 어떤 도형인지 알게 되면 '추측한 도형'에 모양과 색깔을 정확하게 표현하여 그림을 그려요.

4. 도형을 숨긴 사람은 '내가 숨긴 도형'에 숨긴 도형을 놓아요.

5. 답을 확인한 후 역할을 바꿔 놀이를 이어 가요.

내가 숨긴 도형	추측한 도형
놀이 1	

내가 숨긴 도형	추측한 도형
놀이 2	

책 뒤에 있는 놀이 카드를 이용하세요.

도형 찾기 놀이

인원 : 2명   준비물 : 다양한 평면도형들

 놀이 방법

1. 가위바위보에서 이긴 사람은 16개의 평면도형을 4개씩 4줄로 상대방이 못 보게 펼쳐 놓아요.

2. 상대방은 평면도형의 성질을 아무거나 5개 말해요. 예를 들어 빨간색, 원, 구멍이 없는 도형 등을 말해요.

3. 다른 한 명은 상대방이 말한 도형에 해당되는 걸 찾아 보여 줘요.

4. 서로 역할을 바꿔 가면서 놀이를 계속 이어 가요.

5. 더 많은 도형을 맞힌 사람이 놀이에서 이겨요.

책 뒤에 있는 놀이 카드를 이용하세요.

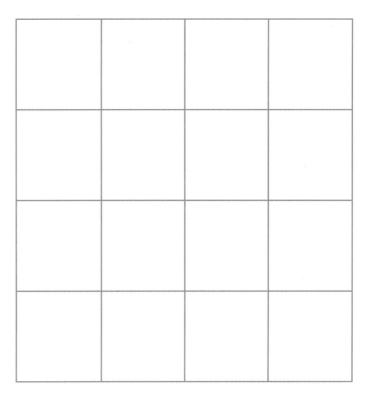

 한 번 더 연습해요!

1. 원이 들어 있는 빨간 삼각형에 ◯표를 하세요.

2. 원과 사각형이 들어 있는 초록색 삼각형에 ◯표를 하세요.

놀이 수학

저금통 놀이

인원 : 2명   준비물 : 주사위 1개

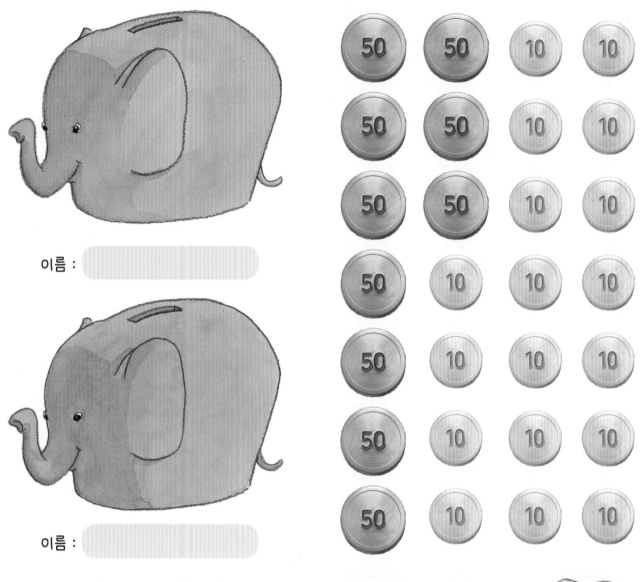

이름 :

이름 :

✏️ 놀이 방법

모형 돈을 활용해서 놀이해도 돼요.

1. 저금통을 골라 그 아래 자기 이름을 각각 써요.
2. 가위바위보로 순서를 정한 후, 주사위를 굴려 나온 수만큼 10원에 X표 해요. 예를 들어 3이 나오면 10원짜리 3개에 X표 해요. 단, 5가 나오면 50원 1개를, 6이 나오면 50원 1개와 10원 1개에 X표 해요.
3. X표 한 돈은 덧셈을 해서 얼마인지 저금통에 표시해요.
4. 더 이상 표시할 동전이 남지 않을 때까지 번갈아 가며 놀이를 이어 가요.
5. 저금통에 더 많은 돈을 저금한 사람이 놀이에서 이겨요.

★ 127쪽에 있는 활동지로 한 번 더 놀이해요!

수 크기 비교 놀이

인원 : 2명   준비물 : 0~9까지 수 카드 2세트

어떤 수를
십의 자리에
두어야 할까?

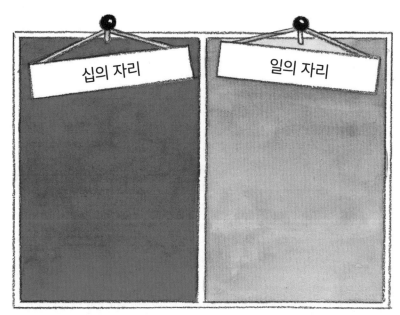

| 십의 자리 | 일의 자리 |

이름 :

점수 :

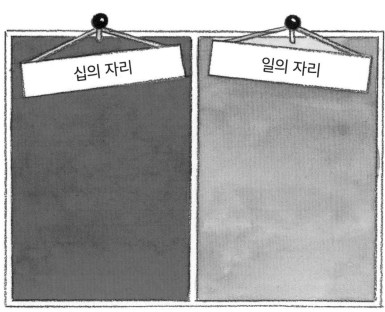

| 십의 자리 | 일의 자리 |

이름 :

점수 :

 놀이 방법

책 뒤에 있는 놀이 카드를 이용하세요.

1. 수 카드를 섞어서 탁자 위에 뒤집어 놓으세요.

2. 번갈아 가며 카드를 한 장씩 뒤집은 후, 이때 나온 카드를 십의 자리나 일의 자리 아래 두어요. 첫 번째 뒤집은 카드를 일의 자리에 두었다면, 두 번째 뒤집은 카드는 십의 자리에 두어야 해요. 또는 반대로 두어도 좋아요.

3. 두 사람의 수 크기를 비교해요. 수 크기가 큰 사람이 놀이에서 이겨요.

4. 놀이 횟수와 점수는 두 사람이 알아서 정하도록 해요.

탐구 과제

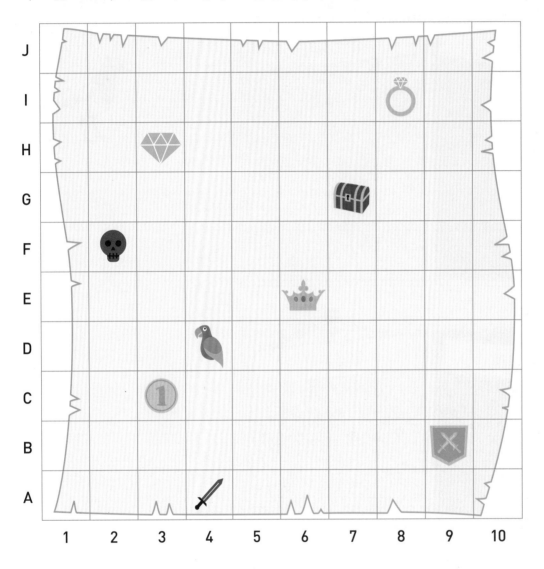

보물 지도

좌표를 보고, 보물 지도에서 보물을 찾아보세요.

좌표	보물
A4	칼
E6	
H3	
D4	

좌표	보물
C3	
G7	
B9	
I8	

118

나만의 보물 지도

지도에 보물을 그린 후, 아래 표에 좌표와 보물 이름을 써넣어 보세요.

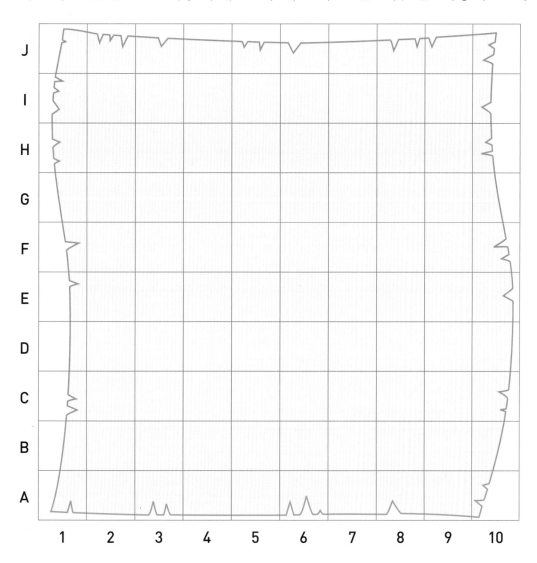

좌표	보물	좌표	보물

사각형을 그려요

자를 이용해서 다양한 모양의 사각형을 서로 닿지 않게
그려 보세요.

몇 개의 사각형을 그렸나요? _____

도형으로 그림 그리기

다양한 사각형을 이용해 그림을 그려 보세요.

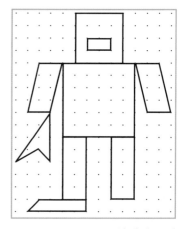

● 알렉의 그림

100까지의 수 배열표

100까지의 수 배열표를 보며 계산해 보세요. 계산 결과값에 해당되는 수에 색칠해 보세요.

1	2	3	4	5	6	7	8	9	10
11	12	13	14	15	16	17	18	19	20
21	22	23	24	25	26	27	28	29	30
31	32	33	34	35	36	37	38	39	40
41	42	43	44	45	46	47	48	49	50
51	52	53	54	55	56	57	58	59	60
61	62	63	64	65	66	67	68	69	70
71	72	73	74	75	76	77	78	79	80
81	82	83	84	85	86	87	88	89	90
91	92	93	94	95	96	97	98	99	100

21 + 3 = _____

31 + 3 = _____

41 + 3 = _____

33 − 8 = _____

33 − 7 = _____

33 − 6 = _____

61 + 3 − 9 = _____

62 + 3 − 9 = _____

63 + 3 − 9 = _____

60 − 9 + 3 = _____

80 − 9 + 3 = _____

90 − 9 + 3 = _____

73 + 2 − 8 = _____

83 + 2 − 8 = _____

93 + 2 − 8 = _____

48 − 4 − 7 = _____

93 − 4 − 4 = _____

98 − 6 − 6 = _____

나만의 계산기

10개의 식을 만든 후 결과값을 표에서 찾아 색칠해 보세요.

1	2	3	4	5	6	7	8	9	10
11	12	13	14	15	16	17	18	19	20
21	22	23	24	25	26	27	28	29	30
31	32	33	34	35	36	37	38	39	40
41	42	43	44	45	46	47	48	49	50
51	52	53	54	55	56	57	58	59	60
61	62	63	64	65	66	67	68	69	70
71	72	73	74	75	76	77	78	79	80
81	82	83	84	85	86	87	88	89	90
91	92	93	94	95	96	97	98	99	100

_____ = _____   _____ = _____

_____ = _____   _____ = _____

_____ = _____   _____ = _____

_____ = _____   _____ = _____

_____ = _____   _____ = _____

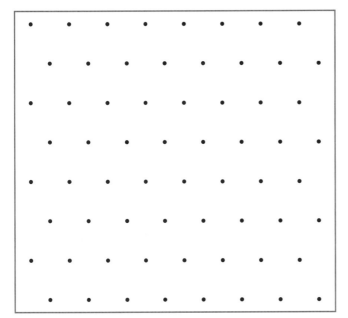

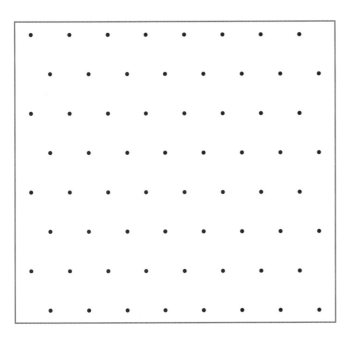

1	2								
			45						
						68		
								100

1	2								
			45						
						68		
								100

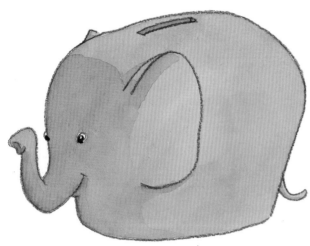

이름 :

이름 :

정보화 시대, IT 교육은 선택이 아닌 필수!

인터넷, 개인정보 보호, 사이버 폭력 예방, 코딩까지
아이들에게 꼭 필요한 정보화 시대 필수 도서 3종 세트!

카린 뉘고츠

- 개인 정보 보호와 사이버 폭력 예방은 필수!
- 코딩에 앞서 디지털 세상에 대한 이해가 우선!
- 놀이를 통해 자연스럽게 익히는 코딩!

카린 뉘고츠 코딩을 스웨덴 의무교육에 포함시킨 장본인이자, 스웨덴 최초 어린이 코딩 교육 TV프로그램 「Programmera mera」기획 및 진행. 현재 스웨덴 교육부를 도와 어린이 IT 교육을 위해 다방면에서 활약하고 있다.

스웨덴 아이들이 매일 아침 하는 놀이 코딩

초등 놀이 코딩

카린 뉘고츠 글 | 노준구 그림 | 배장열 옮김 | 116쪽

스웨덴 어린이 코딩 교육의 선구자 카린 뉘고츠가 제안하는
언플러그드 놀이 코딩

★ 책과노는아이들 추천도서

꼼짝 마! 사이버 폭력

떼오 베네데띠, 다비데 모로지노또 지음 | 장 끌라우디오 빈치 그림 | 정재성 옮김 | 96쪽

사이버 폭력의 유형별 방어법이 총망라된
사이버 폭력 예방서

★ (재)푸른나무 청예단 추천도서
★ 한국학교도서관 이달에 꼭 만나볼 책
★ 아침독서추천도서
★ 꿈꾸는도서관 추천도서

코딩에서 4차산업혁명까지 세상을 움직이는 인터넷의 모든 것!

인터넷, 알고는 사용하니?

카린 뉘고츠 글 | 유한나 크리스티안손 그림 | 이유진 옮김 | 64쪽

뭐든 물어 봐, 인터넷에 대한 모든 것!
디지털 세상에 대한 이해를 돕는 필수 입문서!

★ 고래가숨쉬는도서관 겨울방학 추천도서
★ 꿈꾸는도서관 추천도서
★ 책과노는아이들 추천도서

핀란드 1학년 수학 교과서 1-2

정답과 해설

1권

핀란드 수학 세계로
여행을 떠나 볼까요?

12-13쪽

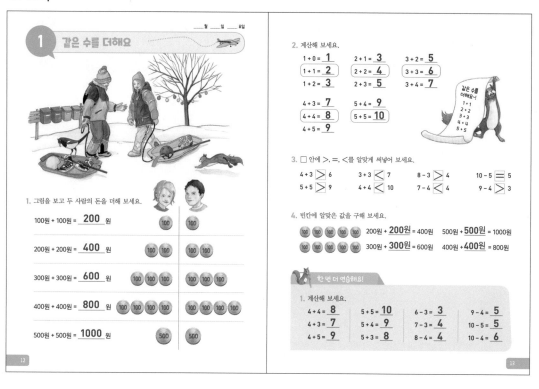

월 일 요일

1 같은 수를 더해요

1. 그림을 보고 두 사람의 돈을 더해 보세요.

100원 + 100원 = __200__ 원

200원 + 200원 = __400__ 원

300원 + 300원 = __600__ 원

400원 + 400원 = __800__ 원

500원 + 500원 = __1000__ 원

2. 계산해 보세요.

1 + 0 = __1__   2 + 1 = __3__   3 + 2 = __5__
1 + 1 = __2__   2 + 2 = __4__   3 + 3 = __6__
1 + 2 = __3__   2 + 3 = __5__   3 + 4 = __7__

4 + 3 = __7__   5 + 4 = __9__
4 + 4 = __8__   5 + 5 = __10__
4 + 5 = __9__

같은 수를 더해요~!
1 + 1
2 + 2
3 + 3
4 + 4
5 + 5

3. □ 안에 >, =, <를 알맞게 써넣어 보세요.

4 + 3 __>__ 6   3 + 3 __<__ 7   8 − 3 __>__ 4   10 − 5 __=__ 5
5 + 5 __>__ 9   4 + 4 __<__ 10   7 − 4 __<__ 4   9 − 4 __>__ 2

4. 빈칸에 알맞은 값을 구해 보세요.

200원 + __200__원 = 400원   500원 + __500__원 = 1000원
300원 + __300__원 = 600원   400원 + __400__원 = 800원

한 번 더 연습해요!

1. 계산해 보세요.

4 + 4 = __8__   5 + 5 = __10__   6 − 3 = __3__   9 − 4 = __5__
4 + 3 = __7__   5 + 4 = __9__   7 − 3 = __4__   10 − 5 = __5__
4 + 5 = __9__   5 + 3 = __8__   8 − 4 = __4__   10 − 4 = __6__

12

13

🐿 **부모님 가이드 | 12쪽**

그림을 보며 아이에게 질문해 보세요.
− 그림에서 2개씩 있는 건 뭘까? **헬멧, 썰매, 아이 2명, 동물 2마리, 하키 스틱 등**
− 2의 2배는 몇이니? **4**
− 그림에서 4개씩 있는 건 뭘까? **스케이트, 우편함 등**
− 4의 2배는 몇이니? **8**
− 그림에서 8개 있는 건 뭘까? **나무에 달린 전구**
− 8의 2배는 몇이니? **16**

14-15쪽

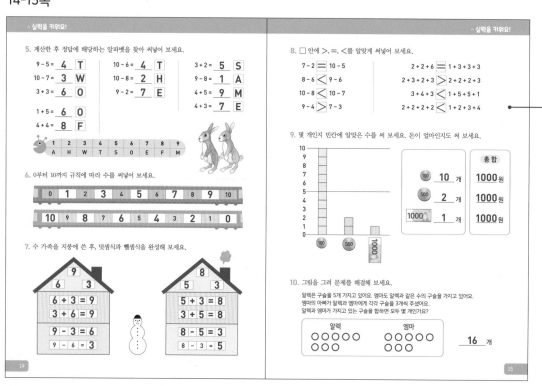

실력을 키워요!

5. 계산한 후 정답에 해당하는 알파벳을 찾아 써넣어 보세요.

9 − 5 = __4__ T   10 − 6 = __4__ T   3 + 2 = __5__ S
10 − 7 = __3__ W   10 − 8 = __2__ H   9 − 8 = __1__ A
3 + 3 = __6__ O   9 − 2 = __7__ E   4 + 5 = __9__ M
                                          4 + 3 = __7__ E
1 + 5 = __6__ O
4 + 4 = __8__ F

1	2	3	4	5	6	7	8	9
A	H	W	T	S	O	E	F	M

6. 0부터 10까지 규칙에 따라 수를 써넣어 보세요.

| 0 | 1 | 2 | 3 | 4 | 5 | 6 | 7 | 8 | 9 | 10 |

| 10 | 9 | 8 | 7 | 6 | 5 | 4 | 3 | 2 | 1 | 0 |

7. 수 가족을 지붕에 쓴 후, 덧셈식과 뺄셈식을 완성해 보세요.

9 / 6 3
6 + 3 = 9
3 + 6 = 9
9 − 3 = 6
9 − 6 = 3

8 / 5 3
5 + 3 = 8
3 + 5 = 8
8 − 5 = 3
8 − 3 = 5

실력을 키워요!

8. □ 안에 >, =, <를 알맞게 써넣어 보세요.

7 − 2 __>__ 10 − 5   2 + 2 + 6 __=__ 1 + 3 + 3 + 3
8 − 6 __<__ 9 − 6   2 + 3 + 2 + 3 __>__ 2 + 2 + 2 + 3
10 − 8 __<__ 10 − 7   3 + 4 + 3 __>__ 1 + 5 + 5 + 1
9 − 4 __>__ 7 − 3   2 + 2 + 2 + 2 __<__ 1 + 2 + 3 + 4

9. 몇 개인지 빈칸에 알맞은 수를 써 보세요. 돈이 얼마인지도 써 보세요.

총합
100 __10__ 개   **1000**원
500 __2__ 개   **1000**원
1000 __1__ 개   **1000**원

10. 그림을 그려 문제를 해결해 보세요.

알렉은 구슬을 5개 가지고 있어요. 엠마도 알렉과 같은 수의 구슬을 가지고 있어요.
엠마의 아빠가 알렉과 엠마에게 각각 구슬을 3개씩 주셨어요.
알렉과 엠마가 가지고 있는 구슬을 합하면 모두 몇 개인가요?

알렉 ○○○○○ ○○○
엠마 ○○○○○ ○○○   __16__ 개

14

15

14쪽 5번

TWO OF THE SAME
같은 것 두 개

세 수 이상의 계산은 앞에서부터 차례대로 계산해요.

2

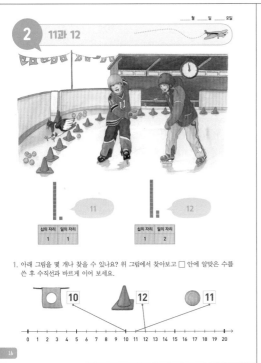

2 11과 12

___월 ___일 ___요일

1. 아래 그림을 몇 개나 찾을 수 있나요? 위 그림에서 찾아보고 □ 안에 알맞은 수를 쓴 후 수직선과 바르게 이어 보세요.

10 **12** **11**

0 1 2 3 4 5 6 7 8 9 10 11 12 13 14 15 16 17 18 19 20

2. 그림을 이용해서 계산해 보세요.

9 + 1 = **10**	10 + 1 = **11**	10 + 2 = **12**
7 + 3 = **10**	11 - 1 = **10**	12 - 2 = **10**
8 + 2 = **10**	11 - 0 = **11**	12 - 1 = **11**

3. 계산해 보세요.

6 + 4 + 1 = **11**	9 + 1 + 2 = **12**	10 - 2 - 2 = **6**
8 + 2 + 2 = **12**	7 + 3 + 1 = **11**	11 - 1 - 5 = **5**
5 + 5 + 1 = **11**	4 + 6 + 2 = **12**	12 - 2 - 3 = **7**

4. 빈칸에 알맞은 값을 구해 보세요.

900원 + 100원 + **100원** = 1100원
300원 + 700원 + **100원** = 1100원

600원 + 400원 + **200원** = 1200원
200원 + 800원 + **200원** = 1200원

한 번 더 연습해요!

1. 계산해 보세요.

10 + 1 = **11**	12 - 1 = **11**	10 - 4 - 3 = **3**
11 + 1 = **12**	12 - 2 = **10**	11 - 1 - 9 = **1**
10 + 2 = **12**	12 - 0 = **12**	12 - 2 - 4 = **6**

✦ 실력을 키워요!

5. 똑같이 써 보세요.

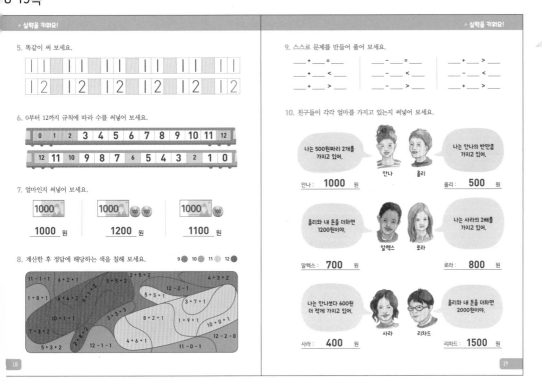

6. 0부터 12까지 규칙에 따라 수를 써넣어 보세요.

| 0 | 1 | 2 | 3 | 4 | 5 | 6 | 7 | 8 | 9 | 10 | 11 | 12 |
| 12 | 11 | 10 | 9 | 8 | 7 | 6 | 5 | 4 | 3 | 2 | 1 | 0 |

7. 얼마인지 써넣어 보세요.

1000 원   **1200** 원   **1100** 원

8. 계산한 후 정답에 해당하는 색을 칠해 보세요.

9 ● 10 ● 11 ● 12 ●

✦ 실력을 키워요!

9. 스스로 문제를 만들어 풀어 보세요.

___ + ___ = ___   ___ - ___ = ___   ___ + ___ > ___
___ + ___ < ___   ___ - ___ < ___   ___ - ___ < ___
___ + ___ > ___   ___ - ___ > ___   ___ + ___ > ___

10. 친구들이 각각 얼마를 가지고 있는지 써넣어 보세요.

나는 500원짜리 2개를 가지고 있어. **안나**
나는 안나의 반만큼 가지고 있어. **올리**

안나: **1000** 원   올리: **500** 원

올리와 내 돈을 더하면 1200원이야. **알렉스**
나는 사라의 2배를 가지고 있어. **로라**

알렉스: **700** 원   로라: **800** 원

나는 안나보다 600원 더 적게 가지고 있어. **사라**
올리와 내 돈을 더하면 2000원이야. **리차드**

사라: **400** 원   리차드: **1500** 원

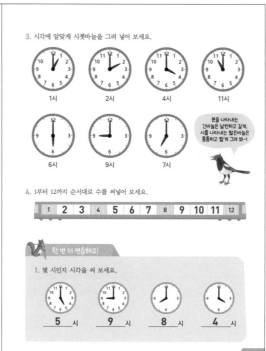

20-21쪽

3 몇 시

간바늘이 12를 가리킬 때, 짧은바늘이 가리키는 숫자에 '시'를 붙여 '몇 시'라고 합니다.

1. ○ 안에 알맞은 수를 쓴 후, 시곗바늘에 색칠해 보세요.

화살표 방향으로 시곗바늘이 움직여. 그걸 시계 방향이라고 해.

2. 몇 시인지 시각을 써 보세요.

8시　3시
5시　10시
2시　12시

3. 시각에 알맞게 시곗바늘을 그려 넣어 보세요.

1시　2시　4시　11시
6시　9시　7시

분을 나타내는 긴바늘은 날씬하고 길게, 시를 나타내는 짧은바늘은 통통하고 짧게 그려 봐.

4. 1부터 12까지 순서대로 수를 써넣어 보세요.

| 1 | 2 | 3 | 4 | 5 | 6 | 7 | 8 | 9 | 10 | 11 | 12 |

한 번 더 연습해요!

1. 몇 시인지 시각을 써 보세요.

5 시　9 시　8 시　4 시

부모님 가이드 | 20쪽

그림을 보며 아이에게 질문해 보세요.
- 시곗바늘이 몇 개니? **2개**
- 시곗바늘을 비교해 봐. 어떤 차이가 있니? **하나는 가늘고 길며, 다른 하나는 통통하고 짧아요.**
- 짧고 통통한 시곗바늘을 뭐라고 부를까? **짧은바늘(시침)**
- 짧은바늘이 어떤 숫자를 가리키고 있니? **1**
- 길고 가는 시곗바늘을 뭐라고 부를까? **긴바늘(분침)**
- 긴바늘이 어떤 숫자를 가리키고 있니? **12**
- 짧은바늘과 긴바늘이 가리키는 숫자가 몇 시를 나타내는 걸까? **1시**
- 디지털 시계의 숫자가 왜 13:00인지 설명해 볼래? **시계가 12시를 지나 다시 1시가 됐으니 13이고, 긴바늘은 움직이지 않았으니 0이에요.**

22-23쪽

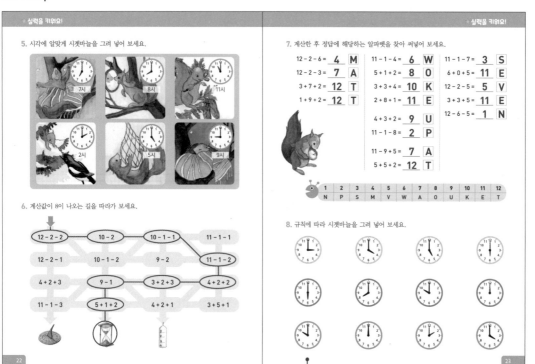

실력을 키워요!

5. 시각에 알맞게 시곗바늘을 그려 넣어 보세요.

7시　8시　11시
2시　5시　9시

6. 계산값이 8이 나오는 길을 따라가 보세요.

```
12 - 2 - 2    10 - 2    10 - 1 - 1    11 - 1 - 1
12 - 2 - 1    10 - 1 - 2    9 - 2    11 - 1 - 2
4 + 2 + 3    9 - 1    3 + 2 + 3    4 + 2 + 2
11 - 1 - 3    5 + 1 + 2    4 + 2 + 1    3 + 5 + 1
```

실력을 키워요!

7. 계산한 후 정답에 해당하는 알파벳을 찾아 써넣어 보세요.

$12 - 2 - 6 = $ 4 M
$12 - 2 - 3 = $ 7 A
$3 + 7 + 2 = $ 12 T
$1 + 9 + 2 = $ 12 T

$11 - 1 - 4 = $ 6 W
$5 + 1 + 2 = $ 8 O
$3 + 3 + 4 = $ 10 K
$2 + 8 + 1 = $ 11 E
$4 + 3 + 2 = $ 9 U
$11 - 1 - 8 = $ 2 P
$11 - 9 + 5 = $ 7 A
$5 + 5 + 2 = $ 12 T

$11 - 1 - 7 = $ 3 S
$6 + 0 + 5 = $ 11 E
$12 - 2 - 5 = $ 5 V
$3 + 3 + 5 = $ 11 E
$12 - 6 - 5 = $ 1 N

1	2	3	4	5	6	7	8	9	10	11	12
N	P	S	M	V	W	A	O	U	K	E	T

8. 규칙에 따라 시곗바늘을 그려 넣어 보세요.

노란 시계 : 3시부터 1시간씩 늘어나요.
파란 시계 : 6시부터 2시간씩 늘어나요.
초록 시계 : 10시부터 2시간씩 늘어나요.

부모님 가이드 | 22쪽 5번

그림을 보며 다람쥐의 하루를 이야기로 만들어 보세요. 이야기를 만들 때는 시각 표현을 꼭 하도록 하세요. 더불어 아이의 하루를 그림으로 그리고 시계에 시각을 표시해 보세요. 아직 시계 보는 게 익숙하지 않을 테니 정각 위주로 시계에 표시해 보도록 합니다.

23쪽 7번

MATT WOKE UP AT SEVEN
매트는 7시에 일어났어요.

24-25쪽

4 몇 시 30분

___월 ___일 ___요일

긴바늘이 6을 가리킬 때 몇 시 30분이라고 합니다. 또 다른 말로 몇 시 반이라고도 합니다.
짧은바늘은 '시', 긴바늘은 '분'을 나타냅니다.

1. ○ 안에 알맞은 수를 쓴 후, 시곗바늘에 색칠해 보세요.

짧은바늘은 두 숫자 가운데를 가리키고, 긴바늘은 6을 가리킬 때 지나온 숫자에 시를 붙여 몇 시 30분이라고 해~.

2. 몇 시인지 시각을 써 보세요.

4시 30분   9시 30분
12시 30분   7시 30분
3시 30분   11시 30분

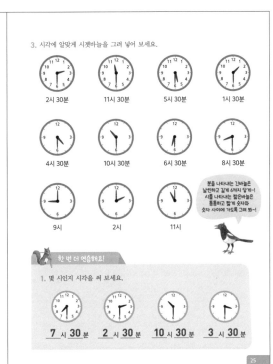

3. 시각에 알맞게 시곗바늘을 그려 넣어 보세요.

2시 30분   11시 30분   5시 30분   1시 30분

4시 30분   10시 30분   6시 30분   8시 30분

9시   2시   11시

분을 나타내는 긴바늘은 날씬하고 길게 6까지 닿게~! 시를 나타내는 짧은바늘은 통통하고 짧게 숫자와 숫자 사이에 가도록 그려 봐~!

한 번 더 연습해요!

1. 몇 시인지 시각을 써 보세요.

7 시 30 분   2 시 30 분   10 시 30 분   3 시 30 분

부모님 가이드 | 24쪽

그림을 보며 아이에게 질문해 보세요.

– 짧은바늘이 어디를 가리키고 있니? **1과 2 사이**

– 긴바늘은 어디를 가리키고 있니? **6**

– 짧은바늘과 긴바늘이 가리키는 숫자가 몇 시를 나타내는 걸까? **1시 30분(또는 1시 반)**

– 디지털 시계의 숫자가 왜 13:30인지 설명해 볼래? **시계가 12시를 지나 다시 1시가 됐으니 13이고, 분침은 30분만큼 움직여서 30이 된 거예요.**

26-27쪽

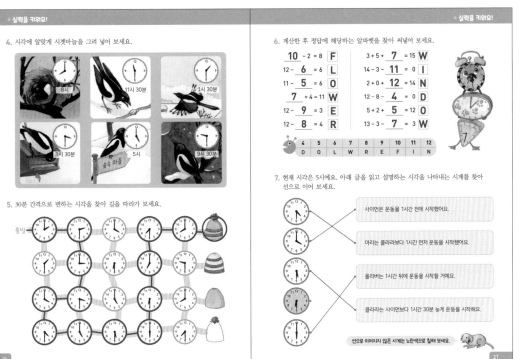

★실력을 키워요!

4. 시각에 알맞게 시곗바늘을 그려 넣어 보세요.

8시   11시 30분   1시 30분

3시 30분   5시   9시 30분

5. 30분 간격으로 변하는 시각을 찾아 길을 따라가 보세요.

출발

★실력을 키워요!

6. 계산한 후 정답에 해당하는 알파벳을 찾아 써넣어 보세요.

10 – 2 = 8   **F**   3 + 5 + **7** = 15   **W**
12 – **6** = 6   **L**   14 – 3 – **11** = 0   **I**
11 – **5** = 6   **O**   2 + 0 + **12** = 14   **N**
7 + 4 = 11   **W**   12 – 8 – **4** = 0   **D**
12 – **9** = 3   **E**   5 + 2 + **5** = 12   **O**
12 – **8** = 4   **R**   13 – 3 – **7** = 3   **W**

4	5	6	7	8	9	10	11	12
D	O	L	W	R	E	F	I	N

7. 현재 시각은 5시예요. 아래 글을 읽고 설명하는 시각을 나타내는 시계를 찾아 선으로 이어 보세요.

사이먼은 운동을 1시간 전에 시작했어요.

마리는 클라라보다 1시간 먼저 운동을 시작했어요.

올리버는 1시간 뒤에 운동을 시작할 거예요.

클라라는 사이먼보다 1시간 30분 늦게 운동을 시작했어요.

선으로 이어지지 않은 시계는 노란색으로 칠해 보세요.

26쪽 5번

2시부터 출발해서 2시 30분 →3시→3시 30분… 30분 간격으로 시각을 나타내는 시계를 찾아 길을 따라가 보세요.

27쪽 7번

– 사이먼 : 5시 기준으로 1시간 전이므로 4시

– 클라라 : 사이먼보다 1시간 30분 늦게 운동을 시작했으므로, 4시로부터 1시간 30분이 지난 시각은 5시 30분

– 마리 : 클라라보다 1시간 먼저 운동을 시작했으므로, 5시 30분보다 1시간 빠른 시각은 4시 30분

– 올리버 : 5시 기준으로 한 시간 뒤에 운동을 시작할 것이므로 6시

28-29쪽

★ 실력을 키워요!

8. 수직선을 이용해서 계산해 보세요.

$\underline{12}$ = 12 - 0	$\underline{10}$ = 11 - 1	$\underline{8}$ = 10 - 2
$\underline{11}$ = 11 - 0	$\underline{9}$ = 10 - 1	$\underline{7}$ = 9 - 2
$\underline{10}$ = 10 - 0	$\underline{8}$ = 9 - 1	$\underline{6}$ = 8 - 2

$\underline{0}$ = 8 - 8	$\underline{0}$ = 10 - 10	$\underline{0}$ = 12 - 12
$\underline{1}$ = 8 - 7	$\underline{1}$ = 10 - 9	$\underline{1}$ = 12 - 11
$\underline{2}$ = 8 - 6	$\underline{2}$ = 10 - 8	$\underline{2}$ = 12 - 10

0 1 2 3 4 5 6 7 8 9 10 11 12 13

9. 정각인 조각을 찾아 색칠해 보세요.

★ 실력을 키워요!

10. 같은 시각끼리 선으로 이어 보세요.

| 1시 30분 | 5시 | 7시 30분 | 4시 | 3시 30분 |

| 1 : 30 | 7 : 30 | 5 : 00 | 3 : 30 | 4 : 00 |

11. 그림이 들어간 식을 보고 그림의 값을 구해 보세요.

⏰ = 🕐 - 1   🕐 = **10** ❶

🕐 = 🕓 + 2 + 1   ⏰ = **11** ❷

🕓 - 2 - 2 - 2 = 2   🕓 = **8** ❸

⏰ - 🔔 = 🕓 - 2   🔔 = **4** ❹

⏰ - ⏲ - ⏲ = 0   ⏲ = **5** ❺

28

29

🐿️ **부모님 가이드 | 28쪽 8번**

수직선을 이용해 덧셈과 뺄셈을 해 봄으로써 수의 크기와 거리를 시각적으로 이해하며 수학적 감각이 길러지게 됩니다.

29쪽 11번

❸ 🕐 - 6 = 2, 🕐 = 8

❷ 🕐 = 🕓 + 2 + 1,
🕐 = 8 + 2 + 1, 🕐 = 11

❶ ⏰ = 🕐 - 1, ⏰ = 11 - 1,
⏰ = 10

❹ ⏰ - 🔔 = 🕓 - 2,
10 - 🔔 = 8 - 2,
10 - 🔔 = 6, 🔔 = 4

❺ ⏰ - ⏲ - ⏲ = 0, 10에서 같은 수 두 번을 뺄 수 있는 수는 10의 반인 5, ⏲ = 5

30-31쪽

5 13에서 15까지의 수

_월 _일 _요일

2. 그림을 이용해서 계산해 보세요.

10 + 3 = **13**	10 + 4 = **14**	10 + 5 = **15**
11 + 2 = **13**	12 + 2 = **14**	11 + 4 = **15**
12 + 1 = **13**	11 + 3 = **14**	12 + 3 = **15**
13 - 3 = **10**	14 - 4 = **10**	15 - 5 = **10**
13 - 1 = **12**	14 - 2 = **12**	15 - 4 = **11**
13 - 2 = **11**	14 - 1 = **13**	15 - 2 = **13**

3. 빈칸에 알맞은 값을 구해 보세요.

| 13 | 14 | 15 |

| 십의 자리 | 일의 자리 | | 십의 자리 | 일의 자리 | | 십의 자리 | 일의 자리 |
| 1 | 3 | | 1 | 4 | | 1 | 5 |

1000 🪙🪙🪙	500원 + 500원 + **300원** = 1300원
	800원 + 200원 + **300원** = 1300원
1000 🪙🪙🪙🪙	100원 + 900원 + **400원** = 1400원
	400원 + 600원 + **400원** = 1400원
1000 🪙🪙🪙🪙🪙	300원 + **700원** + 500원 = 1500원
	500원 + **500원** + 500원 = 1500원

1. 아래 그림을 몇 개나 찾을 수 있나요? 위 그림에서 찾아보고 □ 안에 알맞은 수를 쓴 후 수직선과 바르게 이어 보세요.

🏒 **13** 🚩 **15** ⊗ **14**

0 1 2 3 4 5 6 7 8 9 10 11 12 13 14 15 16 17 18 19 20

🐿️ **한 번 더 연습해요!**

1. 계산해 보세요.

10 + 5 = **15**	13 + 2 = **15**	14 - 1 = **13**
11 + 2 = **13**	14 + 1 = **15**	15 - 3 = **12**
12 + 2 = **14**	13 - 3 = **10**	14 - 3 = **11**

30

31

🐿️ **부모님 가이드 | 30쪽**

그림을 보며 아이에게 질문해 보세요.

– 그림에서 13개 있는 건 뭘까? 퍽(아이스하키에서 공처럼 치는 고무 원반)

– 그림에서 14개 있는 건 뭘까? 아이스 링크 둘레에 있는 무늬

– 그림에서 15개 있는 건 뭘까? 깃발

32-33쪽

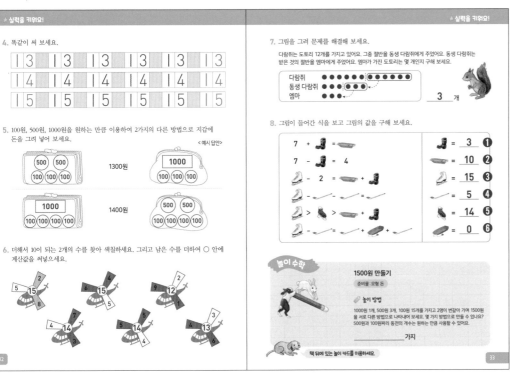

부모님 가이드 | 32쪽 5번

책 뒤에 있는 모형 돈을 활용
해 보세요.
100원 5개=500원 1개
100원 10개=1000원 1개
500원 2개=1000원 1개와
같다는 걸 모형 돈을 활용하
여 보여 주세요.

33쪽 7번

12의 절반은 6, 동생 다람쥐가 받은 도토리는 6개
6의 절반은 3, 엠마가 받은 도토리는 3개

33쪽 8번

 7- 🥾 = 4 🥾 = 3

 7+ 🥾 = 🛶 , 7+3 = 🛶 , 🛶 =10

❸ ⛸️ -2 = 🛶 + 🥾 ,
⛸️ -2 = 10+3, ⛸️ -2 = 13, ⛸️ =15

❹ ⛸️ - 🏒 - 🏒 = 🏒 , 15 - 🏒 - 🏒 = 🏒 ,
15를 세 부분으로 가르기 하면 5가 되므로 🏒 =5

❺ ⛸️ - 🏒 = 🏒 + 🛹 + 🛹 , 15-5=5+ 🛹 +5,
10 = 10+ 🛹 , 🛹 =0

❻ ⛸️ > 👟 > 🛶 + 🥾 , 15 > 👟 >10+3, 15> 👟 >13,
13과 15 사이의 수는 14, 👟 =14

33쪽 놀이 수학

6가지

	1000원	500원	100원
❶	1개	1개	0
❷	1개	0	5개
❸	0	3개	0
❹	0	2개	5개
❺	0	1개	10개
❻	0	0	15개

34-35쪽

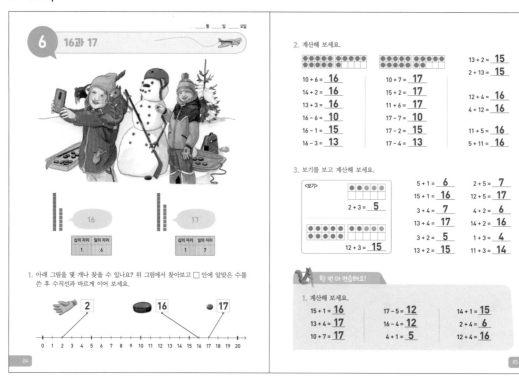

6 16과 17

_____월 _____일 _____요일

16
십의 자리	일의 자리
1	6

17
십의 자리	일의 자리
1	7

1. 아래 그림을 몇 개나 찾을 수 있나요? 위 그림에서 찾아보고 □ 안에 알맞은 수를 쓴 후 수직선에 바르게 이어 보세요.

장갑 **2**   퍽 **16**   조약돌 **17**

0 1 2 3 4 5 6 7 8 9 10 11 12 13 14 15 16 17 18 19 20

2. 계산해 보세요.

10 + 6 = **16**   10 + 7 = **17**   13 + 2 = **15**
14 + 2 = **16**   15 + 2 = **17**   2 + 13 = **15**
13 + 3 = **16**   11 + 6 = **17**   12 + 4 = **16**
16 - 6 = **10**   17 - 7 = **10**   4 + 12 = **16**
16 - 1 = **15**   17 - 2 = **15**   11 + 5 = **16**
16 - 3 = **13**   17 - 4 = **13**   5 + 11 = **16**

3. 보기를 보고 계산해 보세요.

<보기>

2 + 3 = **5**

5 + 1 = **6**   2 + 5 = **7**
15 + 1 = **16**   12 + 5 = **17**
3 + 4 = **7**   4 + 2 = **6**
13 + 4 = **17**   14 + 2 = **16**
3 + 2 = **5**   1 + 3 = **4**
12 + 3 = **15**   13 + 2 = **15**   11 + 3 = **14**

한 번 더 연습해요!

1. 계산해 보세요.
15 + 1 = **16**   17 - 5 = **12**   14 + 1 = **15**
13 + 4 = **17**   16 - 4 = **12**   2 + 4 = **6**
10 + 7 = **17**   4 + 1 = **5**   12 + 4 = **16**

부모님 가이드 | 34쪽

그림을 보며 아이에게 질문 해 보세요.

- 그림에서 16개 있는 건 뭘 까? 퍽(아이스하키에서 공 처럼 치는 고무 원반)
- 그림에서 17개 있는 건 뭘 까? 조약돌(눈사람의 눈과 입, 단추)
- 그림에서 2개씩 있는 건 뭘 까? 하키 스틱, 썰매, 아이 들, 동물 두 마리 등.

36-37쪽

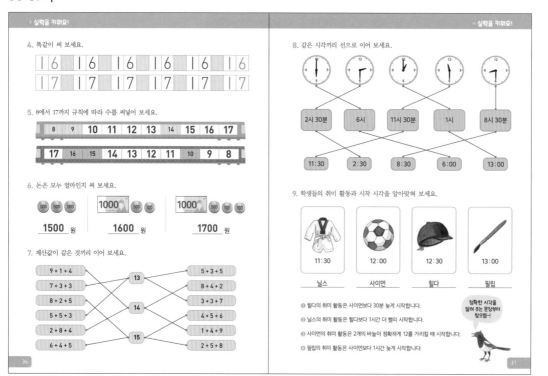

★ 실력을 키워요!

4. 똑같이 써 보세요.

16 16 16 16 16 16
17 17 17 17 17 17

5. 8에서 17까지 규칙에 따라 수를 써넣어 보세요.

8 9 **10** **11** **12** **13** 14 **15** 16 17
17 16 15 **14** **13** **12** **11** 10 9 8

6. 돈은 모두 얼마인지 써 보세요.

1500 원   **1600** 원   **1700** 원

7. 계산값이 같은 것끼리 이어 보세요.

9 + 1 + 4   5 + 3 + 5
7 + 3 + 3   8 + 4 + 2
8 + 2 + 5   13   3 + 3 + 7
5 + 5 + 3   14   4 + 4 + 6
2 + 8 + 4   15   1 + 4 + 9
6 + 4 + 5   2 + 5 + 8

★ 실력을 키워요!

8. 같은 시각끼리 선으로 이어 보세요.

2시 30분   6시   11시 30분   1시   8시 30분

11:30   2:30   8:30   6:00   13:00

9. 학생들의 취미 활동과 시작 시각을 알아맞혀 보세요.

11 : 30   12 : 00   12 : 30   13 : 00
닐스   사이먼   힐다   필립

❸ 힐다의 취미 활동은 사이먼보다 30분 늦게 시작합니다.
❷ 닐스의 취미 활동은 힐다보다 1시간 더 빨리 시작합니다.
❶ 사이먼의 취미 활동은 2개의 바늘이 정확하게 12를 가리킬 때 합니다.
❹ 필립의 취미 활동은 사이먼보다 1시간 늦게 시작합니다.

정확한 시각을 알려 주는 문장부터 찾으렴!

37쪽 9번

❸ 정확한 시각을 알려 주는 문 장부터 찾아요. 사이먼의 취 미 활동 시작 시각은 2개의 바 늘이 12를 가리키므로 12시
❹ 12시보다 1시간 늦은 시각 은 오후 1시(=13시). 필립의 취미 활동은 오후 1시 즉 13 시에 시작
❶ 12시보다 30분 늦은 시각은 12시 30분. 힐다의 취미 활 동은 12시 30분에 시작
❷ 12시 30분보다 1시간 빠른 시각은 11시 30분. 닐스의 취 미 활동은 11시 30분에 시작

38-39쪽

7 18과 19

____월 ____일 ____요일

십의 자리 1 / 일의 자리 8 → 18
십의 자리 1 / 일의 자리 9 → 19

1. 아래 그림을 몇 개나 찾을 수 있나요? 위 그림에서 찾아보고 □ 안에 알맞은 수를 쓴 후 수직선과 바르게 이어 보세요.

6   18   19

0 1 2 3 4 5 6 7 8 9 10 11 12 13 14 15 16 17 18 19 20

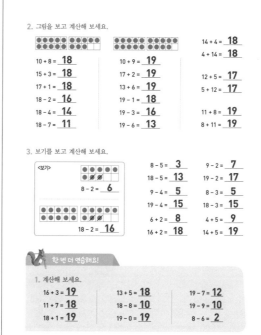

2. 그림을 보고 계산해 보세요.

		14 + 4 = **18**
10 + 8 = **18**	10 + 9 = **19**	4 + 14 = **18**
15 + 3 = **18**	17 + 2 = **19**	12 + 5 = **17**
17 + 1 = **18**	13 + 6 = **19**	5 + 12 = **17**
18 - 2 = **16**	19 - 1 = **18**	11 + 8 = **19**
18 - 4 = **14**	19 - 3 = **16**	8 + 11 = **19**
18 - 7 = **11**	19 - 6 = **13**	

3. 보기를 보고 계산해 보세요.

<보기>

8 - 2 = **6**

8 - 5 = **3**	9 - 2 = **7**
18 - 5 = **13**	19 - 2 = **17**
9 - 4 = **5**	8 - 3 = **5**
19 - 4 = **15**	18 - 3 = **15**
6 + 2 = **8**	4 + 5 = **9**
16 + 2 = **18**	14 + 5 = **19**

18 - 2 = **16**

한 번 더 연습해요!

1. 계산해 보세요.

16 + 3 = **19**	13 + 5 = **18**	19 - 7 = **12**
11 + 7 = **18**	18 - 8 = **10**	19 - 9 = **10**
18 + 1 = **19**	19 - 0 = **19**	8 - 6 = **2**

 부모님 가이드 | 38쪽

그림을 보며 아이에게 질문해 보세요.
- 그림에서 18개 있는 건 뭘까? **깃발**
- 그림에서 19개 있는 건 뭘까? **눈뭉치**
- 그림에서 6개 있는 건 뭘까? **솔방울**
- 깃발과 솔방울의 개수를 합하면 몇이 될까? **18+6=24**
- 그림을 보며 다양한 셈을 해 보세요.

 부모님 가이드 | 39쪽 3번

10까지의 계산이 능숙해지면 이제 더 큰 범위의 계산을 해 보도록 합니다. 이를 테면 8-2=6일 때, 18-2=16임을 유추해서 계산해 봅니다.

40-41쪽

★ 실력을 키워요!

4. 똑같이 써 보세요.

| 18 | 18 | 18 | 18 | 18 | 18 |
| 19 | 19 | 19 | 19 | 19 | 19 |

5. 지갑에 알맞은 돈을 그려 넣어 보세요. <예시 답안>

1600원 — 1000, 100 100 100 100 100 100
1700원 — 500 500 500 100 100
1800원 — 500 500 100 100 100 100 100 100
1900원 — 1000 500 100 100 100 100

6. 계산값이 19가 나오는 길을 따라가 보세요.

16 + 3 = **19**	15 + 3 = **18**	11 + 8 = **19**
18 + 1 = **19**	12 + 7 = **19**	19 - 0 = **19**	14 + 5 = **19**
12 + 6 = **18**	6 + 13 = **19**	2 + 14 = **16**
5 + 14 = **19**	8 + 10 = **18**	14 + 3 = **17**
11 + 8 = **19**	7 + 12 = **19**	7 + 11 = **18**	13 + 6 = **19**

7. 빈칸에 알맞은 수를 구해 보세요.

3 + 3 = 4 + **2** = 5 + 1	14 + 2 = 13 + **3** = 11 + **5**
5 + 2 = 3 + **4** = 7 + 0	15 + 3 = 12 + **6** = 14 + **4**
4 + 4 = 6 + **2** = 3 + **5**	17 + 2 = 13 + **6** = 15 + **4**
6 + 4 = 8 + **2** = 1 + **9**	19 + 1 = 15 + **5** = 17 + **3**

놀이 수학

홀수와 짝수 놀이

놀이 방법
1. 부모님 또는 친구와 번갈아 가며 10~50 사이의 수를 카약에 써넣으세요.
2. 가위바위보를 하여 이긴 사람이 먼저 카약을 선택하세요.
3. 카약에 있는 수를 번갈아 가며 홀수와 짝수에 맞게 아글루에 써넣으세요.
★ 97쪽에 있는 활동지로 한 번 더 놀이해요!

홀수   짝수

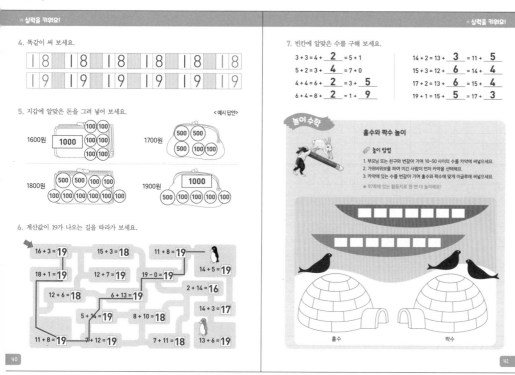

 부모님 가이드 | 놀이 수학

놀이를 하기 전에 홀수와 짝수가 어떤 건지 이야기 나눠 보도록 합니다. 짝수는 짝을 이루는 수이며, 홀수는 짝을 이루지 않는 수임을 놀이 수학 <짝수와 홀수>(1-1 2권 104쪽)를 통해 알아보는 것도 좋습니다.

38   39   40   41

42-43쪽

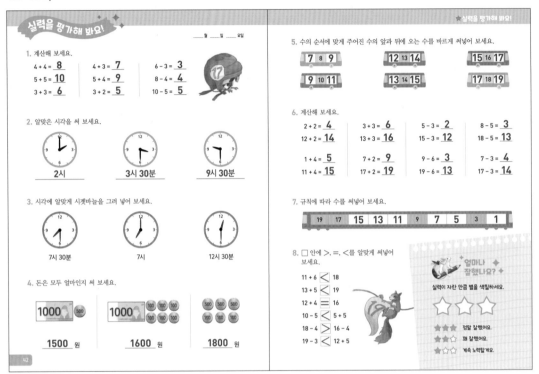

실력을 평가해 봐요!

_____월 _____일 _____요일

1. 계산해 보세요.

4 + 4 = **8**　　4 + 3 = **7**　　6 - 3 = **3**
5 + 5 = **10**　　5 + 4 = **9**　　8 - 4 = **4**
3 + 3 = **6**　　3 + 2 = **5**　　10 - 5 = **5**

2. 알맞은 시각을 써 보세요.

2시　　**3시 30분**　　**9시 30분**

3. 시각에 알맞게 시곗바늘을 그려 넣어 보세요.

7시 30분　　**7시**　　**12시 30분**

4. 돈은 모두 얼마인지 써 보세요.

1500 원　　**1600** 원　　**1800** 원

★ 실력을 평가해 봐요!

5. 수의 순서에 맞게 주어진 수의 앞과 뒤에 오는 수를 바르게 써넣어 보세요.

7 **8** 9　　12 13 **14**　　15 **16** 17
9 10 11　　**13** 14 15　　17 **18** 19

6. 계산해 보세요.

2 + 2 = **4**　　3 + 3 = **6**　　5 - 3 = **2**　　8 - 5 = **3**
12 + 2 = **14**　　13 + 3 = **16**　　15 - 3 = **12**　　18 - 5 = **13**

1 + 4 = **5**　　7 + 2 = **9**　　9 - 6 = **3**　　7 - 3 = **4**
11 + 4 = **15**　　17 + 2 = **19**　　19 - 6 = **13**　　17 - 3 = **14**

7. 규칙에 따라 수를 써넣어 보세요.

19　17　**15**　**13**　**11**　9　**7**　5　**3**　1

8. □ 안에 >, =, <를 알맞게 써넣어 보세요.

11 + 6 **<** 18
13 + 5 **=** 18
12 + 4 **=** 16
10 - 5 **=** 5 + 5
18 - 4 **>** 16 - 4
19 - 3 **<** 12 + 5

얼마나 잘했나요?

실력이 자란 만큼 별을 색칠하세요.

☆ ☆ ☆

★★★ 정말 잘했어요.
★★☆ 꽤 잘했어요.
★☆☆ 계속 노력할게요.

부모님 가이드 | 42쪽 2번

짧은바늘은 두 숫자 가운데를 가리키고, 긴바늘은 6을 가리킬 때, 지나온 숫자에 시를 붙여 몇 시 30분이라고 합니다. 짧은바늘의 위치에 주의하며 시계를 그리도록 지도해 주세요.

44-45쪽

단원 평가

1. 빈칸에 들어갈 알맞은 수를 써넣으세요.

9　10　**11**　12　13　**14**　**15**　16　17　**18**　**19**　20　21

2. 계산해 보세요.

14 - 1 = **13**　　17 - 3 = **14**
16 - 2 = **14**　　15 - 4 = **11**
18 - 5 = **13**　　19 - 3 = **16**

3. 계산값이 같은 것끼리 이어 보세요.

8 + 7 + 2
7 + 9 + 3
6 + 8 + 4
5 + 7 + 5
9 + 8 + 1
4 + 9 + 6

17　18　19

4 + 6 + 8
5 + 5 + 7
3 + 7 + 9
1 + 9 + 8
2 + 8 + 7
6 + 4 + 9

4. 계산한 후 정답에 해당하는 알파벳을 찾아 써넣으세요.

12 - 4 = 8　S
5 + **8** = 13　N
19 - 10 = 9　O
16 + 3 = 19　W
12 + **5** = 17　B
14 - 6 = 8　A
10 - 7 = 3　L
15 - **10** = 5　L

5	8	19	13	17	3
B	N	L	S	A	W	O

5. 같은 시각끼리 선으로 이어 보세요.

2:30　14:00　3:00　1:30　2:15

부모님 가이드 | 44쪽 3번

(a+b)+c=a+(b+c)를 해도 덧셈값은 같음을 이야기해 줍니다. 이를 테면 8+7+2＝8+2+7과 같습니다. 10 만들기가 되는 수를 먼저 더하고, 나머지 수를 더하는 걸 연습합니다.

8 20

십의 자리 | 일의 자리
2 | 0

20 | 20 | 20 | 20

1. 아래 그림을 몇 개나 찾을 수 있나요? 위 그림에서 찾아보고 □ 안에 알맞은 수를 쓴 후 수직선과 바르게 이어 보세요.

15　　**18**　　**20**

0 1 2 3 4 5 6 7 8 9 10 11 12 13 14 15 16 17 18 19 20

2. 계산해 보세요.

1 + 9 = **10**	10 - 5 = **5**	20 - 1 = **19**
11 + 9 = **20**	20 - 5 = **15**	20 - 9 = **11**
		20 - 4 = **16**
4 + 6 = **10**	10 - 8 = **2**	20 - 7 = **13**
14 + 6 = **20**	20 - 8 = **12**	20 - 3 = **17**

3. 빈칸에 알맞은 돈의 값을 구해 보세요.　**1000**

1200원 + **800**원 = 2000원　　2000원 - **600**원 = 1400원
1600원 + **400**원 = 2000원　　2000원 - **300**원 = 1700원
1800원 + **200**원 = 2000원　　2000원 - **500**원 = 1500원
1300원 + **700**원 = 2000원　　2000원 - **900**원 = 1100원

🐿 **한 번 더 연습해요!**

1. 20을 만들어 보세요.

20　　20　　20　　20　　20
19 + **1**　15 + **5**　12 + **8**　**6** + 14　**7** + 13

2. 계산해 보세요.

10 + 10 = **20**　　17 + 3 = **20**　　19 - 4 = **15**
15 + 4 = **19**　　20 - 6 = **14**　　20 - 9 = **11**

46　　47

🐿 **부모님 가이드 | 46쪽**

그림을 보며 아이에게 질문해 보세요.

- 책꽂이 위 칸에 책이 몇 권 있니? 10권
- 책꽂이 아래 칸에 책이 몇 권 있니? 10권
- 책꽂이 위아래 칸에 책은 모두 몇 권 있니? 20권
- 그림에 아이들이 몇 명 있니? 8명
- 학생이 모두 20명인데, 그중 8명은 교실에, 나머지는 바깥에 있어. 몇 명이 밖에 있는 거니? 20-8=12, 12명
- 연필꽂이에 연필이 몇 개 있니? 10개
- 교실에 연필이 모두 몇 개 있니? 바닥에 있는 연필 8개까지 합하면 모두 18개
- 그림에서 20개 있는 건 뭐니? 별
- 그림에서 15개 있는 건 뭐니? 공책

⭐ **실력을 키워요!**

4. 계산해 보세요.

2 + 8 = **10**	7 + 3 = **10**	10 - 4 = **6**	10 - 9 = **1**
12 + 8 = **20**	17 + 3 = **20**	20 - 4 = **16**	20 - 9 = **11**

5. 돈은 모두 얼마인지 계산해 보세요.

600원 + 600원 = **1200** 원
700원 + 700원 = **1400** 원
800원 + 800원 = **1600** 원
900원 + 900원 = **1800** 원
1000원 + 1000원 = **2000** 원

6. 가운데 수에서 화살표 옆의 수를 뺀 값을 □ 안에 써넣어 보세요.

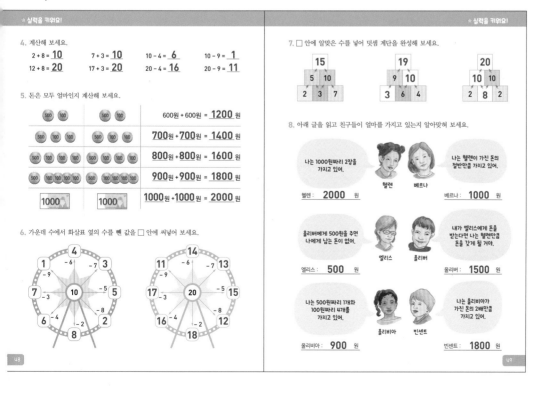

7. □ 안에 알맞은 수를 넣어 덧셈 계단을 완성해 보세요.

15
5	10
2	3	7

19
9	10
3	6	4

20
10	10
2	8	2

8. 아래 글을 읽고 친구들이 얼마를 가지고 있는지 알아맞혀 보세요.

나는 1000원짜리 2장을 가지고 있어.　　나는 헬렌이 가진 돈의 절반만큼 가지고 있어.
헬렌: **2000** 원　베르나: **1000** 원

올리버에게 500원을 주면 나에게 남는 돈이 없어.　　내가 엘리스에게 돈을 받는다면 나는 헬렌만큼 돈을 갖게 될 거야.
엘리스: **500** 원　올리버: **1500** 원

나는 500원짜리 1개와 100원짜리 4개를 가지고 있어.　　나는 올리비아가 가진 돈의 2배만큼 가지고 있어.
올리비아: **900** 원　빈센트: **1800** 원

48　　49

49쪽 8번

- 헬렌 : 1000원 + 1000원 = 2000원
- 베르나 : 2000원의 절반은 1000원
- 엘리스 : 500원 - 500원 = 0 이므로 500원
- 올리버 : □ + 500원 = 2000원, 2000원 - 500원 = 1500원
- 올리비아 : 100원이 4개 있으면 400원, 500원 + 400원 = 900원
- 빈센트 : 900원 + 900원 = 1800원

11

정답

50-51쪽

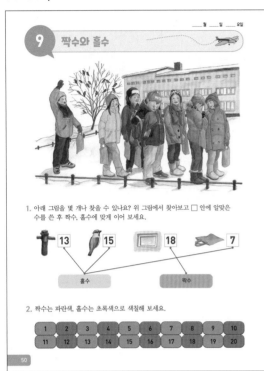

9 짝수와 홀수

_____월 _____일 _____요일

1. 아래 그림을 몇 개나 찾을 수 있나요? 위 그림에서 찾아보고 □ 안에 알맞은 수를 쓴 후 짝수, 홀수에 맞게 이어 보세요.

13   15   18   7

홀수   짝수

2. 짝수는 파란색, 홀수는 초록색으로 색칠해 보세요.

1	2	3	4	5	6	7	8	9	10
11	12	13	14	15	16	17	18	19	20

50

3. 계산 결과가 짝수이면 파란색, 홀수이면 초록색으로 색칠해 보세요.

4 + 14 = **18**   5 + 11 = **16**   12 + 7 = **19**
6 + 10 = **16**   7 + 13 = **20**   4 + 11 = **15**
14 + 6 = **20**   15 + 3 = **18**   5 + 12 = **17**
12 + 2 = **14**   13 + 1 = **14**   11 + 2 = **13**

4. 규칙에 따라 수를 써넣어 보세요.

2	4	6	8	10	12	14	16	18	20

19	17	15	13	11	9	7	5	3	1

한 번 더 연습해요!

1. 계산 결과가 짝수이면 파란색, 홀수이면 초록색으로 색칠해 보세요.

12 + 4 = **16**   13 + 5 = **18**   14 + 3 = **17**
8 + 10 = **18**   1 + 15 = **16**   18 + 1 = **19**

2. 규칙에 따라 수를 써넣어 보세요.

1	3	5	7	9	11	13	15	17	19

20	18	16	14	12	10	8	6	4	2

51

 부모님 가이드 | 50쪽

그림을 보며 아이에게 질문해 보세요.

- 운동장에 아이들이 몇 명 있니? **7명**
- 모든 아이들이 짝이 있니? **아니요.**
- 짝이 있는 아이들이 몇 그룹이니? **3그룹**
- 짝이 없는 아이는 몇 명이니? **1명**
- 1명이 더 오면 몇 명이 되니? **8명**
- 8명이 되면 모든 아이들이 짝이 있게 되니? **네.**
- 그럼 몇 그룹이 되니? **4그룹**
- 나무 위에 새가 몇 마리 있니? **15마리**
- 15는 짝수이니, 홀수이니? **홀수**

 부모님 가이드 | 50쪽 2번

같은 크기의 블록 20개로 아이와 함께 홀수와 짝수 놀이를 해 보세요.

- 블록 6개로 3개씩 탑을 쌓아 보렴. 높이가 어떠니? **같아요.**
- 같은 높이로 탑을 2개 쌓으려면 몇 개의 블록으로 가능할까? **20개(10개씩), 18개(9개씩), 16개(8개씩), 14개(7개씩), 12개(6개씩), 10개(5개씩), 8개(4개씩), 6개(3개씩), 4개(2개씩), 2개(1개씩)**
- 블록을 7개 가지고 같은 높이의 탑을 2개 쌓을 수 있을까? **아니오.**
- 블록 7개를 가지고 탑 2개를 만들어 보렴. 이때 탑 하나가 다른 탑보다 블록 1개만큼 더 높게 만들려면 어떻게 쌓아야 할까? **3개, 4개**

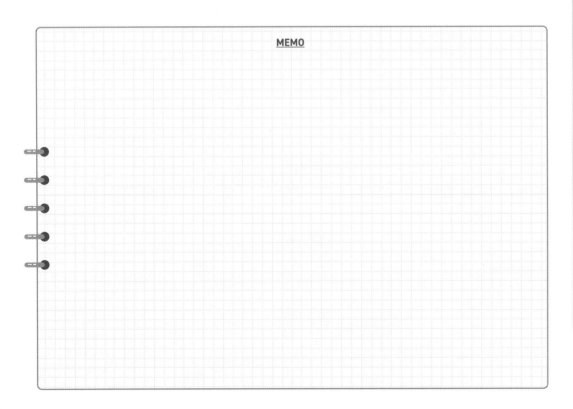

MEMO

12

LET'S LOOK AT EVEN NUMBERS. 짝수를 살펴보자.

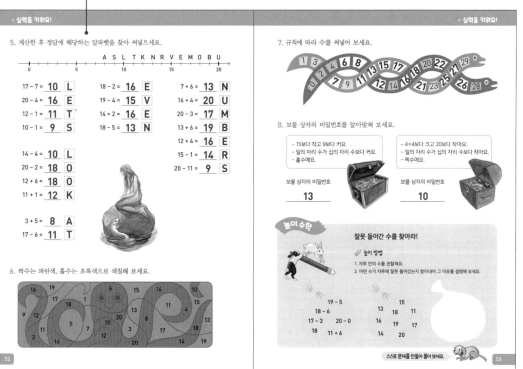

★ 실력을 키워요!

5. 계산한 후 정답에 해당하는 알파벳을 찾아 써넣으세요.

A S L T K N R V E M O B U
0   5   10   15   20

17 - 7 = **10** L	18 - 2 = **16** E	7 + 6 = **13** N
20 - 4 = **16** E	19 - 4 = **15** V	16 + 4 = **20** U
12 - 1 = **11** T	14 + 2 = **16** E	20 - 3 = **17** M
10 - 1 = **9** S	18 - 5 = **13** N	13 + 6 = **19** B
		12 + 4 = **16** E
14 - 4 = **10** L		15 - 1 = **14** R
20 - 2 = **18** O		20 - 11 = **9** S
12 + 6 = **18** O		
11 + 1 = **12** K		
3 + 5 = **8** A		
17 - 6 = **11** T		

6. 짝수는 파란색, 홀수는 초록색으로 색칠해 보세요.

★ 실력을 키워요!

7. 규칙에 따라 수를 써넣어 보세요.

8. 보물 상자의 비밀번호를 알아맞혀 보세요.

- 15보다 작고 9보다 커요.
- 일의 자리 수가 십의 자리 수보다 커요.
- 홀수예요.

보물 상자의 비밀번호
13

- 4+4보다 크고 20보다 작아요.
- 일의 자리 수가 십의 자리 수보다 작아요.
- 짝수예요.

보물 상자의 비밀번호
10

놀이 수학

잘못 들어간 수를 찾아라!

📎 놀이 방법
1. 자루 안의 수를 관찰해요.
2. 어떤 수가 자루에 잘못 들어갔는지 찾아내어 그 이유를 설명해 보세요.

19 - 5
18 - 6
17 - 3   20 - 0
18   11 + 6

15
13   18   11
16   19   17
18   14   20

스스로 문제를 만들어 풀어 보세요.   53

- 15보다 작고 9보다 큰 수는 10, 11, 12, 13, 14
- 이 가운데 홀수는 11, 13
- 11과 13 가운데 일의 자리 수가 십의 자리 수보다 큰 수는 13

- 4+4보다 크고 20보다 작은 수는 9, 10, 11, 12, 13, 14, 15, 16, 17, 18, 19
- 이 가운데 짝수는 10, 12, 14, 16, 18
- 10, 12, 14, 16, 18 가운데 일의 자리 수가 십의 자리 수보다 작은 수는 10

🐿 **부모님 가이드 | 놀이 수학**

여러 가지 답이 나올 수 있어요.
첫 번째 자루
- 11+6(답이 홀수)
- 11+6(덧셈식)
- 18(식이 없음.)
- 20-0(십의 자리가 1이 아님.)
두 번째 자루
- 11(같은 수가 두 번 나옴.)
- 20(십의 자리가 1이 아님.)
- 11(연속된 수가 아님. 13부터 20까지 연속된 수임.)

월 일 요일

10 2에서 5까지 더해서 10 만들기 ✈

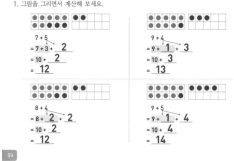

8 + 5
= 8 + 2 + 3
= 10 + 3
= 13

10을 먼저 만들고 나서 남은 수를 더해요.

1. 그림을 그리면서 계산해 보세요.

7 + 5
= 7 + 3 + **2**
= 10 + **2**
= **12**

9 + 4
= 9 + **1** + **3**
= 10 + **3**
= **13**

8 + 4
= 8 + **2** + 2
= 10 + **2**
= **12**

9 + 5
= 9 + **1** + **4**
= 10 + **4**
= **14**

2. 그림을 그리면서 계산해 보세요.

6 + 5 = **11**

9 + 3 = **12**

7 + 4 = **11**

8 + 5 = **13**

3. 계산해 보세요.

8 + 2 + 2 = **12**	7 + 3 + 2 = **12**	**13** = 9 + 4
8 + 4 = **12**	7 + 5 = **12**	**11** = 8 + 3
6 + 4 + 1 = **11**	9 + 1 + 4 = **14**	**11** = 9 + 2
6 + 5 = **11**	9 + 5 = **14**	**11** = 6 + 5

🦊 **한 번 더 연습해요!**

1. 그림을 그리면서 계산해 보세요.

8 + 3 = **11**

9 + 5 = **14**

2. 계산해 보세요.

| 8 + 4 = **12** |
| 8 + 5 = **13** |
| 9 + 4 = **13** |
| 7 + 4 = **11** |
| 11 + 9 = **20** |
| 13 + 6 = **19** |
| 14 + 5 = **19** |

54   55

🐿 **부모님 가이드 | 54쪽**

- 사물함 1칸에 책이 몇 권 들어가니? **5권**
- 사물함 2칸에는 책이 몇 권 들어가니? **10권**
- 파랑 책이 몇 권 있니? **8권**
- 사물함 아래 칸에 빨강 책이 몇 권 있니? **2권**
- 사물함 위 칸에 빨강 책이 몇 권 있니? **3권**
- 사물함에 책이 모두 몇 권 있니? **13권**
- 이걸 덧셈식으로 표현해 보렴. 8+5=8+2+3=13 5를 2와 3으로 가르기 해서 8과 2를 더해 먼저 10을 만들어 계산하면 쉬워요.

정답

56-57쪽

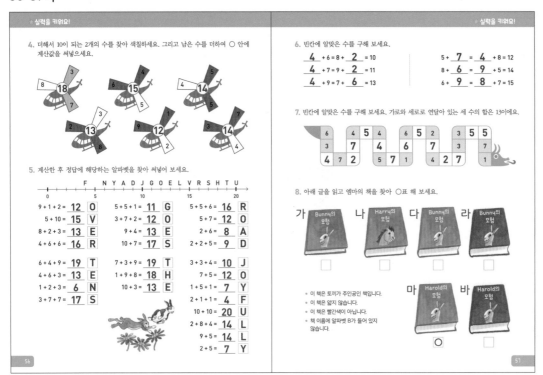

56쪽 5번

OVER TENS GOES THE ROAD JOYFULLY.
10명 넘는 사람들이 즐겁게 길을 가요.

57쪽 8번

❶ 토끼가 주인공인 책이므로 나 탈락
❷ 이 책은 얇지 않으므로 가 탈락
❸ 빨간색이 아니므로 라, 바 탈락
❹ 책 이름에 알파벳 B가 들어 있지 않으므로 다 탈락. 남은 건 마

58-59쪽

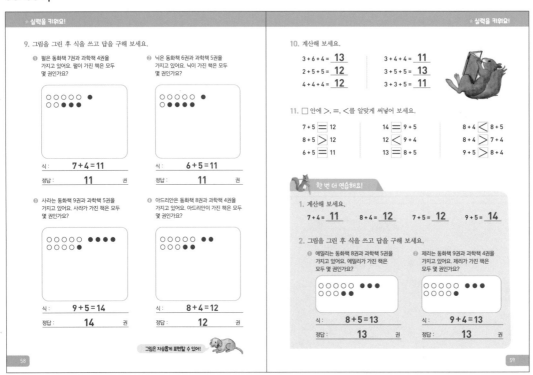

★ 실력을 키워요!

12. 빈칸에 알맞은 수를 구해 보세요.

8 + **3** = 11   7 + **5** = 12   6 + **7** = 13

8 + **2** < 11   7 + **4** < 12   6 + **6** < 13

또는 1, 0   또는 3, 2, 1, 0   또는 5, 4, 3, 2, 1, 0

13. 계산값에 맞게 주어진 색을 칠해 보세요.

11   12   13

9 + 4   6 + 5   9 + 4

8 + 5   8 + 4   4 + 7

7 + 5   8 + 3   9 + 3

5 + 8

14. 규칙에 따라 그려 보세요.

스스로 규칙을 만들어 그려 보세요.

★ 실력을 키워요!

15. 12가 되도록 이어 보세요.   15가 되도록 이어 보세요.

16. 빨간 차의 가격을 구해 보세요.

❶ 총 가격 14€   ❷ 총 가격 18€

❸ 총 가격 11€   ❹ **8** €

파란 말의 가격을 구해 보세요.

❶ 총 가격 15€   ❷ 총 가격 16€

❸ 총 가격 17€   ❹ **5** €

* €는 유럽 연합에서 사용하는 화폐 단위에요. 유로라고 읽어요.

60   61

61쪽 16번

❶ 🚗 + 🚗 =14, 🚗 =7

❹ 🚗 + 🚗 =13, 🚗 +7 = 13, 🚗 = 6

❸ 🚗 + 🚗 =11, 6 + 🚗 =11, 🚗 = 5

❷ 🚗 + 🚗 + 🚗 =18, 5 + 🚗 +5=18, 🚗 =8

❷ 🐺 + 🐺 =16, 🐺 = 8

❶ 🐺 + 🐺 =15, 8+ 🐺 =15, 🐺 =7

❹ 🐺 + 🐺 =11, 🐺 +7=11, 🐺 =4

❸ 🐺 + 🐺 + 🐺 =17, 8+ 🐺 +4=17, 🐺 =5

11   **6과 7을 더해서 10 만들기**   월   일   요일

7 + 6
= 7 + 3 + 3
= 10 + 3
= 13

10을 먼저 만들고 나서 남은 수를 더해요.

1. 그림을 그리면서 계산해 보세요.

6 + 7
= 6 + 4 + **3**
= 10 + **3**
= **13**

5 + 6
= 5 + 5 + **1**
= 10 + **1**
= **11**

8 + 7
= 8 + **2** + 5
= 10 + **5**
= **15**

9 + 6
= 9 + **1** + 5
= 10 + **5**
= **15**

2. 그림을 그리면서 계산해 보세요.

8 + 6 = **14**   9 + 7 = **16**

7 + 7 = **14**   6 + 6 = **12**

3. 계산해 보세요.

8 + 2 + 5 = **15**   7 + 3 + 3 = **13**   **15** = 9 + 6

8 + 7 = **15**   7 + 6 = **13**   **14** = 8 + 6

6 + 4 + 3 = **13**   9 + 1 + 6 = **16**   **14** = 7 + 7

6 + 7 = **13**   9 + 7 = **16**   **11** = 5 + 6

한 번 더 연습해요!

1. 그림을 그리고 식과 답을 써 보세요.

제리는 파란 공 8개와 노란 공 6개를 가지고 있어요. 제리가 가진 공은 모두 몇 개인가요?

식 :   8 + 6 = 14

정답 :   **14**   개

2. 계산해 보세요.

6 + 6 = **12**

7 + 7 = **14**

9 + 7 = **16**

8 + 7 = **15**

17 − 5 = **12**

19 − 6 = **13**

18 − 7 = **11**

62   63

🐿 **부모님 가이드 | 62쪽**

그림을 보며 아이에게 질문해 보세요.

– 다 채워진 독서 카드에는 스티커가 몇 개 붙어 있니? **10개**

– 빨강 스티커가 몇 개 붙어 있니? **7개**

– 독서 카드 2장에 노랑 스티커는 모두 몇 개 붙어 있니? **6개**

– 완성된 독서 카드에는 노랑 스티커가 몇 개 붙어 있니? **3개**

– 스티커를 모두 합하면 몇 개니? 덧셈식으로 나타내 보렴. 7+6=7+3+3=13 6을 3과 3으로 가르기 해서 7과 더해 10을 만들어 계산하면 쉬워요.

64-65쪽

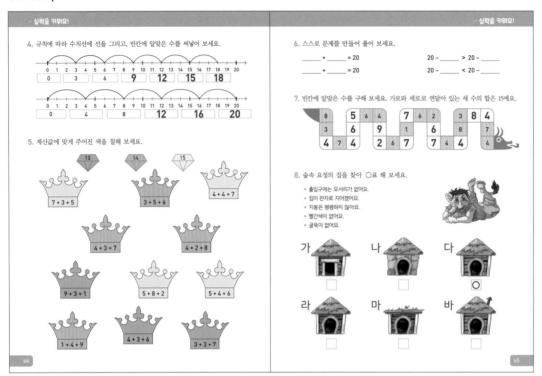

4. 규칙에 따라 수직선에 선을 그리고, 빈칸에 알맞은 수를 써넣어 보세요.

| 0 | 3 | 6 | **9** | **12** | **15** | **18** |

| 0 | 4 | 8 | **12** | **16** | **20** |

5. 계산값에 맞게 주어진 색을 칠해 보세요.

13 → 7 + 3 + 5
14 → 3 + 5 + 6
15 → 4 + 4 + 7
4 + 3 + 7
4 + 2 + 8
9 + 3 + 1
5 + 8 + 2
5 + 4 + 6
1 + 4 + 9
4 + 3 + 6
3 + 3 + 7

6. 스스로 문제를 만들어 풀어 보세요.

_____ + _____ = 20   20 − _____ > 20 − _____

_____ + _____ = 20   20 − _____ < 20 − _____

7. 빈칸에 알맞은 수를 구해 보세요. 가로와 세로로 연달아 있는 세 수의 합은 15예요.

8			5	6	4			7	6	2			3	8	4
3					6		9			3					7
4	7	4			2	6	7			7	4	4			4

8. 숲속 요정의 집을 찾아 ○표 해 보세요.

- 출입구에는 모서리가 없어요.
- 집이 판자로 지어졌어요.
- 지붕은 평평하지 않아요.
- 빨간색이 없어요.
- 굴뚝이 없어요.

가 □   나 □   다 ○

라 □   마 □   바 □

65쪽 8번

❶ 출입구에 모서리가 없으므로, 가 탈락
❷ 판자로 지어졌으므로 돌로 지은 나 탈락
❸ 지붕은 평평하지 않으므로 마 탈락
❹ 빨간색이 없으므로 라 탈락
❺ 굴뚝이 없으므로 굴뚝이 있는 바 탈락, 남은 것은 다

66-67쪽

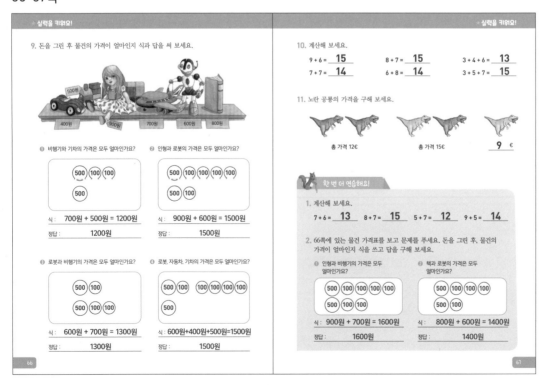

9. 돈을 그린 후 물건의 가격이 얼마인지 식과 답을 써 보세요.

(500원, 400원, 900원, 700원, 600원, 800원)

❶ 비행기와 기차의 가격은 모두 얼마인가요?
(500)(100)(100)(500)
식: 700원 + 500원 = 1200원
정답: 1200원

❷ 인형과 로봇의 가격은 모두 얼마인가요?
(500)(100)(100)(100)(100)(500)(100)
식: 900원 + 600원 = 1500원
정답: 1500원

❸ 로봇과 비행기의 가격은 모두 얼마인가요?
(500)(100)(500)(100)(100)
식: 600원 + 700원 = 1300원
정답: 1300원

❹ 로봇, 자동차, 기차의 가격은 모두 얼마인가요?
(500)(100)(100)(100)(100)(100)(500)
식: 600원+400원+500원=1500원
정답: 1500원

10. 계산해 보세요.
9 + 6 = **15**   8 + 7 = **15**   3 + 4 + 6 = **13**
7 + 7 = **14**   6 + 8 = **14**   3 + 5 + 7 = **15**

11. 노란 공룡의 가격을 구해 보세요.

총 가격 12€   총 가격 15€   **9** €

한 번 더 연습해요!

1. 계산해 보세요.
7 + 6 = **13**   8 + 7 = **15**   5 + 7 = **12**   9 + 5 = **14**

2. 66쪽에 있는 물건 가격표를 보고 문제를 푸세요. 돈을 그린 후, 물건의 가격이 얼마인지 식을 쓰고 답을 구해 보세요.

❶ 인형과 비행기의 가격은 모두 얼마인가요?
(500)(100)(100)(100)(100)(500)(100)(100)
식: 900원 + 700원 = 1600원
정답: 1600원

❷ 책과 로봇의 가격은 모두 얼마인가요?
(500)(100)(100)(100)(500)(100)
식: 800원 + 600원 = 1400원
정답: 1400원

67쪽 11번

🦕 + 🦕 =12, 🦕 =6
🦕 + 🦕 =15,
🦕 +6=15, 🦕 =9

실력을 키워요!

12. 수의 순서에 맞게 주어진 수의 앞과 뒤에 오는 수를 바르게 써넣어 보세요.

| 9 | 10 | 11 | | 13 | 14 | 15 | | 11 | 12 | 13 |

| 16 | 17 | 18 | | 12 | 13 | 14 | | 18 | 19 | 20 |

13. □ 안에 알맞은 수를 구해 보세요.

```
    15              11              16
   9   6           5   6           9   7
 12   3   9      9   4   10     14   5   12
```

```
    15              17              12
   8   7           8   9           4   8
 14   6   13     13   5   14     11   7   15
```

수를 쪼개어 10을 만들고 나서 남은 수를 더해 봐~!

실력을 키워요!

14. 파란 인형의 가격을 구해 보세요.

① 총 가격 13€   ② 총 가격 12€   ❷
③ 총 가격 15€   ④ 총 가격 20€   ④ 4 €

빨간 공룡의 가격을 구해 보세요.

① 총 가격 16€   ② 총 가격 14€   ❷
③ 총 가격 15€   ④ 총 가격 20€   ④ 3 €

15. 계산값에 맞게 주어진 색을 칠해 보세요.   13 ● 14 ● 15 ● 16 ●

```
9 + 4      7 + 6         8 + 5              6 + 7
                      6 + 8   4 + 9
        5 + 8      5 + 7       7 + 7
8 + 8   9 + 7
7 + 9   7 + 8   9 + 5    5 + 9
6 + 9   9 + 6         8 + 6   8 + 7
```

❷ 🐻+🐻=12, 🐻=6

① 🐻+🐻=13, 6+🐻=13, 🐻=7

③ 🐻+🐻=15, 🐻+7=15, 🐻=8

④ 🐻+🐻+🐻=20, 8+8+🐻=20, 🐻=4

① 🦖+🦖=16, 🦖=8

❷ 🦖+🦖=14, 🦖+8=14, 🦖=6

③ 🦖+🦖=15, 6+🦖=15, 🦖=9

④ 🦖+🦖+🦖=20, 🦖+9+8=20, 🦖=3

---

12 8과 9를 더해서 10만들기   ___월 ___일 ___요일

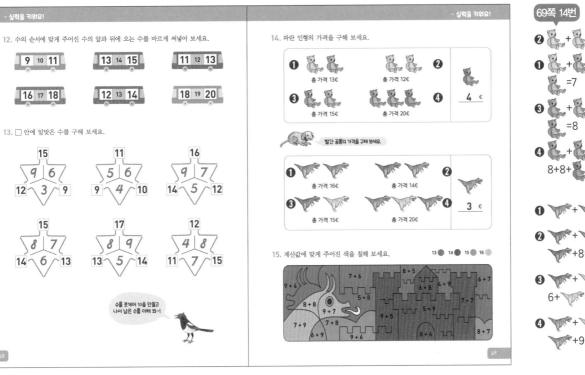

7 + 8
= 7 + 3 + 1
= 10 + 5
= 15

10을 먼저 만들고 나서 남은 수를 더해요.

1. 그림을 그리면서 계산해 보세요.

```
6 + 9
= 6 + 4 + 5
= 10 + 5
= 15
```

```
5 + 8
= 5 + 5 + 3
= 10 + 3
= 13
```

```
8 + 9
= 8 + 2 + 7
= 10 + 7
= 17
```

```
9 + 8
= 9 + 1 + 7
= 10 + 7
= 17
```

2. 그림을 그리면서 계산해 보세요.

8 + 8 = 16   5 + 9 = 14

7 + 9 = 16   6 + 8 = 14

3. 계산해 보세요.

8 + 2 + 7 = 17	7 + 3 + 5 = 15	13 = 4 + 9
8 + 9 = 17	7 + 8 = 15	11 = 3 + 8
6 + 4 + 5 = 15	9 + 1 + 8 = 18	11 = 2 + 9
6 + 9 = 15	9 + 9 = 18	12 = 4 + 8

한 번 더 연습해요!

1. 그림을 그리고 식과 답을 써 보세요.

제리는 파란 공 7개와 노란 공 9개를 가지고 있어요.
제리가 가진 공은 모두 몇 개인가요?

식 : 7 + 9 = 16

정답 : 16개

2. 계산해 보세요.

6 + 8 = 14
7 + 8 = 15
9 + 9 = 18
8 + 8 = 16
18 - 8 = 10
19 - 8 = 11
20 - 9 = 11

그림을 보며 아이에게 질문해 보세요.

– 빨간 책이 몇 권 쌓여 있니? **7권**

– 파란 책이 몇 권 있니? **8권**

– 10권씩 책을 쌓는다면, 파란 책을 빨간 책 위에 몇 권 올려놓을 수 있겠니? **3권**

– 책을 그 옆에 또 쌓는다면 파란 책은 몇 권 쌓을 수 있겠니? **5권**

– 빨간 책과 파란 책의 합을 덧셈식으로 나타내 보렴. 7+8=7+3+5=15 8을 3과 5로 가르기 해서 7과 3을 더해 10을 먼저 만들고 나서 남은 수를 더해요.

72-73쪽

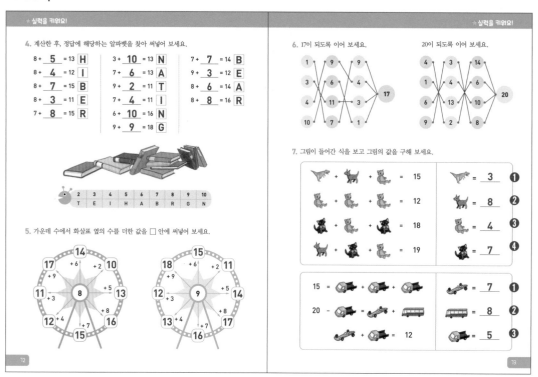

72쪽 4번

HIBERNATING BEAR
겨울잠 자는 곰

73쪽 6번

우선 가장 왼쪽 첫 번째 숫자와 가운뎃줄 첫 번째 숫자의 합을 구한 후 셋째 줄에 합이 17이 되는 수가 있는지 살펴요. 없다면 다시 돌아가서 가운뎃줄 두 번째 숫자와 합을 구한 후 셋째 줄에 합이 17이 되는 수가 있는지 살펴요. 이렇게 반복해서 17이 되는 수의 짝을 구합니다.

MEMO

73쪽 7번

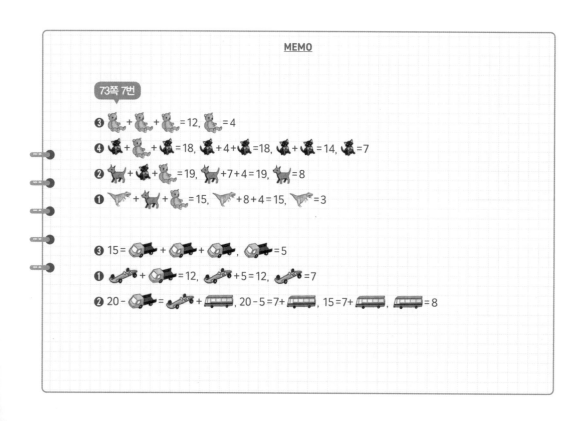

13 절반의 수와 2배의 수

___월 ___일 ___요일

1. 그림을 보고 주어진 수를 반으로 똑같이 나눈 후, □ 안에 써넣어 보세요.

4 → 2 2	6 → 3 3	8 → 4 4	10 → 5 5

12 → 6 6	14 → 7 7	16 → 8 8

2. 주어진 수의 2배가 되도록 ○를 그린 후, □ 안에 써넣어 보세요.

4 → 8   5 → 10

7 → 14   8 → 16

3. 계산해 보세요.

1 + 1 = 2   2 + 2 = 4   4 + 4 = 8

3 + 3 = 6   6 + 6 = 12   5 + 5 = 10

한 번 더 연습해요!

1. 주어진 수를 반으로 똑같이 나눈 후, □ 안에 써넣어 보세요.

4 → 2 2	8 → 4 4	6 → 3 3

14 → 7 7	12 → 6 6	20 → 10 10

2. 계산해 보세요.

7 + 3 + 8 = 18

4 + 7 + 6 = 17

9 + 8 + 2 = 19

6 + 7 + 7 = 20

7 + 8 + 5 = 20

9 + 7 + 4 = 20

🐿 부모님 가이드 | 74쪽

그림을 보며 아이에게 질문 해 보세요.

- 케이크 위에 블루베리가 몇 개 있니? 20개
- 케이크 반쪽에는 블루베리가 몇 개 있니? 10개
- 케이크 반쪽을 또 반쪽으로 나누면 블루베리가 몇 개가 되니? 5개
- 그림에 아이들이 몇 명 있니? 6명
- 파티 모자를 쓴 아이는 몇 명이니? 3명
- 6을 절반으로 나누면 몇이니? 3
- 8을 절반으로 나누면 몇이니? 4
- 접시가 모두 18개야. 같은 높이로 쌓으려면 몇 개씩 쌓아야 할까? 9개씩

★ 실력을 키워요!

4. 주어진 도형의 절반을 색칠해 보세요.

<예시 답안>

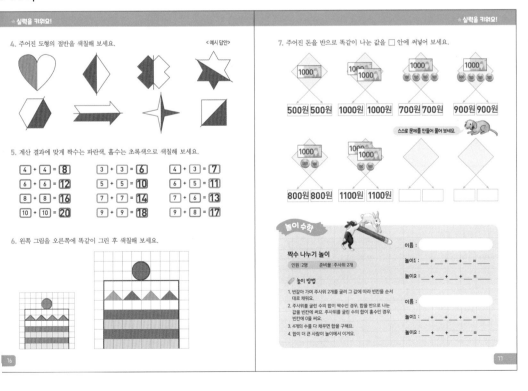

5. 계산 결과에 맞게 짝수는 파란색, 홀수는 초록색으로 색칠해 보세요.

4 + 4 = 8   3 + 3 = 6   4 + 3 = 7

6 + 6 = 12   5 + 5 = 10   6 + 5 = 11

8 + 8 = 16   7 + 7 = 14   7 + 6 = 13

10 + 10 = 20   9 + 9 = 18   9 + 8 = 17

6. 왼쪽 그림을 오른쪽에 똑같이 그린 후 색칠해 보세요.

★ 실력을 키워요!

7. 주어진 돈을 반으로 똑같이 나눈 값을 □ 안에 써넣어 보세요.

1000 → 500원 500원

1000 1000 → 1000원 1000원

1000 → 700원 700원

1000 → 900원 900원

스스로 문제를 만들어 풀어 보세요.

1000 → 800원 800원

1000 1000 → 1100원 1100원

놀이수학

짝수 나누기 놀이

인원 : 2명   준비물 : 주사위 2개

🖉 놀이 방법

1. 번갈아 가며 주사위 2개를 굴려 그 값에 따라 빈칸을 순서대로 채워요.
2. 주사위를 굴린 수의 합이 짝수인 경우, 합을 반으로 나눈 값을 빈칸에 써요. 주사위를 굴린 수의 합이 홀수인 경우, 빈칸에 0을 써요.
3. 4개의 수를 다 채우면 합을 구해요.
4. 합이 더 큰 사람이 놀이에서 이겨요.

이름 :

놀이1 : __ + __ + __ + __ = __

놀이2 : __ + __ + __ + __ = __

이름 :

놀이1 : __ + __ + __ + __ = __

놀이2 : __ + __ + __ + __ = __

🐿 부모님 가이드 | 76쪽

절반의 수와 2배 수 놀이 아이에게 이야기를 들려주며 2배 수 놀이를 해 보세요.

- 바나나 5개가 있어. 반씩 잘라서 나눠 먹는다면 몇 명이 먹을 수 있을까? 10명
- 사과 8개가 있어. 반씩 잘라서 나눠 먹는다면 몇 명이 먹을 수 있을까? 16명
- 반씩 자른 당근이 14개 있어. 절반으로 자르기 전에는 당근이 몇 개 있었을까? 7개
- 반씩 자른 배가 18개 있어. 절반으로 자르기 전에는 배가 몇 개 있었을까? 9개

78-79쪽

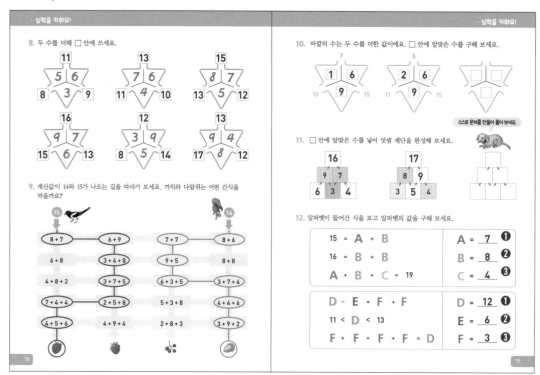

실력을 키워요!

8. 두 수를 더해 □ 안에 쓰세요.

```
   11          13          15
  5  6        7  6        8  7
 8  3  9    11  4  10   13  5  12

   16          12          13
  9  7        3  9        9  4
15  6  13    3  9  14   17  8  12
```

9. 계산값이 14와 15가 나오는 길을 따라가 보세요. 까치와 다람쥐는 어떤 간식을 먹을까요?

```
15                          14
8 + 7    6 + 9    7 + 7    8 + 6
6 + 8    3 + 4 + 8   9 + 5   8 + 8
4 + 8 + 2  3 + 7 + 5  6 + 3 + 5  3 + 7 + 4
7 + 4 + 4  2 + 5 + 8  5 + 3 + 8  4 + 4 + 6
4 + 5 + 6  4 + 9 + 4  2 + 8 + 3  3 + 9 + 2
```

실력을 키워요!

10. 바깥의 수는 두 수를 더한 값이에요. □ 안에 알맞은 수를 구해 보세요.

```
    7            8
  1  6        2  6        □  □
10  9  15   11  9  15    □  9  15
```

스스로 문제를 만들어 풀어 보세요

11. □ 안에 알맞은 수를 넣어 덧셈 계단을 완성해 보세요.

```
   16            17
  9  7          8  9
 6  3  4       3  5  4
```

12. 알파벳이 들어간 식을 보고 알파벳의 값을 구해 보세요.

15 = A + B	A = 7 ❶
16 = B + B	B = 8 ❷
A + B + C = 19	C = 4 ❸

D - E = F + F	D = 12 ❶
11 < D < 13	E = 6 ❷
F + F + F + F = D	F = 3 ❸

79쪽 12번

❷ B+B=16, B=8

❶ A+B=15, A+8=15,
A=7

❸ A+B+C=19,
7+8+C=19, C=4

❶ 11보다 크고 13보다 작은
수는 12, D=12

❸ F+F+F+F=D,
F+F+F+F=12,
F=3

❷ D-E=F+F,
12-E=3+3, 12-E=6,
E=6

80-81쪽

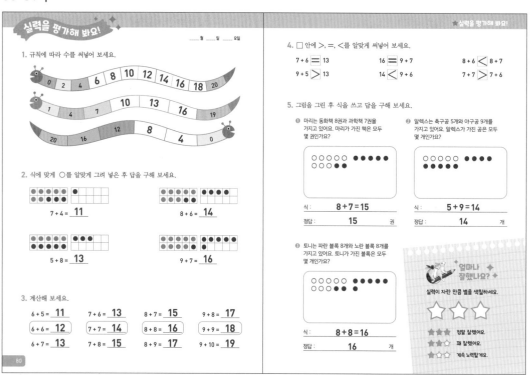

실력을 평가해 봐요!

____월 ____일 요일

1. 규칙에 따라 수를 써넣어 보세요.

```
0  2  4  6  8  10  12  14  16  18  20
1  4  7  10  13  16  19
20  16  12  8  4  0
```

2. 식에 맞게 ○를 알맞게 그려 넣은 후 답을 구해 보세요.

7 + 4 = **11**   8 + 6 = **14**

5 + 8 = **13**   9 + 7 = **16**

3. 계산해 보세요.

6 + 5 = **11**	7 + 6 = **13**	8 + 7 = **15**	9 + 8 = **17**
6 + 6 = **12**	7 + 7 = **14**	8 + 8 = **16**	9 + 9 = **18**
6 + 7 = **13**	7 + 8 = **15**	8 + 9 = **17**	9 + 10 = **19**

실력을 평가해 봐요!

4. □ 안에 >, =, <를 알맞게 써넣어 보세요.

7 + 6 **=** 13   16 **=** 9 + 7   8 + 6 **<** 8 + 7

9 + 5 **>** 13   14 **<** 9 + 6   7 + 7 **>** 7 + 6

5. 그림을 그린 후 식을 쓰고 답을 구해 보세요.

❶ 마리는 동화책 8권과 과학책 7권을 가지고 있어요. 마리가 가진 책은 모두 몇 권인가요?

식 **8 + 7 = 15**
정답 **15** 권

❷ 알렉스는 축구공 5개와 야구공 9개를 가지고 있어요. 알렉스가 가진 공은 모두 몇 개인가요?

식 **5 + 9 = 14**
정답 **14** 개

❸ 토니는 파란 블록 8개와 노란 블록 8개를 가지고 있어요. 토니가 가진 블록은 모두 몇 개인가요?

식 **8 + 8 = 16**
정답 **16** 개

얼마나 잘했나요?
실력이 자란 만큼 별을 색칠하세요.

⭐⭐⭐

⭐⭐⭐ 정말 잘했어요.
⭐⭐☆ 꽤 잘했어요.
⭐☆☆ 계속 노력할게요.

단원 평가

1 빈칸에 알맞은 수를 구해 보세요.

8 + **10** = 18   8 + **7** = 15   1 + **11** = 12
9 + **2** = 11   2 + **12** = 14   11 + **4** = 15
9 + **8** = 17   7 + **5** = 12   8 + **3** = 11
8 + **5** = 13   7 + **6** = 13   4 + **8** = 12
9 + **6** = 15   5 + **9** = 14   9 + **9** = 18

2 빈칸에 알맞은 수를 구해 보세요.

6 + **9** + 4 = 19
7 + 4 + **1** = 12
8 + 5 + 2 = 15
9 + **6** + 1 = 16
2 + 9 + **8** = 19
3 + 6 + 4 = 13
5 + **6** + 5 = 16

3 주어진 수를 반으로 똑같이 나눈 후, □ 안에 써 보세요.

10 → **5** **5**
12 → **6** **6**
16 → **8** **8**
18 → **9** **9**

4 예밀리아의 가방을 찾아 ○표 해 보세요.

- 어깨끈이 없어요.
- 바퀴가 없어요.
- 빨간색이 아니에요.
- 주머니가 없어요.

가   나(○)   다   라   마

5 ★★★ 숫자 1과 2를 이용해서 각 자물쇠 번호를 모두 다르게 만들어 보세요.

111   1 2 1
1 1 2   1 2 2
2 2 2   2 1 2
2 2 1   2 1 1

놀이 수학

시간표 놀이   인원 : 2명   준비물 : 주사위 1개, 1~5까지 수 카드, 2가지 색의 색연필

	월요일 1	화요일 2	수요일 3	목요일 4	금요일 5
1				수학	국어
2	국어	국어	수학	국어 활동	국어
3	겨울	겨울	수학	겨울	국어 활동
4	수학	수학	겨울	수학	안전한 생활
5	창체	수학			국어
6					방과후 활동

놀이 방법

1. 책상 위에 수 카드를 뒤집어서 펼쳐 놓아요.
2. 가위바위보를 해서 이긴 사람이 먼저 카드를 한 장 뒤집고, 주사위를 굴려요. 카드는 요일, 주사위는 수업 차시를 나타내요. 예를 들어 카드 4가 나오고 주사위 3이 나오면 목요일의 3차시인 겨울에 색칠해요.
3. 선택한 카드는 다시 뒤집어 놓은 후 순서를 바꿔요.
4. 10회까지 해서 가장 많은 시간을 색칠한 사람이 이겨요.
★ 97쪽에 있는 활동지로 한 번 더 놀이해요!

수 카드 1~5는 순서대로 월, 화, 수, 목, 금요일을 나타내~!

책 뒤에 있는 놀이 카드를 이용하세요.

한 번 더 연습해요!

1. 계산해 보세요.

12 - 2 = **10**   11 - 1 - 3 = **7**   8 + 2 + 2 = **12**
12 - 1 = **11**   11 - 1 - 5 = **5**   4 + 6 + 1 = **11**
12 - 0 = **12**   11 - 1 - 9 = **1**   3 + 7 + 2 = **12**

놀이 수학

주사위 놀이   인원 : 2명   준비물 : 주사위 1개

누가 더 큰 수가 나올까요?

놀이 방법

1. 순서를 정한 후 차례대로 주사위를 2번씩 굴려 나온 수를 빈칸에 쓰세요.
2. 2개 수를 넣은 식을 계산하세요.
3. 계산값이 더 큰 사람은 □에 √표 하세요. 계산값이 같으면 두 사람 모두 □에 √표 하세요.
4. □에 표시를 더 많이 한 사람이 이겨요.

이름 :
8 + ___ + ___ = ___ □
8 + ___ + ___ = ___ □
8 + ___ + ___ = ___ □

이름 :
8 + ___ + ___ = ___ □
8 + ___ + ___ = ___ □
8 + ___ + ___ = ___ □

한 번 더 연습해요!

1. 그림을 그리고 식과 답을 구하세요.

제리는 파란 공 7개, 노란 공 7개를 가지고 있어요. 제리가 가진 공은 모두 몇 개인가요?

○○○○○○○ ●●●●●●●

식 :   **7 + 7 = 14**
정답 :   **14**   개

2. 계산해 보세요.

9 + 2 = **11**
4 + 9 = **13**
8 + 8 = **16**
8 + 7 = **15**
9 + 8 = **17**
6 + 8 = **14**
9 + 9 = **18**

83쪽 4번

❶ 어깨끈이 없으므로, 다 탈락
❷ 바퀴가 없으므로, 가 탈락
❸ 빨간색이 아니므로, 마 탈락
❹ 주머니가 없으므로, 라 탈락, 남은 건 나

83쪽 5번

1과 2로 만들 수 있는 세 자리 수를

①	②	③

으로 나타내면

우선, ①번에 1을 넣고, ②번에 1과 2를 넣고, ③번에 1과 2를 넣은 번호는 아래와 같아요.

①	②	③
1	1	1
		2
	2	1
		2

111, 112, 121, 122

다음으로, ①번에 2를 넣고, ②번에 1과 2를 넣고, ③번에 1과 2를 넣은 번호는 아래와 같아요.

①	②	③
2	1	1
		2
	2	1
		2

211, 212, 221, 222

89쪽

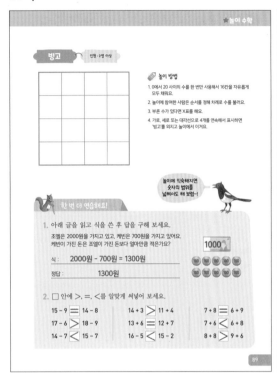

★ 놀이 수학

빙고
인원 : 2명 이상

📝 **놀이 방법**
1. 0에서 20 사이의 수를 한 번만 사용해서 16칸을 자유롭게 모두 채워요.
2. 놀이에 참여한 사람은 순서를 정해 차례로 수를 불러요.
3. 부른 수가 있다면 X표를 해요.
4. 가로, 세로 또는 대각선으로 4개를 연속해서 표시하면 '빙고'를 외치고 놀이에서 이겨요.

놀이에 익숙해지면 숫자의 범위를 넘겨서도 해 보렴~!

🐿️ **한 번 더 연습해요!**

1. 아래 글을 읽고 식을 쓴 후 답을 구해 보세요.
조엘은 2000원을 가지고 있고, 케빈은 700원을 가지고 있어요.
케빈이 가진 돈은 조엘이 가진 돈보다 얼마만큼 적은가요?

식 : **2000원 - 700원 = 1300원**

정답 : **1300원**

2. □ 안에 >, =, <를 알맞게 써넣어 보세요.

15 - 9 **=** 14 - 8	14 + 3 **>** 11 + 4	7 + 8 **>** 6 + 9
17 - 6 **>** 18 - 9	13 + 6 **<** 12 + 7	7 + 6 **<** 6 + 8
14 - 7 **<** 15 - 7	16 - 5 **>** 15 - 2	8 + 8 **>** 9 + 6

90쪽

알렉의 하루
몇 시인지 써 보세요.

학교 수업
시작 시각 **9**시
마친 시각 **1**시

점심시간
시작 시각 **1**시 30분

숙제
시작 시각 **2**시
마친 시각 **2**시 30분

노는 시간
시작 시각 **3**시
마친 시각 **4**시

축구 교실 가기
시작 시각 **4**시 30분
마친 시각 **5**시

축구 수업
시작 시각 **5**시 30분
마친 시각 **6**시 30분

독서
시작 시각 **8**시

잠자는 시간
잠든 시각 **8**시 30분
일어난 시각 **7**시

92쪽

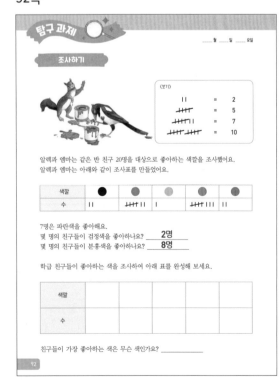

조사하기

〈보기〉

‖	= 2
卌	= 5
卌‖	= 7
卌卌	= 10

알렉과 엠마는 같은 반 친구 20명을 대상으로 좋아하는 색깔을 조사했어요.
알렉과 엠마는 아래와 같이 조사표를 만들었어요.

색깔	⚫	🔴	🟡	🔴	🔵
수	‖	卌‖	‖	卌‖‖	‖

7명은 파란색을 좋아해요.
몇 명의 친구들이 검정색을 좋아하나요? **2명**
몇 명의 친구들이 분홍색을 좋아하나요? **8명**

학급 친구들이 좋아하는 색을 조사하여 아래 표를 완성해 보세요.

색깔					
수					

친구들이 가장 좋아하는 색은 무슨 색인가요? _____

94쪽

수 배열표 완성하기
아래 표를 완성해 보세요.

1	2	3	4	5	6	7	8	9	10
11	12	13	14	15	16	17	18	19	20
21	22	23	24	25	26	27	28	29	30
31	32	33	34	35	36	37	38	39	40
41	42	43	44	45	46	47	48	49	50
51	52	53	54	55	56	57	58	59	60
61	62	63	64	65	66	67	68	69	70
71	72	73	74	75	76	77	78	79	80
81	82	83	84	85	86	87	88	89	90
91	92	93	94	95	96	97	98	99	100

아래 표에 들어갈 알맞은 수를 써넣어 보세요.

	15			15		18
21	22 23 24 25		24 25	28	29	
31	32 33 34 35 36 37	34			39	
	44		44 45 46 47 48 49			
	54		55 56	57	58 59	49 50
	64					59

67		69	
77		79 80	
85	87 88 89		90
95	96	97 98 99	

핀란드 1학년 수학 교과서 1-2

정답과 해설

2권

핀란드 수학 세계로
여행을 떠나 볼까요?

8-9쪽

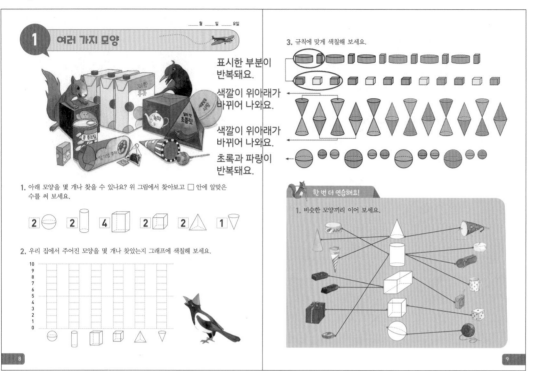

부모님 가이드 | 8쪽

그림을 보며 아이에게 질문
해 보세요.
- 그림에 물건이 몇 개 있니?
  13개
- 우유팩이 몇 개 있니? **3개**
- 딸기잼 쿠키 포장과 같은
  모양에는 어떤 게 있니?
  콩 통조림
- 칠리 맛 초콜릿 포장과 같
  은 모양에는 어떤 게 있니?
  티백

10-11쪽

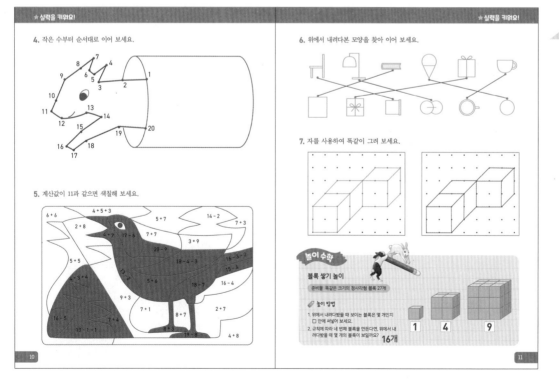

부모님 가이드 | 11쪽

아이와 함께 색종이를 가지
고 간단한 놀이를 해 보세요.
- 색종이에 모서리가 몇 개
  있니? **4개**
- 모서리 하나를 가위로 자
  르면 모서리가 몇 개가 될
  까? **5개**
- 나머지 3군데 모서리를 모
  두 잘라 봐. 모서리가 모두
  몇 개니? **8개**

11쪽 놀이수학

1개   2×2=4(개)   3×3=9(개)

4×4=16(개)

2-13쪽

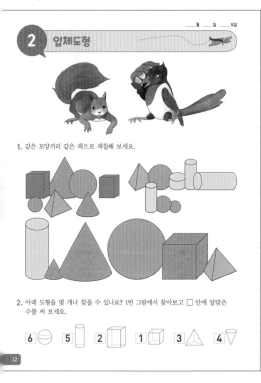

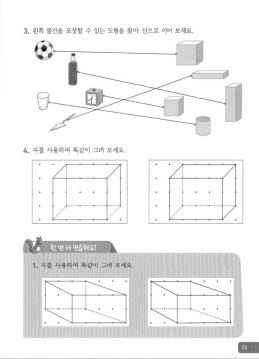

부모님 가이드 | 12쪽 1번

그림을 보며 아이에게 질문해 보세요.
– 도형이 모두 몇 개 있니? **21개**
– 공 모양은 모두 몇 개 있니? **6개**
– (원뿔 그림을 가리키며) 이런 모양을 주변에서 찾아보렴. 어떤 게 있을까? **아이스크림콘, 파티 모자 등**
– (원기둥 그림을 가리키며) 이런 모양을 주변에서 찾아보렴. 어떤 게 있을까? **통조림, 휴지심 등**

4-15쪽

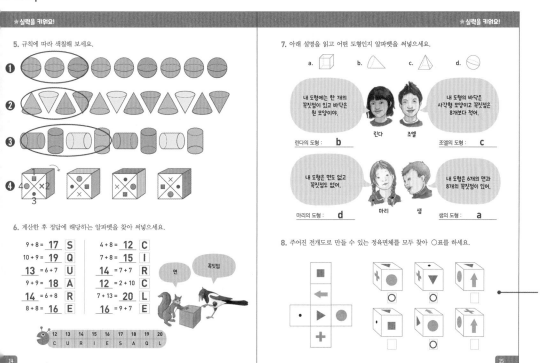

14쪽 5번

- ❶❷❸표시한 부분이 반복돼요.
- ❹제일 위 사각형 부분부터 시계 방향으로 1, 2, 3, 4를 써 보면 모양들이 시계 방향으로 1, 2, 3, 4를 가리키면서 움직여요.

15쪽 7번

린다의 도형 b(원뿔)
조엘의 도형 c(사각뿔)
마리의 도형 d(구)
샘의 도형 a(정육면체)

직접 전개도에 그림을 그려 상자 모양을 만든 후 확인해 보세요.

16-17쪽

3 평면도형

다양한 물건들을 대고 그리면 평면도형을 그릴 수 있어요.

삼각형   사각형   원

1. 색칠해 보세요.

삼각형 ▲   사각형 ■   원 ●

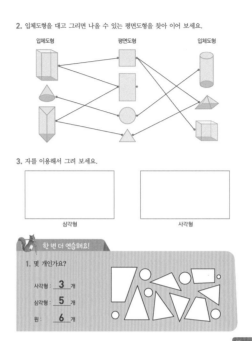

2. 입체도형을 대고 그리면 나올 수 있는 평면도형을 찾아 이어 보세요.

입체도형   평면도형   입체도형

3. 자를 이용해서 그려 보세요.

삼각형   사각형

한 번 더 연습해요!

1. 몇 개인가요?

사각형 : **3** 개
삼각형 : **5** 개
원 : **6** 개

부모님 가이드 | 16쪽

그림을 보며 아이에게 질문
해 보세요.
– 아이들이 무엇을 하고 있
니? **입체도형을 이용해 평
면도형을 그리고 있어요.**
– 남자아이는 무엇을 그렸
니? **사각형**
– 어떻게 사각형인 걸 알았
니? **꼭짓점이 4개 있어요.**
– 가운데 있는 여자아이는
무엇을 그렸니? **원**
– 구를 가지고도 원을 그릴
수 있니? **아니요. 그러나
구를 반으로 자르면 원을
그릴 수 있어요.**

18-19쪽

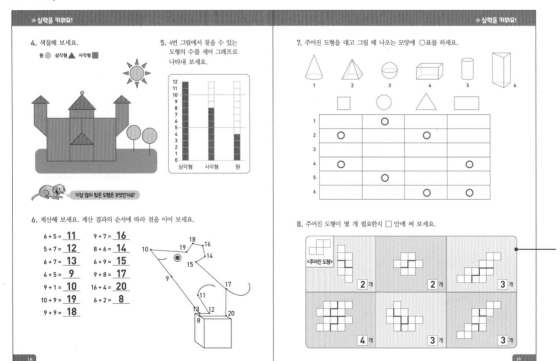

★실력을 키워요!

4. 색칠해 보세요.

원 ●   삼각형 ▲   사각형 ■

5. 4번 그림에서 찾을 수 있는
도형의 수를 세어 그래프로
나타내 보세요.

가장 많이 찾은 도형은 무엇인가요?

6. 계산해 보세요. 계산 결과의 순서에 따라 점을 이어 보세요.

6 + 5 = **11**   9 + 7 = **16**
5 + 7 = **12**   8 + 6 = **14**
6 + 7 = **13**   6 + 9 = **15**
4 + 5 = **9**   9 + 8 = **17**
9 + 1 = **10**   16 + 4 = **20**
10 + 9 = **19**   6 + 2 = **8**
9 + 9 = **18**

★실력을 키워요!

7. 주어진 도형을 대고 그릴 때 나오는 모양에 ○표를 하세요.

	□	○	△	▭
1		○		
2	○		○	
3				
4	○			○
5		○		
6			○	○

8. 주어진 도형이 몇 개 필요한지 □ 안에 써 보세요.

<주어진 도형>   **2** 개   **2** 개   **3** 개
4 개   **3** 개   **3** 개

4개씩 같은 모양이 되게 잘라
보세요.

20-21쪽

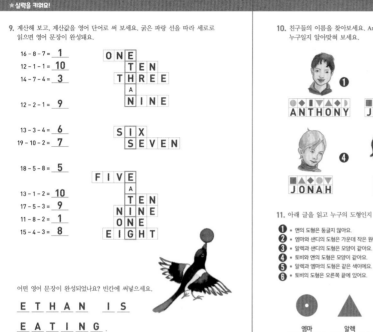

9. 계산해 보고, 계산값을 영어 단어로 써 보세요. 굵은 파랑 선을 따라 세로로 읽으면 영어 문장이 완성돼요.

16 - 8 - 7 = **1**
12 - 1 - 1 = **10**
14 - 7 - 4 = **3**

12 - 2 - 1 = **9**

O	N	E	
	T	E	N
	T	H	R	E	E
		A	
		N	I	N	E

13 - 3 - 4 = **6**
19 - 10 - 2 = **7**

S	I	X
S	E	V	E	N

18 - 5 - 8 = **5**

13 - 1 - 2 = **10**
17 - 5 - 3 = **9**
11 - 8 - 2 = **1**
15 - 4 - 3 = **8**

F	I	V	E
	A		
	T	E	N
	N	I	N	E
	O	N	E
	E	I	G	H	T

어떤 영어 문장이 완성되었나요? 빈칸에 써넣으세요.

E T H A N   I S

E A T I N G .

20

10. 친구들의 이름을 찾아보세요. Anthony, Anton, Arthur, Jan, Johnny, Jonah가 누구일지 알아맞혀 보세요.

❶ ●◆▮▼▲◆
ANTHONY

❷ ▮▲▼◆◆
JOHNNY

❸ ●◆▮▲◆
ANTON

❹ ▮▲◆▼●▼
JONAH

❺ ▮▲◆
JAN

❻ ●◢▮▼▲◣
ARTHUR

11. 아래 글을 읽고 누구의 도형인지 알아맞혀 보세요.

❶ 앤의 도형은 둥글지 않아요.
❷ 엠마와 샌디의 도형은 가운데 작은 원이 있어요.
❸ 알렉과 샌디의 도형은 모양이 같아요.
❹ 토비와 앤의 도형은 모양이 같아요.
❺ 알렉과 엠마의 도형은 같은 색이에요.
❻ 토비의 도형은 오른쪽 끝에 있어요.

아하!
그렇구나!

| 엠마 | 알렉 | 앤 | 샌디 | 토비 |

21

20쪽 9번

ETHAN IS EATING.
에단은 식사 중이에요.

21쪽 10번

▮●▲◆
❺ 3글자는 J a n
▮=J, ●=A, ◆=N

❶ ●=A로 시작하는 7글자는 Anthony

❷ ▮=J로 시작하는 6글자는 Johnny

❹ ▮=J로 시작하는 5글자는 Jonah

❸ ●=A로 시작하는 5글자는 Anton

❻ ●=A로 시작하는 6글자는 Arthur

MEMO

21쪽 11번

❻ 토비의 도형은 오른쪽 끝에 있어요. ▮=토비

❹ 토비와 앤의 도형은 모양이 같아요. ▮와 모양이 같은 건 ▮, 그러므로 ▮=앤

❺ 알렉과 엠마의 도형은 같은 색이에요. 같은 색 2가지는 ●과 ▲

❸ 알렉과 샌디의 도형은 모양이 같아요. 같은 모양은 ▲과 ▲, 이 가운데 알렉은 엠마의 도형과 같은 색이어야 하므로 ▲=알렉, ▲=샌디

❷ 엠마와 샌디의 도형은 가운데 작은 원이 있어요. 가운데 작은 원이 있는 나머지 도형은 ●
● =엠마

22-23쪽

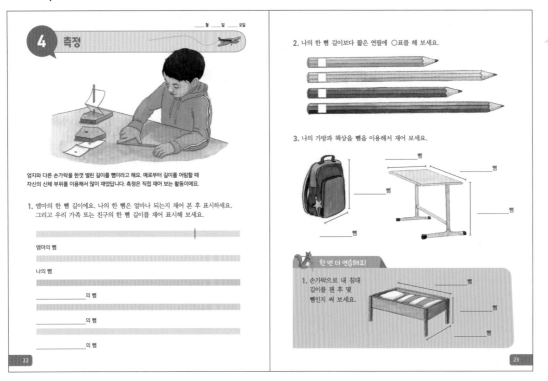

부모님 가이드 | 22쪽

그림을 보며 아이에게 질문해 보세요.

– 남자아이는 돛대의 길이를 어떤 방법으로 측정하고 있니? **집게손가락 끝을 막대의 끝에 닿게 하고 엄지손가락을 한껏 벌려서 길이를 재고 있어요.**

– 배를 만들려면 몇 개의 부품이 필요하니? **3개(배의 몸체, 돛대, 돛)**

– 남자아이의 아빠도 같은 방법으로 길이를 측정하여 배를 만들었어. 배의 크기가 같을까? 다르다면 그 이유가 뭔지 설명해 볼래? **아빠가 만든 배의 크기가 더 커요. 왜냐면 아빠가 잰 한 뼘의 길이가 더 길기 때문이에요.**

24-25쪽

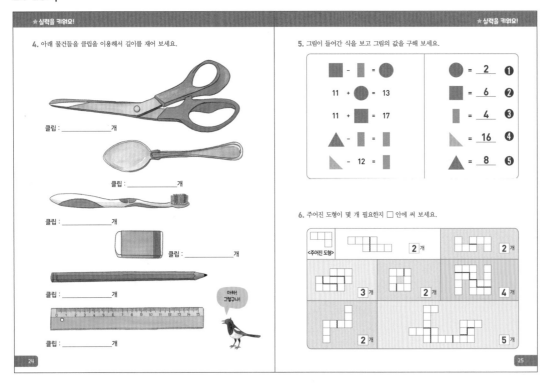

25쪽 5번

❶ 11+●=13, ●=2

❷ 11+■=17, ■=6

❸ ■-▮=●, 6-▮=2, ▮=4

❺ ▲-▮=▮, ▲-4=4, ▲=8

❹ ◣-12=▮, ◣-12=4, ◣=16

26-27쪽

5 센티미터

_____월 _____일 _____요일

자로 길이를 잴 때는 0부터 시작해요.
1cm는 1센티미터라고 읽어요.

├──────┤ 1 cm

1. 동물들의 길이를 자로 잰 후 빈칸에 써 보세요.

15 cm

13 cm

10 cm

8 cm

5 cm   **4** cm

2. 개미가 간 길을 자로 잰 후 빈칸에 써 보세요.

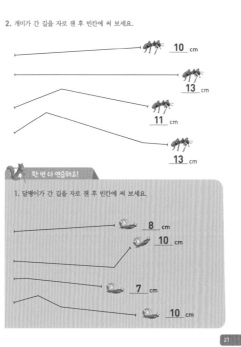

10 cm

13 cm

11 cm

13 cm

한 번 더 연습해요!

1. 달팽이가 간 길을 자로 잰 후 빈칸에 써 보세요.

8 cm

10 cm

7 cm

10 cm

부모님 가이드 | 26쪽

그림을 보며 아이에게 질문
해 보세요.
– 다람쥐는 무엇을 측정하고
있니? **애벌레의 길이**
– 애벌레 몸 끝이 자의 어느
부분에 닿아 있니? **0cm**
– 애벌레의 몸길이는 몇 cm
이니? **3cm**
– 자를 이용하면 뼘으로 재
는 것보다 어떤 점이 더 나
을까? **자를 이용해서 길이
를 재면 정확해요. 뼘은 사
람마다 길이가 다르지만
자는 항상 같아요.**

28-29쪽

★실력을 키워요!

3. 두더지 굴의 길이를 자로 잰 후 빈칸에 써 보세요.

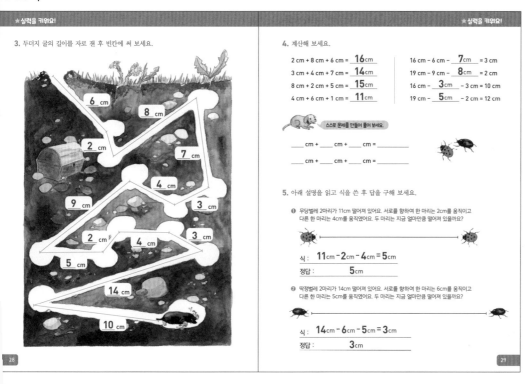

6 cm
8 cm
2 cm
7 cm
9 cm
4 cm
3 cm
2 cm   4 cm   3 cm
5 cm
14 cm
10 cm

★실력을 키워요!

4. 계산해 보세요.

2 cm + 8 cm + 6 cm = **16**cm

3 cm + 4 cm + 7 cm = **14**cm

8 cm + 2 cm + 5 cm = **15**cm

4 cm + 6 cm + 1 cm = **11**cm

16 cm – 6 cm – **7** = 3 cm

19 cm – 9 cm – **8** = 2 cm

16 cm – **3** – 3 cm = 10 cm

19 cm – **5** – 2 cm = 12 cm

스스로 문제를 만들어 풀어 보세요.

_____ cm + _____ cm + _____ cm = _____

_____ cm + _____ cm + _____ cm = _____

5. 아래 설명을 읽고 식을 쓴 후 답을 구해 보세요.

❶ 무당벌레 2마리가 11cm 떨어져 있어요. 서로를 향하여 한 마리는 2cm를 움직이고
다른 한 마리는 4cm를 움직였어요. 두 마리는 지금 얼마만큼 떨어져 있을까요?

식 : **11**cm – **2**cm – **4**cm = **5**cm

정답 : **5**cm

❷ 딱정벌레 2마리가 14cm 떨어져 있어요. 서로를 향하여 한 마리는 6cm를 움직이고
다른 한 마리는 5cm를 움직였어요. 두 마리는 지금 얼마만큼 떨어져 있을까요?

식 : **14**cm – **6**cm – **5**cm = **3**cm

정답 : **3**cm

부모님 가이드 | 28쪽

국제 기본 단위로 길이는 미
터(m)예요. 100cm=1m와 같
아요. 1cm는 1m를 100등분
한 것과 같지요.

30-31쪽

6 프로그래밍

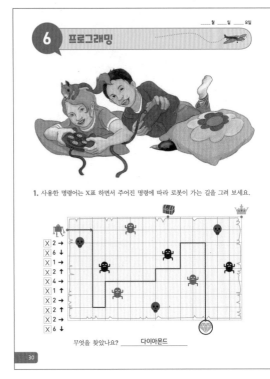

1. 사용한 명령어는 X표 하면서 주어진 명령에 따라 로봇이 가는 길을 그려 보세요.

| X 2 → |
| X 6 ↓ |
| X 1 → |
| X 2 ↑ |
| X 4 → |
| X 1 ↑ |
| X 2 ↑ |
| X 2 ↓ |
| X 6 ↓ |

무엇을 찾았나요? __다이아몬드__

2. 사용한 명령어는 X표 하면서 주어진 명령에 따라 로켓이 가는 길을 그려 보세요.

X	위로 2cm
X	왼쪽으로 3cm
X	아래로 1cm
X	왼쪽으로 3cm
X	위로 3cm
X	오른쪽으로 4cm
X	위로 2cm
X	왼쪽으로 6cm

어디에 도착했나요? __행성__

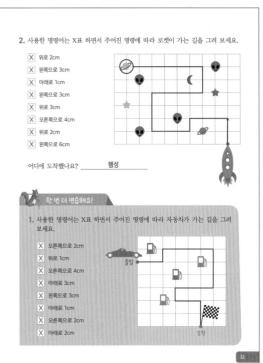

한 번 더 연습해요!

1. 사용한 명령어는 X표 하면서 주어진 명령에 따라 자동차가 가는 길을 그려 보세요.

X	오른쪽으로 2cm
X	위로 1cm
X	오른쪽으로 4cm
X	아래로 3cm
X	왼쪽으로 3cm
X	아래로 1cm
X	오른쪽으로 2cm
X	아래로 2cm

출발 / 도착

 부모님 가이드 | 30쪽

그림을 보며 아이에게 질문해 보세요.

– 네가 보는 방향에서 오른쪽에 있는 친구가 누구니? **남자아이**

– 네가 보는 방향에서 왼쪽에 있는 친구가 들고 있는 조종 장치는 무슨 색이니? **빨간색**

– 초록 쿠션은 어디에 있니? **여자아이 아래**

– 새는 어디에 있니? **노랑 쿠션 아래**

– 노랑 쿠션 정중앙에 있는 모양은 어떤 색이니? **주황색**

 부모님 가이드 | 31쪽 2번

명령어에 따라 올바른 길을 따라가면서 방향과 측정을 함께 연습할 수 있습니다.
부모님과 함께 공부한다면, 한 명은 명령어를 읽어 주고, 아이는 명령어를 듣고 그에 따라 움직여 보세요.

32-33쪽

★실력을 키워요!

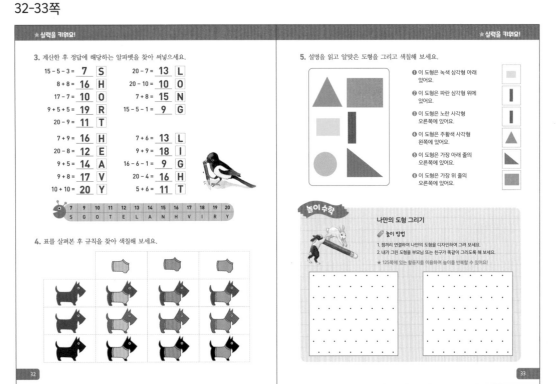

3. 계산한 후 정답에 해당하는 알파벳을 찾아 씨넣으세요.

15 − 5 − 3 = **7**	S	20 − 7 = **13**	L
8 + 8 = **16**	H	20 − 10 = **10**	O
17 − 7 = **10**	O	7 + 8 = **15**	N
9 + 5 + 5 = **19**	R	15 − 5 − 1 = **9**	G
20 − 9 = **11**	T		
7 + 9 = **16**	H	7 + 6 = **13**	L
20 − 8 = **12**	E	9 + 9 = **18**	I
9 + 5 = **14**	A	16 − 6 − 1 = **9**	G
9 + 8 = **17**	V	20 − 4 = **16**	H
10 + 10 = **20**	Y	5 + 6 = **11**	T

7	9	10	11	12	13	14	15	16	17	18	19	20
S	G	O	T	E	L	A	N	H	V	I	R	Y

4. 표를 살펴본 후 규칙을 찾아 색칠해 보세요.

5. 설명을 읽고 알맞은 도형을 그리고 색칠해 보세요.

❶ 이 도형은 녹색 삼각형 아래에 있어요.

❷ 이 도형은 파란 삼각형 위에 있어요.

❸ 이 도형은 노란 사각형 오른쪽에 있어요.

❹ 이 도형은 주황색 사각형 왼쪽에 있어요.

❺ 이 도형은 가장 아래 줄의 오른쪽에 있어요.

❻ 이 도형은 가장 위의 줄의 오른쪽에 있어요.

놀이 수학

나만의 도형 그리기

놀이 방법

1. 점끼리 연결하여 나만의 도형을 디자인하여 그려 보세요.
2. 내가 그린 도형을 부모님 또는 친구가 똑같이 그리도록 해 보세요.

★ 125쪽에 있는 활동지를 이용하여 놀이를 반복할 수 있어요!

실력을 평가해 봐요!

_____월 _____일 _____요일

1. 아래 도형을 몇 개나 찾을 수 있나요? 위 그림에서 찾아보고 빈칸에 알맞은 수를 써 보세요.

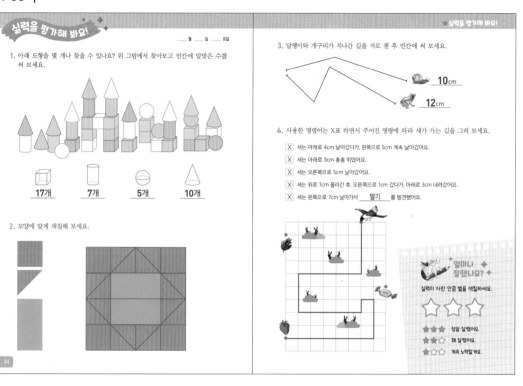

17개   7개   5개   10개

2. 모양에 맞게 색칠해 보세요.

★ 실력을 평가해 봐요!

3. 달팽이와 개구리가 지나간 길을 자로 잰 후 빈칸에 써 보세요.

10cm
12cm

4. 사용한 명령어는 X표 하면서 주어진 명령에 따라 새가 가는 길을 그려 보세요.

X 새는 아래로 4cm 날아갔다가, 왼쪽으로 5cm 계속 날아갔어요.
X 새는 아래로 3cm 총총 뛰었어요.
X 새는 오른쪽으로 5cm 날아갔어요.
X 새는 위로 1cm 올라간 후, 오른쪽으로 1cm 갔다가, 아래로 3cm 내려갔어요.
X 새는 왼쪽으로 7cm 날아가서   딸기   를 발견했어요.

얼마나 잘했나요?
실력이 자란 만큼 별을 색칠하세요.

☆ ☆ ☆

★★★ 정말 잘했어요.
★★☆ 꽤 잘했어요.
★☆☆ 계속 노력할게요.

부모님 가이드 | 34쪽

아이에게 이야기를 들려주며 도형과 측정에 관한 수학 퀴즈를 내 보세요.
– 삼각형 2개에는 꼭짓점이 모두 몇 개일까? **6개**
– 사각형 3개에는 꼭짓점이 모두 몇 개일까? **12개**
– 19cm짜리 리본이 있어. 알렉이 리본을 3cm만큼 잘라 냈어. 남은 리본을 캐시와 토니가 똑같이 잘라서 가졌어. 캐시와 토니가 가져간 리본의 길이는 얼마일까? **8cm**

단원 평가

1 색칠해 보세요.

원 ● 삼각형 ▲ 사각형 ■

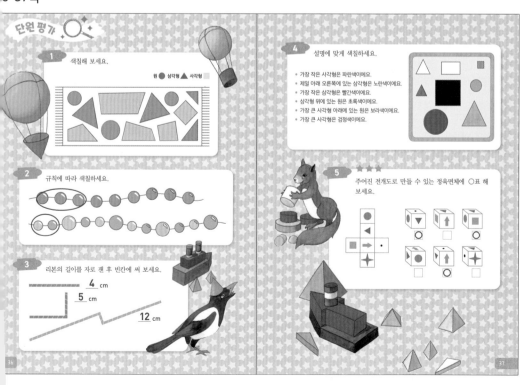

2 규칙에 따라 색칠하세요.

3 리본의 길이를 자로 잰 후 빈칸에 써 보세요.

4 cm
5 cm
12 cm

4 설명에 맞게 색칠하세요.

• 가장 작은 사각형은 파란색이에요.
• 제일 아래 오른쪽에 있는 삼각형은 노란색이에요.
• 가장 작은 삼각형은 빨간색이에요.
• 삼각형 위에 있는 원은 초록색이에요.
• 가장 큰 사각형 아래에 있는 원은 보라색이에요.
• 가장 큰 사각형은 검정색이에요.

5 ★★★ 주어진 전개도로 만들 수 있는 정육면체에 ○표 해 보세요.

36쪽 2번

– 표시한 부분이 반복돼요.
– 노란색과 초록색이 반복돼요.

38-39쪽

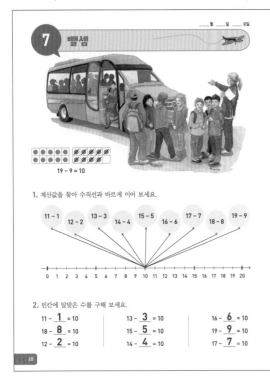

7 뺄셈

19 - 9 = 10

1. 계산값을 찾아 수직선과 바르게 이어 보세요.

11 - 1   12 - 2   13 - 3   14 - 4   15 - 5   16 - 6   17 - 7   18 - 8   19 - 9

0 1 2 3 4 5 6 7 8 9 10 11 12 13 14 15 16 17 18 19 20

2. 빈칸에 알맞은 수를 구해 보세요.

11 - **1** = 10   13 - **3** = 10   16 - **6** = 10
18 - **8** = 10   15 - **5** = 10   19 - **9** = 10
12 - **2** = 10   14 - **4** = 10   17 - **7** = 10

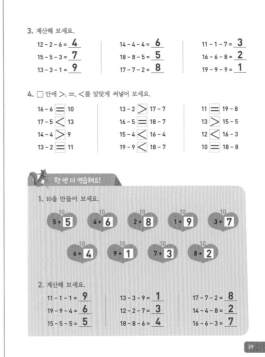

3. 계산해 보세요.

12 - 2 - 6 = **4**   14 - 4 - 4 = **6**   11 - 1 - 7 = **3**
15 - 5 - 3 = **7**   18 - 8 - 5 = **5**   16 - 6 - 8 = **2**
13 - 3 - 1 = **9**   17 - 7 - 2 = **8**   19 - 9 - 9 = **1**

4. □ 안에 >, =, <를 알맞게 써넣어 보세요.

16 - 6 **=** 10   13 - 2 **>** 17 - 7   11 **=** 19 - 8
17 - 5 **<** 13   15 - 8 **=** 18 - 7   13 **>** 15 - 5
14 - 4 **>** 9   15 - 4 **<** 16 - 4   12 **<** 16 - 3
13 - 2 **=** 11   19 - 9 **<** 18 - 7   10 **=** 18 - 8

한 번 더 연습해요!

1. 10을 만들어 보세요.

10 / 5 + **5**   10 / 4 + **6**   10 / 2 + **8**   10 / 1 + **9**   10 / 3 + **7**

10 / 6 + **4**   10 / 9 + **1**   10 / 7 + **3**   10 / 8 + **2**

2. 계산해 보세요.

11 - 1 - 1 = **9**   13 - 3 - 9 = **1**   17 - 7 - 2 = **8**
19 - 9 - 4 = **6**   12 - 2 - 7 = **3**   14 - 4 - 8 = **2**
15 - 5 - 5 = **5**   18 - 8 - 6 = **4**   16 - 6 - 3 = **7**

38
39

부모님 가이드 | 38쪽

그림을 보며 아이에게 질문
해 보세요.
- 그림에 학생들이 모두 몇
  명이니? **19명**
- 버스 안에 있는 학생들은
  모두 몇 명이니? **10명**
- 버스 안에 남은 학생이 10
  명이라면 몇 명이 버스에서
  내린 거니? **9명**
- 10을 만들려면 15에서 몇
  을 빼야 할까? **5**
- 10을 만들려면 18에서 몇
  을 빼야 할까? **8**

부모님 가이드 | 39쪽 4번

15-4<16-4와 같은 경우,
15<16이므로 계산하지 않고
도 어떤 수가 더 큰지 알아낼
수 있음을 아이와 함께 이야
기 나눠 봅니다.

40-41쪽

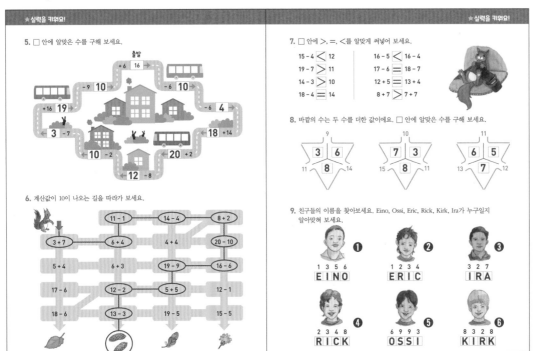

★실력을 키워요!

5. □ 안에 알맞은 수를 구해 보세요.

출발

6. 계산값이 10이 나오는 길을 따라가 보세요.

11 - 1   14 - 4   8 + 2
3 + 7   6 + 4   4 + 4   20 - 10
5 + 4   6 + 3   19 - 9   16 - 6
17 - 6   12 - 2   5 + 5   12 - 1
18 - 6   13 - 3   19 - 5   15 - 5

★실력을 키워요!

7. □ 안에 >, =, <를 알맞게 써넣어 보세요.

15 - 4 **<** 12   16 - 5 **<** 16 - 4
19 - 7 **>** 11   17 - 6 **=** 18 - 7
14 - 3 **>** 10   12 + 5 **=** 13 + 4
18 - 4 **=** 14   8 + 7 **>** 7 + 7

8. 바깥의 수는 두 수를 더한 값이에요. □ 안에 알맞은 수를 구해 보세요.

9 / **3** **6** / 11 ... 14
10 / **7** **3** / 15 ... 11
11 / **6** **5** / 13 ... 12

(앞 삼각형: 7 아래, 8 / 뒤 삼각형: 7)

9. 친구들의 이름을 찾아보세요. Eino, Ossi, Eric, Rick, Kirk, Ira가 누구일지
알아맞혀 보세요.

❶ 1 3 5 6 E I N O
❷ 1 2 3 4 E R I C
❸ 3 2 7   I R A
❹ 2 3 4 8 R I C K
❺ 6 9 9 3 O S S I
❻ 8 3 2 8 K I R K

41쪽 9번

❸ 327에서 세 글자 이름
  Ira, 3=I, 2=R, 7=A

❶, ❷ 1로 시작되는 이름은
  명, 같은 알파벳으로
  작되는 이름은 Eino
  Eric. 1=E, 3=I, 따라
  1356=Eino, 1234=Eric

❹ 2=R이므로 2348=Rick

❺ 1356=Eino에서 6=o이
  로 6993=Ossi

❻ 처음과 끝이 같은 이름
  Kirk이므로 8328=Kirk

40
41

8 2에서 5까지 빼서 10 만들기

___월 ___일 ___요일

12 - 5
= 12 - 2 - 3
= 10 - 3
= 7

10을 먼저 만들고 나서 남은 수를 빼요.

1. 그림을 그리면서 계산해 보세요.

11 - 4
= 11 - 1 - 3
= 10 - 3
= 7

13 - 4
= 13 - 3 - 1
= 10 - 1
= 9

13 - 5
= 13 - 3 - 2
= 10 - 2
= 8

14 - 5
= 14 - 4 - 1
= 10 - 1
= 9

2. 그림을 그리면서 계산해 보세요.

 10을 먼저 만들어요.

11 - 5 = 6

12 - 5 = 7

12 - 4 = 8

13 - 4 = 9

3. 계산해 보세요.

13 - 3 - 2 = 8	11 - 1 - 3 = 7	11 - 2 = 9
13 - 5 = 8	11 - 4 = 7	12 - 3 = 9
		11 - 3 = 8
14 - 4 - 1 = 9	12 - 2 - 3 = 7	13 - 5 = 8
14 - 5 = 9	12 - 5 = 7	11 - 5 = 6

한 번 더 연습해요!

1. 그림을 그리면서 계산해 보세요.

12 - 4 = 8

13 - 5 = 8

2. 계산해 보세요.

10 - 3 = 7	14 - 4 - 1 = 9	11 - 4 = 7
10 - 8 = 2	12 - 2 - 3 = 7	14 - 5 = 9

부모님 가이드 | 42쪽

그림을 보며 아이에게 질문해 보세요.
– 새로 뜯은 달걀 팩에는 달걀이 몇 개가 있니? 10개
– 그림에 달걀이 모두 몇 개 있니? 12개
– 달걀 5개로 요리를 할 거야. 어떻게 달걀을 꺼내야 할까? 꽉 차지 않은 달걀 팩에서 2개를 꺼내고, 새 달걀 팩에서 3개를 꺼내요.
– 요리를 하고 나면 달걀이 몇 개가 남을까? 7개
– 달걀 12개에서 5개를 요리하고 남은 달걀의 개수를 구하는 뺄셈식을 만들어 보렴. 12-5=12-2-3=7(5를 2와 3으로 가르기 해서 빼는 수에서 2을 먼저 빼고 10을 만든 후 나머지 3을 빼요.)

★실력을 키워요!

4. 빈칸에 알맞은 수를 구해 보세요. 스스로 문제를 만들어 풀어 보세요.

13 < 14 < 15   16 < 17 < 18   ___ < ___ < ___

14 > 13 > 12   17 > 16 > 15   ___ > ___ > ___

5. 계산한 후 답을 찾아 색칠해 보세요.

14 - 5 = 9	13 - 5 = 8	12 - 5 = 7	11 - 5 = 6
13 - 4 = 9	12 - 4 = 8	11 - 4 = 7	10 - 4 = 6
9 + 5 = 14	8 + 5 = 13	7 + 5 = 12	6 + 5 = 11
9 + 4 = 13	8 + 4 = 12	7 + 4 = 11	6 + 4 = 10

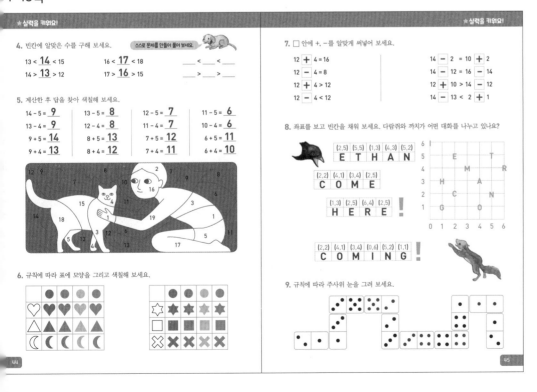

6. 규칙에 따라 표에 모양을 그리고 색칠해 보세요.

7. □ 안에 +, -를 알맞게 써넣어 보세요.

12 + 4 = 16	14 - 2 = 10 + 2
12 - 4 = 8	14 - 12 = 16 - 14
12 + 4 > 12	12 + 10 > 14 - 12
12 - 4 < 12	14 - 13 < 2 + 1

8. 좌표를 보고 빈칸을 채워 보세요. 다람쥐와 까치가 어떤 대화를 나누고 있나요?

(2,5) (5,5) (1,3) (4,3) (5,2)
E T H A N

(2,2) (4,1) (3,4) (2,5)
C O M E

(1,3) (2,5) (6,4) (2,5)
H E R E !

(2,2) (4,1) (3,4) (0,6) (5,2) (1,1)
C O M I N G !

9. 규칙에 따라 주사위 눈을 그려 보세요.

45쪽 8번

좌표를 읽거나 표시할 때는 가로를 먼저 쓰고, 그다음 세로를 써요.
ETHAN COME HERE!
에단, 이리 와 봐!
COMING! 가고 있어!

45쪽 9번

맞닿는 부분끼리 주사위 눈의 수를 같게 그려요.

46-47쪽

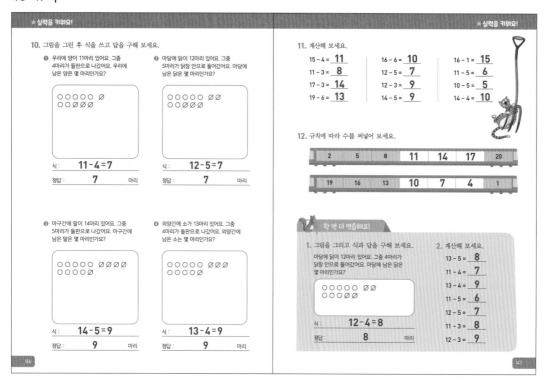

★ 실력을 키워요!

10. 그림을 그린 후 식을 쓰고 답을 구해 보세요.

❶ 우리에 양이 11마리 있어요. 그중 4마리가 들판으로 나갔어요. 우리에 남은 양은 몇 마리인가요?

○○○○○ ⊘
○○⊘⊘⊘

식 : **11 - 4 = 7**
정답 : **7** 마리

❷ 마당에 닭이 12마리 있어요. 그중 5마리가 닭장 안으로 들어갔어요. 마당에 남은 닭은 몇 마리인가요?

○○○○○ ⊘⊘
○○⊘⊘⊘

식 : **12 - 5 = 7**
정답 : **7** 마리

❸ 마구간에 말이 14마리 있어요. 그중 5마리가 들판으로 나갔어요. 마구간에 남은 말은 몇 마리인가요?

○○○○○ ⊘⊘⊘⊘
○○○○⊘

식 : **14 - 5 = 9**
정답 : **9** 마리

❹ 외양간에 소가 13마리 있어요. 그중 4마리가 들판으로 나갔어요. 외양간에 남은 소는 몇 마리인가요?

○○○○○ ⊘⊘⊘⊘
○○○○○

식 : **13 - 4 = 9**
정답 : **9** 마리

★ 실력을 키워요!

11. 계산해 보세요.

15 - 4 = **11**   16 - 6 = **10**   16 - 1 = **15**
11 - 3 = **8**   12 - 5 = **7**   11 - 5 = **6**
17 - 3 = **14**   12 - 3 = **9**   10 - 5 = **5**
19 - 6 = **13**   14 - 5 = **9**   14 - 4 = **10**

12. 규칙에 따라 수를 써넣어 보세요.

| 2 | 5 | 8 | **11** | **14** | **17** | 20 |

| 19 | 16 | 13 | **10** | **7** | **4** | 1 |

⭐ 한 번 더 연습해요!

1. 그림을 그리고 식과 답을 구해 보세요.
마당에 닭이 12마리 있어요. 그중 4마리가 닭장 안으로 들어갔어요. 마당에 남은 닭은 몇 마리인가요?

○○○○○ ⊘⊘
○○⊘⊘

식 : **12 - 4 = 8**
정답 : **8** 마리

2. 계산해 보세요.

13 - 5 = **8**
11 - 4 = **7**
13 - 4 = **9**
11 - 5 = **6**
12 - 5 = **7**
11 - 3 = **8**
12 - 3 = **9**

46   47

48-49쪽

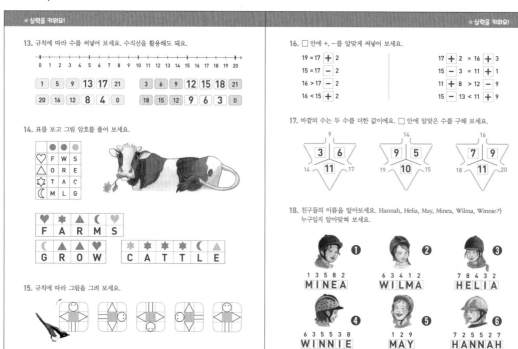

★ 실력을 키워요!

13. 규칙에 따라 수를 써넣어 보세요. 수직선을 활용해도 돼요.

0 1 2 3 4 5 6 7 8 9 10 11 12 13 14 15 16 17 18 19 20

| 1 | 5 | 9 | **13** | **17** | 21 | | 3 | 6 | 9 | **12** | **15** | **18** | 21 |

| 20 | 16 | 12 | **8** | **4** | 0 | | 18 | **15** | **12** | 9 | 6 | 3 | 0 |

14. 표를 보고 그림 암호를 풀어 보세요.

	●	●	●
♡	F	W	S
△	O	R	E
☆	T	A	C
☽	M	L	G

♥ ✹ ▲ ☽ ♥
F A R M S

☽ ◖ ▲ ♥
G R O W

✹ ▲ ★ ★ ◖ ☽
C A T T L E

15. 규칙에 따라 그림을 그려 보세요.

★ 실력을 키워요!

16. □ 안에 +, -를 알맞게 써넣어 보세요.

19 = 17 **+** 2   17 **+** 2 = 16 **+** 3
15 = 17 **-** 2   15 **-** 3 = 11 **+** 1
16 > 17 **-** 2   11 **+** 8 > 12 **-** 9
16 < 15 **+** 2   15 **-** 13 < 11 **+** 9

17. 바깥의 수는 두 수를 더한 값이에요. □ 안에 알맞은 수를 구해 보세요.

9
3 **6**
14 **11** 17

14
9 **5**
19 **10** 15

16
7 **9**
18 **11** 20

18. 친구들의 이름을 알아보세요. Hannah, Helia, May, Minea, Wilma, Winnie가 누구일지 알아맞혀 보세요.

❶ 1 3 5 8 2 MINEA
❷ 6 3 4 1 2 WILMA
❸ 7 8 4 3 2 HELIA
❹ 6 3 5 5 3 8 WINNIE
❺ 1 2 9 MAY
❻ 7 2 5 5 2 7 HANNAH

48   49

48쪽 14번

FARMS GROW CATTLE
농장에서는 소를 길러요.

49쪽 18번

- 3글자 이름은 May 1개이므로
129=May

- M=1이므로 1로 시작하는 이름
은 13582=Minea

- H로 시작되는 이름 Hannah
와 Helia를 살펴보면, a가
공통으로 들어감. a=2이므
로 2의 위치와 이름에서 a의
위치를 비교해 보면 H=7임
을 알 수 있음. 78432=Helia
725527=Hannah

- 남은 이름은 Wilma와 Winnie
이므로, W=6임. 글자 수에
맞추면 635538=Winnie
63412=Wilma

9 6과 7을 빼서 10 만들기

_____ 월 _____ 일 _____ 요일

13 - 7
= 13 - 3 - 4
= 10 - 4
= 6

10을 먼저 만들고 나서 남은 수를 빼요.

1. 그림을 그리면서 계산해 보세요.

11 - 6
= 11 - 1 - 5
= 10 - 5
= 5

13 - 6
= 13 - 3 - 3
= 10 - 3
= 7

12 - 7
= 12 - 2 - 5
= 10 - 5
= 5

14 - 7
= 14 - 4 - 3
= 10 - 3
= 7

2. 그림을 그리면서 계산해 보세요.   10을 먼저 만들어요.

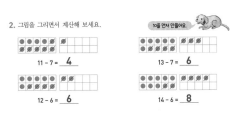

11 - 7 = 4

13 - 7 = 6

12 - 6 = 6

14 - 6 = 8

3. 계산해 보세요.

15 - 5 - 1 = 9	16 - 6 - 1 = 9	11 - 4 = 7
15 - 6 = 9	17 - 7 = 10	12 - 7 = 5
15 - 5 - 2 = 8	13 - 3 - 3 = 7	11 - 5 = 6
15 - 7 = 8	13 - 6 = 7	15 - 6 = 9

한 번 더 연습해요!

1. 그림을 그리고 식과 답을 구해 보세요.

우리에 양이 14마리 있어요. 그중 7마리가 들판으로 나갔어요. 우리에 남은 양은 몇 마리인가요?

○○○○○ Ø Ø Ø Ø
○ Ø Ø Ø Ø

식 : 14 - 7 = 7

정답 : 7   마리

2. 계산해 보세요.

11 - 6 = 5
14 - 6 = 8
11 - 7 = 4
15 - 6 = 9
16 - 7 = 9
12 - 7 = 5
17 - 7 = 10

그림을 보며 아이에게 질문
해 보세요.

- 그림에 건초 더미가 모두
몇 개 있니? 13개
- 수레 위에는 건초 더미가
몇 개 있니? 6개
- 아이들이 들고 있는 건초
더미를 수레 위에 얹으면
몇 개가 되니? 7개
- 건초 더미 13개 중 아이들
이 7개를 수레에 싣고 갔
어, 남은 건초 더미 개수를
뺄셈식으로 나타내 보렴.
13 - 7 = 13 - 3 - 4 = 6

❷ 엘리스의 가방은 십의 자리
수가 가장 크므로, 20=엘리
스의 가방

❺ 매튜의 가방은 줄의 끝에 있
어요. 엘리스의 가방이 오른
쪽 끝에 있으므로, 왼쪽 제일
끝에 있는 12=매튜의 가방

❶ 엠마의 가방은 13보다 크고
20보다 작으므로, 13과 20사
이의 수 16=엠마의 가방

❸ 사라의 가방은 일이 자리 수
가 가장 커요. 7이 가장 크므
로 7=사라의 가방

❹ 알렉스와 사라의 가방을 더
하면 엘리스 가방의 수(20)와
같으므로, 7+□=20, 13=알
렉스의 가방

★실력을 키워요!

4. 빈칸에 알맞은 수를 구해 보세요.

12 - 7 = 5	19 - 9 = 10	13 - 6 = 7
20 - 10 = 10	12 - 8 = 4	10 - 1 = 9
14 - 11 = 3	13 - 7 = 6	12 - 4 = 8
11 - 7 = 4	11 - 4 = 7	11 - 2 = 9
11 - 5 = 6	13 - 5 = 8	12 - 3 = 9

5. 계산값이 8과 같으면 색칠해 보세요.

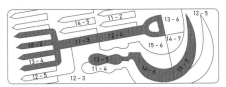

6. 똑같이 그려 보세요.

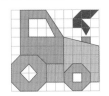

★실력을 키워요!

7. □ 안에 >, =, <를 알맞게 써넣어 보세요.

20 - 6 < 15
15 - 7 = 8
12 - 6 = 6
13 - 7 < 7

20 - 7 < 20 - 6
19 - 6 > 18 - 6
13 + 6 > 13 - 6
6 + 7 = 7 + 6

8. 아래 글을 읽고 누구의 가방인지 알아맞혀 보세요.

매튜   엠마   알렉스   사라   엘리스

❶ 엠마의 가방은 13보다 크고 20보다 작아요.
❷ 엘리스의 가방은 십의 자리 수가 가장 커요.
❸ 사라의 가방은 일의 자리 수가 가장 커요.
❹ 알렉스와 사라의 가방을 더하면 엘리스 가방의 수와 같아요.
❺ 매튜의 가방은 줄의 끝에 있어요.

9. 그림이 들어간 식을 보고 그림의 값을 구해 보세요.

📖 + ✏️ = 15

✏️ = 6 ❶

📖 - ✏️ = 3

📖 = 9 ❷

❶ 두 수를 더해 15가 되고, 두
수의 차가 3이 되는 두 수의
범위는 15에서 3을 뺀 수인
12보다는 작음.

❷ 두 수의 차가 3인 짝꿍 수의
경우를 12보다 작은 수부터
추려 나가면 11과 8, 10과 7,
9와 6, 8과 5… 등이 나오는
데, 이 가운데 두 수의 합이
15가 되는 수는 9와 6임. 빼
지는 수가 더 커야 하므로,
📖=9, ✏️=6

50

51

52

53

35

54-55쪽

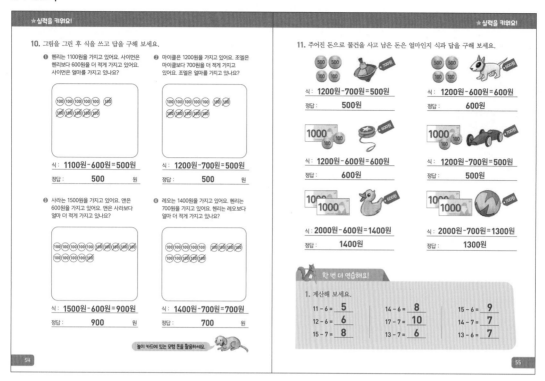

★실력을 키워요!

10. 그림을 그린 후 식을 쓰고 답을 구해 보세요.

❶ 헨리는 1100원을 가지고 있어요. 사이먼은 헨리보다 600원을 더 적게 가지고 있어요. 사이먼은 얼마를 가지고 있나요?

100 100 100 100 100 100
100 100 100 100 100

식 : **1100원-600원=500원**

정답 **500** 원

❷ 마이클은 1200원을 가지고 있어요. 조엘은 마이클보다 700원을 더 적게 가지고 있어요. 조엘은 얼마를 가지고 있나요?

100 100 100 100 100 100
100 100 100 100 100 100

식 : **1200원-700원=500원**

정답 **500** 원

❸ 사라는 1500원을 가지고 있어요. 앤은 600원을 가지고 있어요. 앤은 사라보다 얼마 더 적게 가지고 있나요?

100 100 100 100 100 100 100 100 100
100 100 100 100 100

식 : **1500원-600원=900원**

정답 **900** 원

❹ 레오는 1400원을 가지고 있어요. 헨리는 700원을 가지고 있어요. 헨리는 레오보다 얼마 더 적게 가지고 있나요?

100 100 100 100 100 100 100
100 100 100 100 100 100 100

식 : **1400원-700원=700원**

정답 **700** 원

놀이 카드에 있는 모형 돈을 활용하세요.

54

★실력을 키워요!

11. 주어진 돈으로 물건을 사고 남은 돈은 얼마인지 식과 답을 구해 보세요.

식 : **1200원-700원=500원**

정답 **500원**

식 : **1200원-600원=600원**

정답 **600원**

식 : **1200원-600원=600원**

정답 **600원**

식 : **1200원-700원=500원**

정답 **500원**

식 : **2000원-600원=1400원**

정답 **1400원**

식 : **2000원-700원=1300원**

정답 **1300원**

한 번 더 연습해요!

1. 계산해 보세요.

11 - 6 = **5**	14 - 6 = **8**	15 - 6 = **9**
12 - 6 = **6**	17 - 7 = **10**	14 - 7 = **7**
15 - 7 = **8**	13 - 7 = **6**	13 - 6 = **7**

55

56-57쪽

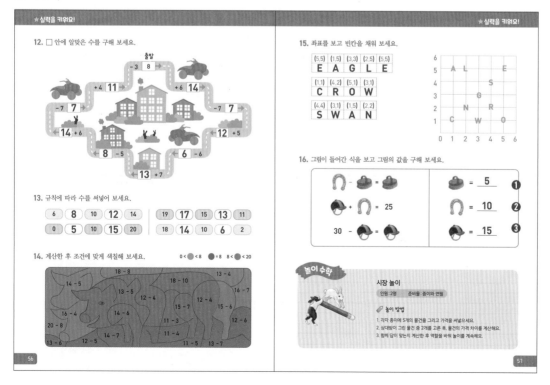

★실력을 키워요!

12. □ 안에 알맞은 수를 구해 보세요.

출발

-3 **8**

+4 **11**   +6 **14**

-7 **7**   -7 **7**

14 +6   **12** +5

8 -5

13 +7   **6** -6

13. 규칙에 따라 수를 써넣어 보세요.

6 **8** 10 **12** 14   19 **17** 15 **13** 11

0 **5** 10 **15** 20   18 **14** 10 **6** 2

14. 계산한 후 조건에 맞게 색칠해 보세요.   0 < ● < 8   ● = 8   8 < ● < 20

18 - 8
14 - 5   18 - 4
13 - 5   12 - 4   13 - 4
16 - 4   14 - 6   15 - 6   12 - 6
20 - 8   14 - 7   11 - 3
13 - 6   12 - 6   11 - 4   13 - 7

56

★실력을 키워요!

15. 좌표를 보고 빈칸을 채워 보세요.

(5,5) (1,5) (3,3) (2,5) (5,5)
E A G L E

(1,1) (4,2) (5,1) (3,1)
C R O W

(4,4) (3,1) (1,5) (2,2)
S W A N

```
6
5  A L              E
4              S
3          G R
2  C        W O
1
   0  1  2  3  4  5  6
```

16. 그림이 들어간 식을 보고 그림의 값을 구해 보세요.

⊓ =	= **5** ❶
+ ⊓ = 25	⊓ = **10** ❷
30 - =	= **15** ❸

놀이 수학

시장 놀이

인원 : 2명   준비물 : 종이와 연필

놀이 방법

1. 각자 종이에 5개의 물건을 그리고 가격을 써넣으세요.
2. 상대방이 그린 물건 중 2개를 고른 후, 물건의 가격 차이를 계산해요.
3. 함께 답이 맞는지 계산한 후 역할을 바꿔 놀이를 계속해요.

57

57쪽 16번

❸ 30- 🎩 = 🎩, 🎩 = 15

❷ 🎩 + ⊓ = 25, 15 + ⊓ = 25,
⊓ = 10

❶ ⊓ - 🎩 = 🎩, 10 - 🎩 = 🎩 = 5

10 8과 9를 빼서 10 만들기

16 - 9
= 16 - 6 - 3
= 10 - 3
= 7

10을 먼저 만들고 나서 남은 수를 빼요.

1. 그림을 그리면서 계산해 보세요.

11 - 8
= 11 - 1 - 7
= 10 - 7
= 3

14 - 8
= 14 - 4 - 4
= 10 - 4
= 6

12 - 9
= 12 - 2 - 7
= 10 - 7
= 3

13 - 9
= 13 - 3 - 6
= 10 - 6
= 4

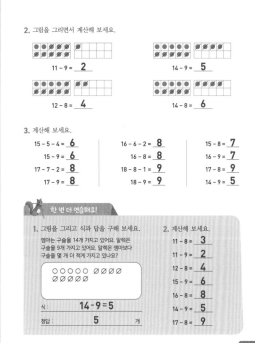

2. 그림을 그리면서 계산해 보세요.

11 - 9 = **2**

14 - 9 = **5**

12 - 8 = **4**

14 - 8 = **6**

3. 계산해 보세요.

15 - 5 - 4 = **6**	16 - 6 - 2 = **8**	15 - 8 = **7**
15 - 9 = **9**	16 - 8 = **8**	16 - 9 = **7**
17 - 7 - 2 = **8**	18 - 8 - 1 = **9**	17 - 8 = **9**
17 - 9 = **8**	18 - 9 = **9**	14 - 9 = **5**

한 번 더 연습해요!

1. 그림을 그리고 식과 답을 구해 보세요.

엠마는 구슬을 14개 가지고 있어요. 알렉은 구슬을 9개 가지고 있어요. 알렉은 엠마보다 구슬을 몇 개 더 적게 가지고 있나요?

○○○○○ ∅∅∅∅
∅∅∅∅∅

식 : **14 - 9 = 5**

정답 : **5** 개

2. 계산해 보세요.

11 - 8 = **3**
11 - 9 = **2**
12 - 8 = **4**
15 - 9 = **6**
16 - 8 = **8**
14 - 9 = **5**
17 - 8 = **9**

58

59

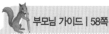

부모님 가이드 | 58쪽

그림을 보며 아이에게 질문해 보세요.

– 남자아이가 들고 있는 봉지에 당근이 몇 개니?
10개

– 여자아이가 들고 있는 봉지에 당근이 몇 개니? **6개**

– 둘의 당근을 합하면 몇 개니? **16개**

– 토끼는 모두 몇 마리니?
9마리

– 토끼 한 마리당 당근을 한 개씩 주고 남는 당근의 수를 뺄셈식으로 나타내 보렴. 16-9=16-6-3=7

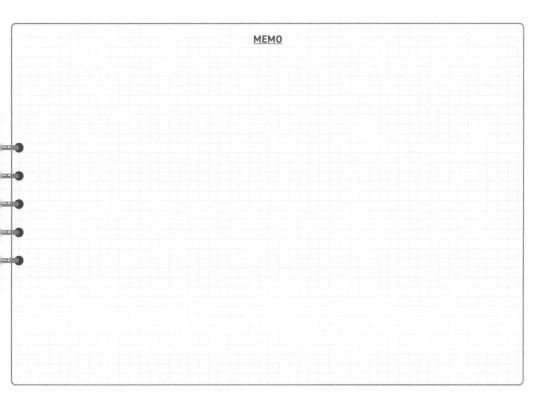

MEMO

37

60-61쪽

★ 실력을 키워요!

4. 계산값을 찾아 바르게 이어 보세요.

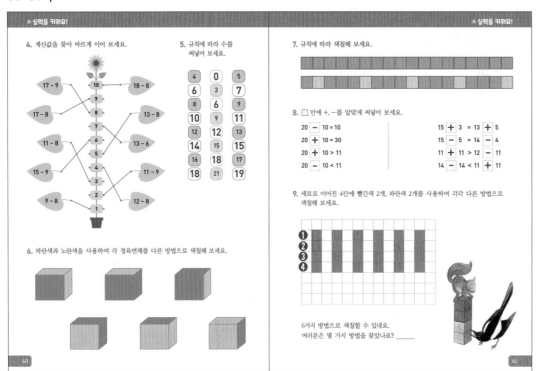

17 - 9
18 - 8
17 - 8
13 - 8
11 - 8
13 - 6
15 - 9
11 - 9
9 - 8
12 - 8

5. 규칙에 따라 수를 써넣어 보세요.

4	0	5
6	3	7
8	6	9
10	9	11
12	12	13
14	15	15
16	18	17
18	21	19

6. 파란색과 노란색을 사용하여 각 정육면체를 다른 방법으로 색칠해 보세요.

7. 규칙에 따라 색칠해 보세요.

8. □ 안에 +, −를 알맞게 써넣어 보세요.

20 − 10 = 10
20 + 10 = 30
20 + 10 > 11
20 − 10 < 11

15 + 3 = 13 + 5
15 − 5 = 14 − 4
11 + 11 > 12 − 11
14 − 14 < 11 + 11

9. 세로로 이어진 4칸에 빨간색 2개, 파란색 2개를 사용하여 각각 다른 방법으로 색칠해 보세요.

❶
❷
❸
❹

6가지 방법으로 색칠할 수 있네요.
여러분은 몇 가지 방법을 찾았나요? _____

60

61

 60쪽 6번

각 면에 번호를 넣고, 노랑=노
파랑=파를 넣고 표를 완성하
면 됨.

❶	❷	❸
노	노	노
		파
	파	노
		파

❶	❷	❸
파	노	노
		파
	파	노
		파

8가지 경우의 수에서 같은 색
만 나오는 노노노, 파파파 2가
지를 빼면 총 6가지로 색칠할
수 있음.

MEMO

61쪽 9번

1. 위 칸부터 ❶부터 ❹번까지 번호를 넣은 후, 빨강 = 빨, 파랑 = 파 2개씩 규칙에 맞게 넣음.

❶	빨	빨	빨	파	파	파
❷	빨			파		
❸		빨			파	
❹			빨			파

2. 빈칸에 나머지 색을 넣으면 완성.

❶	빨	빨	빨	파	파	파
❷	빨	파	파	파	빨	빨
❸	파	빨	파	빨	파	빨
❹	파	파	빨	빨	빨	파

62-63쪽

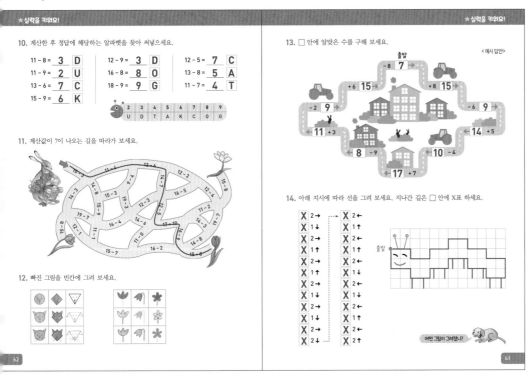

★ 실력을 키워요!

10. 계산한 후 정답에 해당하는 알파벳을 찾아 써넣으세요.

11 - 8 = **3** D 12 - 9 = **3** D 12 - 5 = **7** C
11 - 9 = **2** U 16 - 8 = **8** O 13 - 8 = **5** A
13 - 6 = **7** C 18 - 9 = **9** G 11 - 7 = **4** T
15 - 9 = **6** K

2	3	4	5	6	7	8	9
U	D	T	A	K	C	O	G

11. 계산값이 7이 나오는 길을 따라가 보세요.

12. 빠진 그림을 빈칸에 그려 보세요.

★ 실력을 키워요!

13. □ 안에 알맞은 수를 구해 보세요.

〈예시 답안〉

출발
- 8 → 7
+ 6 → 15
- 2 → 9
+ 8 → 15
- 6 → 9
- 11 +3
- 14 +5
8 - 9
10 - 4
17 +7

14. 아래 지시에 따라 선을 그려 보세요. 지나간 길은 □ 안에 X표 하세요.

어떤 그림이 그려졌나?

64-65쪽

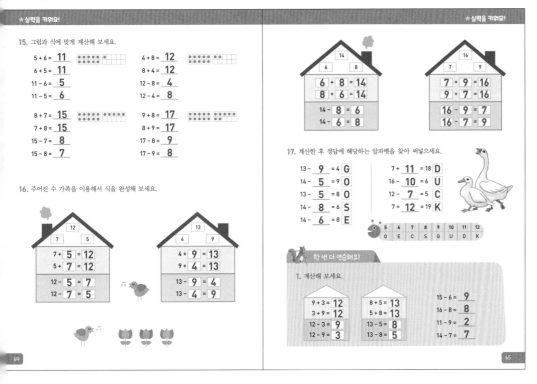

★ 실력을 키워요!

15. 그림과 식에 맞게 계산해 보세요.

5 + 6 = **11**   4 + 8 = **12**
6 + 5 = **11**   8 + 4 = **12**
11 - 6 = **5**   12 - 8 = **4**
11 - 5 = **6**   12 - 4 = **8**

8 + 7 = **15**   9 + 8 = **17**
7 + 8 = **15**   8 + 9 = **17**
15 - 7 = **8**   17 - 8 = **9**
15 - 8 = **7**   17 - 9 = **8**

16. 주어진 수 가족을 이용해서 식을 완성해 보세요.

12
7 | 5
7 + **5** = **12**
5 + **7** = **12**
12 - **5** = **7**
12 - **7** = **5**

13
4 | 9
4 + **9** = **13**
9 + **4** = **13**
13 - **9** = **4**
13 - **4** = **9**

6 | 8
14
6 + 8 = **14**
8 + 6 = **14**
14 - 8 = **6**
14 - 6 = **8**

7 | 9
16
7 + 9 = **16**
9 + 7 = **16**
16 - 9 = **7**
16 - 7 = **9**

17. 계산한 후 정답에 해당하는 알파벳을 찾아 써넣으세요.

13 - **9** = 4 G   7 + **11** = 18 D
14 - **5** = 9 O   16 - **10** = 6 U
13 - **5** = 8 O   12 - **7** = 5 C
14 - **8** = 6 S   7 + **12** = 19 K
14 - **6** = 8 E

4	5	6	7	8	9	10	11	12
O	E	C	S	G	U	D	K	

한 번 더 연습해요!

1. 계산해 보세요.

9 + 3 = **12**   8 + 5 = **13**   15 - 6 = **9**
3 + 9 = **12**   5 + 8 = **13**   16 - 8 = **8**
12 - 3 = **9**   13 - 5 = **8**   11 - 9 = **2**
12 - 9 = **3**   13 - 8 = **5**   14 - 7 = **7**

66-67쪽

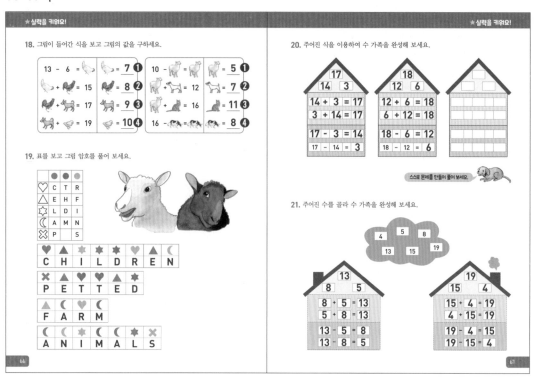

★ 실력을 키워요!

18. 그림이 들어간 식을 보고 그림의 값을 구하세요.

13 - 6 = 🐔 = **7** ❶	10 - 🐑 = 🐐 = **5** ❶
🐔 + 🐕 = 15 🐕 = **8** ❷	🐑 + 🐕 = 12 🐕 = **7** ❷
🐓 + 🐕 = 17 🐕 = **9** ❸	🐑 + 🐈 = 16 🐈 = **11** ❸
🐕 + 🐥 = 19 🐥 = **10** ❹	16 - 🐄 = 🐄 = **8** ❹

19. 표를 보고 그림 암호를 풀어 보세요.

	●	●	●
♡	C	T	R
△	E	H	F
☆	L	D	I
☾	A	M	N
✕	P		S

♡	▲	☆	★	☆	☾
C	H	I	L	D	R	E	N

C H I L D R E N

✕	♡	♡	★
P	E	T	T	E	D

P E T T E D

▲	☾	♡	☾
F	A	R	M

F A R M

☾	☾	★	☾	☾	★	✕
A	N	I	M	A	L	S

A N I M A L S

66

★ 실력을 키워요!

20. 주어진 식을 이용하여 수 가족을 완성해 보세요.

```
    17
  14   3
14 + 3 = 17
 3 + 14 = 17
17 - 3 = 14
17 - 14 = 3
```

```
    18
  12   6
12 + 6 = 18
 6 + 12 = 18
18 - 6 = 12
18 - 12 = 6
```

스스로 문제를 만들어 풀어 보세요.

21. 주어진 수를 골라 수 가족을 완성해 보세요.

```
  4   5   8
    13  15  19
```

```
    13
   8   5
 8 + 5 = 13
 5 + 8 = 13
13 - 5 = 8
13 - 8 = 5
```

```
    19
   15   4
15 + 4 = 19
 4 + 15 = 19
19 - 4 = 15
19 - 15 = 4
```

67

66쪽 18번

❶ 13-6= 🐔 , 🐔 =7

❷ 🐔 + 🐕 =15,
7+ 🐕 =15, 🐕 =8

❸ 🐓 + 🐕 =17,
8+ 🐕 =17, 🐕 =9

❹ 🐕 + 🐥 =19,
9+ 🐥 =19, 🐥 =10

❶ 10- 🐑 = 🐐 , 🐐 =5

❷ 🐑 + 🐕 =12,
5+ 🐕 =12, 🐕 =7

❸ 🐑 + 🐈 =16,
5+ 🐈 =16, 🐈 =11

❹ 16- 🐄 = 🐄 , 🐄 =8

66쪽 19번

CHILDREN PETTED FARM
ANIMALS.
아이들이 농장 동물들을 쓰다
듬었어요.

68-69쪽

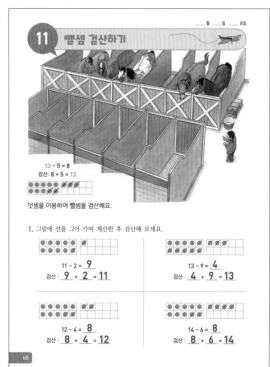

___월 ___일 ___요일

11 뺄셈 검산하기

13 - 5 = 8
검산: 8 + 5 = 13

덧셈을 이용하여 뺄셈을 검산해요.

1. 그림에 선을 그어 가며 계산한 후 검산해 보세요.

11 - 2 = **9**
검산: **9** + **2** = **11**

13 - 9 = **4**
검산: **4** + **9** = **13**

12 - 4 = **8**
검산: **8** + **4** = **12**

14 - 6 = **8**
검산: **8** + **6** = **14**

68

2. 계산한 후 검산해 보세요.

13 - 7 = **6**
검산: **6** + **7** = **13**

16 - 8 = **8**
검산: **8** + **8** = **16**

14 - 7 = **7**
검산: **7** + **7** = **14**

15 - 6 = **9**
검산: **9** + **6** = **15**

3. 그림을 그려 식을 쓰고 답을 구한 후, 검산으로 답을 확인해 보세요.

❶ 마구간에 말이 15마리 있어요. 그중 8마리만 남고 나머지는 초원으로 나갔어요. 몇 마리가 나간 건가요?

식: **15 - 8 = 7**
검산: **7 + 8 = 15**

❷ 외양간에 소가 13마리 있어요. 그중 6마리만 남고 나머지는 초원으로 나갔어요. 몇 마리가 나간 건가요?

식: **13 - 6 = 7**
검산: **7 + 6 = 13**

한 번 더 연습해요!

1. 계산한 후 검산해 보세요.

12 - 5 = **7**
7 + **5** = **12**

15 - 8 = **7**
7 + **8** = **15**

17 - 9 = **8**
8 + **9** = **17**

69

부모님 가이드 | 68쪽

그림을 보며 아이에게 질문해 보세요.

– 마구간에 말이 몇 마리 있니? **5마리**

– 마구간 안에 빈 곳이 몇 군데니? **8군데**

– 빈 곳이 모두 채워지면 말이 몇 마리가 되니? **13마리**

– 처음에 말이 모두 13마리가 있었는데, 8마리가 나가고 5마리만 남았어. 이걸 뺄셈식으로 나타내 보렴. **13-8=5**

– 마구간에 말이 5마리 있어. 그런데 8마리가 돌아왔어. 이걸 덧셈식으로 나타내 보렴. **5+8=13**

70-71쪽

4. 부등호에 맞게 수를 순서대로 씌넣어 보세요.

 $3 < 9 < 10 < 13 < 19$　　 $18 > 15 > 11 > 8 > 5$

 $8 < 9 < 11 < 15 < 17$　　 $20 > 18 > 16 > 15 > 12$

5. 계산한 후 검산해 보세요. 답이 맞으면 ○, 틀리면 X표를 하세요.

14 - 8 = 6　○	15 - 7 = 8　○	17 - 9 = 9　X
검산: 6 + 8 = 14	검산: 8 + 7 = 15	검산: 9 + 9 = 18
16 - 7 = 8　X	13 - 6 = 7　○	18 - 9 = 9　○
검산: 8 + 7 = 15	검산: 7 + 6 = 13	검산: 9 + 9 = 18

6. 말발굽을 찾아 색칠해 보세요. 몇 개를 찾았나요? **10개**

7. □ 안에 알맞은 수를 구해 보세요.　　스스로 문제를 만들어 풀어 보세요.

72-73쪽

　　　　　　　　　　　　　　　　월　　일　요일

1. 그림에 선을 그어 가며 계산해 보세요.

11 - 4 = **7**　　　　14 - 6 = **8**

13 - 7 = **6**　　　　16 - 9 = **7**

2. 계산해 보세요.

12 - 6 = **6**	14 - 7 = **7**	16 - 8 = **8**	18 - 9 = **9**
11 - 5 = **6**	13 - 6 = **7**	15 - 7 = **8**	17 - 8 = **9**
13 - 7 = **6**	15 - 8 = **7**	17 - 9 = **8**	19 - 10 = **9**

3. 계산해 보세요.

6 + 5 = **11**	4 + 8 = **12**	9 + 7 = **16**
5 + 6 = **11**	8 + 4 = **12**	7 + 9 = **16**
11 - 6 = **5**	12 - 4 = **8**	16 - 9 = **7**
11 - 5 = **6**	12 - 8 = **4**	16 - 7 = **9**

4. □ 안에 >, =, < 를 알맞게 씌넣어 보세요.

13 - 6 **>** 6　　　　9 **=** 16 - 7　　　　16 - 8 **<** 17 - 8

14 - 5 **=** 9　　　　8 **>** 15 - 8　　　13 - 8 **<** 13 - 7

5. 그림을 그려 식을 쓰고 답을 구한 후, 검산으로 답을 확인해 보세요. <예시 답안>

❶ 마구간에 말이 12마리 있고, 초원에 5마리가 있어요. 초원에 있는 말은 마구간에 있는 말보다 몇 마리 적나요?

식: **12 - 5 = 7**

검산: **7 + 5 = 12**

❷ 외양간에 소가 15마리 있고, 초원에 9마리가 있어요. 외양간에 있는 말은 초원에 있는 말보다 몇 마리 많나요?

식: **15 - 9 = 6**

검산: **6 + 9 = 15**

6. 계산 후 정답에 해당하는 알파벳을 찾아 씌넣으세요.　어떤 영어 단어가 완성되었나요?

11 - **2** = 9	C
12 - **8** = 4	L
14 - **7** = 7	A
13 - **3** = 10	S
10 - **3** = 7	S
13 - **4** = 9	R
11 - **5** = 6	O
12 - **5** = 7	O
15 - **6** = 9	M

2	3	4	5	6	7	8
C	S	R	O	M	A	L

얼마나 잘했나요? ◆

실력이 자란 만큼 별을 색칠하세요.

☆ ☆ ☆

★★★ 정말 잘했어요.
★★☆ 꽤 잘했어요.
★☆☆ 계속 노력할게요.

73쪽 5번

이런 방법으로도 그림을 그릴 수 있어요.

❶

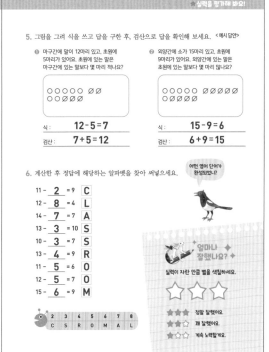

❷

74-75쪽

75쪽 5번

❷ 16-  = ,  = 8

❸  -  = ,
8-  = ,  = 4

❶  -  -  = ,
 -4-4 = 4,  =12

❹  -  = ,
 -12 = 12,  = 24

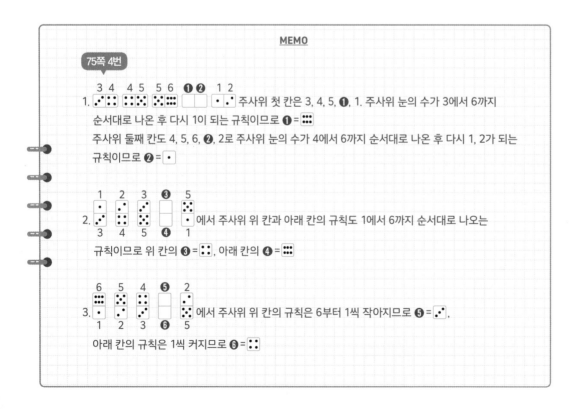

MEMO

75쪽 4번

1. 주사위 첫 칸은 3, 4, 5, ❶, 1. 주사위 눈의 수가 3에서 6까지 순서대로 나온 후 다시 1이 되는 규칙이므로 ❶ =

주사위 둘째 칸도 4, 5, 6, ❷, 2로 주사위 눈의 수가 4에서 6까지 순서대로 나온 후 다시 1, 2가 되는 규칙이므로 ❷ =

2. 에서 주사위 위 칸과 아래 칸의 규칙도 1에서 6까지 순서대로 나오는 규칙이므로 위 칸의 ❸ = , 아래 칸의 ❹ =

3. 에서 주사위 위 칸의 규칙은 6부터 1씩 작아지므로 ❺ = ,
아래 칸의 규칙은 1씩 커지므로 ❻ =

12 덧셈

1. 계산해 보세요.

5 + 4 = **9**   7 + 6 = **13**   9 + 8 = **17**
5 + 5 = **10**   7 + 7 = **14**   9 + 9 = **18**
5 + 6 = **11**   7 + 8 = **15**   9 + 10 = **19**

12 + 1 = **13**   13 + 2 = **15**   14 + 3 = **17**
12 + 2 = **14**   13 + 3 = **16**   14 + 4 = **18**
12 + 3 = **15**   13 + 4 = **17**   14 + 5 = **19**

2. 빈칸에 알맞은 수를 구해 보세요.

6 + **5** = 11   8 + **7** = 15   9 + **8** = 17
6 + **6** = 12   8 + **8** = 16   9 + **9** = 18
6 + **7** = 13   8 + **9** = 17   9 + **10** = 19

3. 식을 쓰고 답을 구한 후 정답을 찾아 ○표 하세요.

❶ 선반에 인형이 6개 있어요. 선반에 인형을 6개 더 올려 두었어요. 인형은 모두 몇 개인가요?

식 : **6 + 6 = 12**
정답 : **12개**

❷ 선반에 곰 인형이 6개 있어요. 선반에 곰 인형을 5개 더 올려 두었어요. 곰 인형은 모두 몇 개인가요?

식 : **6 + 5 = 11**
정답 : **11개**

❸ 선반에 팽이가 8개 있어요. 선반에 팽이를 8개 더 올려 두었어요. 팽이는 모두 몇 개인가요?

식 : **8 + 8 = 16**
정답 : **16개**

❹ 선반에 공이 8개 있어요. 선반에 공을 7개 더 올려 두었어요. 공은 모두 몇 개인가요?

식 : **8 + 7 = 15**
정답 : **15개**

⑪ ⑫ 13 ⑮ ⑯

한 번 더 연습해요!

1. 계산해 보세요.

5 + 4 = **9**   8 + 8 = **16**
5 + 5 = **10**   8 + 9 = **17**

6 + 6 = **12**   9 + 9 = **18**
6 + 7 = **13**   9 + 10 = **19**

2. 계산해 보세요.

12 + 4 = **16**
10 + 9 = **19**
16 + 3 = **19**
15 + 5 = **20**
17 + 2 = **19**

76   77

★ 실력을 키워요!

4. 수의 순서에 맞게 주어진 수의 앞과 뒤에 오는 수를 바르게 써넣어 보세요.

8 **9** 10   10 **11** 12   13 **14** 15
15 **16** 17   9 **10** 11   18 **19** 20

5. 계산해 보세요.

12 + 3 = **15**   14 + 4 = **18**   11 + 8 = **19**
12 + 4 = **16**   14 + 5 = **19**   11 + 7 = **18**

16 + 2 = **18**   15 + 3 = **18**   13 + 6 = **19**
16 + 3 = **19**   15 + 4 = **19**   13 + 5 = **18**

6. 빨간색은 짝수값을, 파란색은 홀수값을 따라가 보세요.

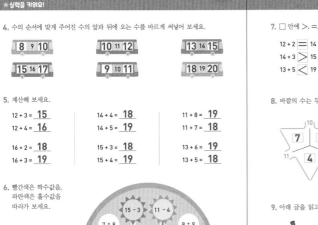

15 − 3   11 − 4
7 + 8   8 + 8
20 + 0   8 + 8   10 + 5   16 − 8
           16 + 2
13 − 9   10 + 7
      10 + 6   9 + 7
      짝수   홀수

★ 실력을 키워요!

7. □ 안에 >, =, <를 알맞게 써넣어 보세요.

12 + 2 **=** 14   14 **<** 11 + 5   12 + 3 **=** 17 − 2
14 + 3 **>** 15   17 **<** 14 + 4   13 + 4 **>** 19 − 6
13 + 5 **<** 19   19 **=** 13 + 6   14 + 5 **=** 20 − 1

8. 바깥의 수는 두 수를 더한 값이에요. □ 안에 알맞은 수를 구해 보세요.

10 / 7 / 3 / 11 / 4
9 / 6 / 3 / 11 / 5
10 / 3 / 7 / 6 / 13

9. 아래 글을 읽고 장난감의 주인이 누구일지 알아맞혀 보세요.

78   61   99   86
엠마   샘   토미   로라

❶ 로라의 장난감은 짝수이고, 일의 자리 수는 십의 자리 수보다 작아요.
❷ 샘의 장난감은 68보다 7만큼 작아요.
❸ 엠마의 장난감은 70보다 크고 80보다 작아요.
❹ 토미의 장난감은 92에 7을 더한 수와 같아요.

78   79

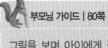

80-81쪽

13 뺄셈

TICKETS
성인 1700원
아이 1100원

1000 100 100 100 100

1500원-1100원 = 400원

1. 그림을 보고 계산해 보세요.

1000 100 100 100 100 100

1500원-1500원 = **0** 원
1500원-1400원 = **100** 원
1500원-1300원 = **200** 원
1500원-1200원 = **300** 원
1500원-1100원 = **400** 원

1000 100 100 100 100 100 100
100

1700원-1600원 = **100** 원
1700원-1700원 = **0** 원
1700원-1400원 = **300** 원
1700원-1500원 = **200** 원
1700원-1300원 = **400** 원

2. 계산해 보세요.

12 - 12 = **0**   16 - 16 = **0**   19 - 17 = **2**
12 - 11 = **1**   16 - 15 = **1**   18 - 15 = **3**
12 - 10 = **2**   16 - 14 = **2**   20 - 19 = **1**

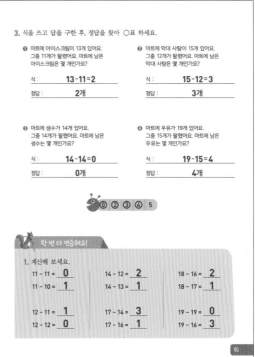

3. 식을 쓰고 답을 구한 후, 정답을 찾아 ○표 하세요.

❶ 마트에 아이스크림이 13개 있어요. 그중 11개가 팔렸어요. 마트에 남은 아이스크림은 몇 개인가요?

식 : **13-11=2**
정답 : **2개**

❷ 마트에 막대 사탕이 15개 있어요. 그중 12개가 팔렸어요. 마트에 남은 막대 사탕은 몇 개인가요?

식 : **15-12=3**
정답 : **3개**

❸ 마트에 생수가 14개 있어요. 그중 14개가 팔렸어요. 마트에 남은 생수는 몇 개인가요?

식 : **14-14=0**
정답 : **0개**

❹ 마트에 우유가 19개 있어요. 그중 15개가 팔렸어요. 마트에 남은 우유는 몇 개인가요?

식 : **19-15=4**
정답 : **4개**

⓪ ① ② ③ ④ ⑤

한 번 더 연습해요!

1. 계산해 보세요.

11 - 11 = **0**   14 - 12 = **2**   18 - 16 = **2**
11 - 10 = **1**   14 - 13 = **1**   18 - 17 = **1**

12 - 11 = **1**   17 - 14 = **3**   19 - 19 = **0**
12 - 12 = **0**   17 - 16 = **1**   19 - 16 = **3**

80   81

82-83쪽

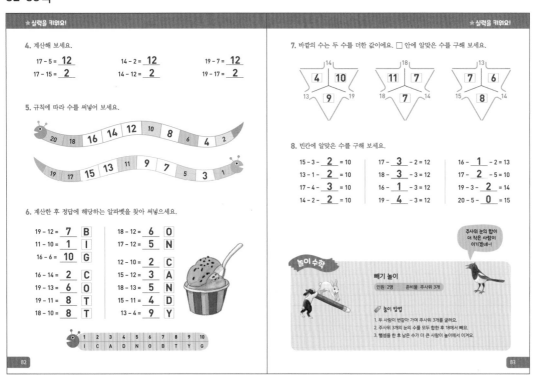

★실력을 키워요!

4. 계산해 보세요.

17 - 5 = **12**   14 - 2 = **12**   19 - 7 = **12**
17 - 15 = **2**   14 - 12 = **2**   19 - 17 = **2**

5. 규칙에 따라 수를 써넣어 보세요.

20 18 **16** **14** **12** 10 **8** 6 **4** 2

19 17 **15** **13** 11 **9** **7** 5 **3** 1

6. 계산한 후 정답에 해당하는 알파벳을 찾아 써넣으세요.

19 - 12 = **7** B
11 - 10 = **1** I
16 - 6 = **10** G
16 - 14 = **2** C
19 - 13 = **6** O
19 - 11 = **8** T
18 - 10 = **8** T

18 - 12 = **6** O
17 - 12 = **5** N
12 - 10 = **2** C
15 - 12 = **3** A
18 - 13 = **5** N
15 - 11 = **4** D
13 - 4 = **9** Y

1	2	3	4	5	6	7	8	9	10
I	C	A	D	N	O	B	T	Y	G

★실력을 키워요!

7. 바깥의 수는 두 수를 더한 값이에요. □ 안에 알맞은 수를 구해 보세요.

14
4 **10**
13 9 19

18
11 **7**
18 7 14

13
7 **6**
15 8 14

8. 빈칸에 알맞은 수를 구해 보세요.

15 - 3 - **2** = 10   17 - **3** - 2 = 12   16 - **1** - 2 = 12
13 - 1 - **2** = 10   18 - **3** - 3 = 12   17 - **2** - 5 = 10
17 - 4 - **3** = 10   16 - **1** - 3 = 12   19 - 3 - **2** = 14
14 - 2 - **2** = 10   19 - **4** - 3 = 12   20 - 5 - **0** = 15

주사위 눈의 합이 더 작은 사람이 이기겠네!

놀이 수학

빼기 놀이
인원:2명   준비물:주사위 3개

놀이 방법
1. 두 사람이 번갈아 가며 주사위 3개를 굴려요.
2. 주사위 3개의 눈의 수를 모두 합한 후 18에서 빼요.
3. 뺄셈을 한 후 남은 수가 더 큰 사람이 놀이에서 이겨요.

82   83

82쪽 6번

BIG COTTON CANDY
커다란 솜사탕

14 세 수의 덧셈과 뺄셈

___월 ___일 ___요일

$11 - 4 + 2$
$= 7 + 2$
$= 9$

앞의 두 수를 먼저 계산하여 나온 수에 나머지 수를 계산해요.

1. 계산해 보세요.

$7 - 3 + 5 = 9$	$12 - 3 + 3 = 12$	$12 + 3 - 6 = 9$
$8 - 3 + 6 = 11$	$11 - 3 + 5 = 13$	$16 + 3 - 7 = 12$
$9 - 4 + 7 = 12$	$13 - 4 + 2 = 11$	$17 + 2 - 8 = 11$
$14 + 3 - 3 = 14$	$11 + 3 + 5 = 19$	$12 - 4 - 3 = 5$
$13 + 2 - 8 = 7$	$13 + 4 + 2 = 19$	$16 - 7 - 2 = 7$
$17 + 3 - 9 = 11$	$14 + 4 + 2 = 20$	$18 - 8 - 7 = 3$

2. □ 안에 +, -를 알맞게 써넣어 보세요.

$12 - 3 \boxed{+} 4 = 13$ $15 \boxed{+} 2 - 8 = 9$

$14 + 2 \boxed{-} 5 = 11$ $18 \boxed{-} 3 - 6 = 9$

3. 그림을 그리고 식을 쓴 후 답을 구해 보세요.

❶ 마트에 공이 12개 있었는데, 그중 6개가 팔렸어요. 그 후 공이 5개 더 진열되었어요. 그 후 마트에 있는 공은 모두 몇 개인가요?

○○○○○ ∅∅ ●●●●●
∅∅∅∅

식 : $12 - 6 + 5 = 11$

정답 : 11개

❷ 마트에 공이 16개 있었는데, 4개가 더 진열되었어요. 그 후 3개의 공이 팔렸다면 마트에 남은 공은 모두 몇 개인가요?

○○○○○ ○○○○○
○○○○○ ●●●∅∅

식 : $16 + 4 - 3 = 17$

정답 : 17개

❸ 마트에 공이 11개 있었는데, 그중 3개가 팔렸어요. 그 후 공이 5개 더 진열되었어요. 마트에 있는 공은 모두 몇 개인가요?

○○○○○ ●●●●●
○○○∅∅

식 : $11 - 3 + 5 = 13$

정답 : 13개

❹ 마트에 공이 9개 있었는데, 9개가 더 진열되었어요. 그 후 공이 4개 팔렸다면 마트에 남은 공은 모두 몇 개인가요?

○○○○○ ●●●●∅
○○○○∅∅∅

식 : $9 + 9 - 4 = 14$

정답 : 14개

한 번 더 연습해요!

1. 계산해 보세요.

$10 + 8 - 3 = 15$	$14 - 4 + 8 = 18$	$9 + 7 - 3 = 13$
$12 + 7 - 6 = 13$	$19 - 4 + 2 = 17$	$13 - 5 + 8 = 16$
$11 + 5 - 9 = 7$	$15 - 7 + 4 = 12$	$8 + 4 - 6 = 6$

84   85

★실력을 키워요!

4. 주사위 눈을 더한 값을 찾아 이어 보세요.

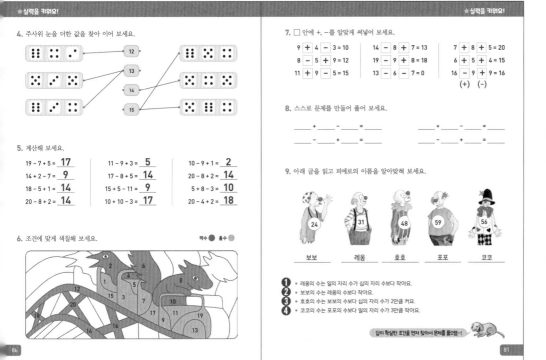

5. 계산해 보세요.

$19 - 7 + 5 = 17$	$11 - 9 + 3 = 5$	$10 - 9 + 1 = 2$
$14 + 2 - 7 = 9$	$17 - 8 + 5 = 14$	$20 - 8 + 2 = 14$
$18 - 5 + 1 = 14$	$15 + 5 - 11 = 9$	$5 + 8 - 3 = 10$
$20 - 8 + 2 = 14$	$10 + 10 - 3 = 17$	$20 - 4 + 2 = 18$

6. 조건에 맞게 색칠해 보세요.   짝수 ● 홀수 ●

★실력을 키워요!

7. □ 안에 +, -를 알맞게 써넣어 보세요.

$9 \boxed{+} 4 \boxed{-} 3 = 10$ $14 \boxed{-} 8 \boxed{+} 7 = 13$ $7 \boxed{+} 8 \boxed{+} 5 = 20$

$8 \boxed{-} 5 \boxed{+} 9 = 12$ $19 \boxed{-} 9 \boxed{+} 8 = 18$ $6 \boxed{+} 5 \boxed{+} 4 = 15$

$11 \boxed{+} 9 \boxed{-} 5 = 15$ $13 \boxed{-} 6 \boxed{-} 7 = 0$ $16 \boxed{-} 9 \boxed{+} 9 = 16$

(+) (-)

8. 스스로 문제를 만들어 풀어 보세요.

___ + ___ - ___ = ___   ___ + ___ - ___ = ___

___ - ___ + ___ = ___   ___ - ___ + ___ = ___

9. 아래 글을 읽고 피에로의 이름을 알아맞혀 보세요.

24	31	48	59	56
보보	레옹	호호	포포	코코

❶ 레옹의 수는 일의 자리 수가 십의 자리 수보다 작아요.
❷ 보보의 수는 레옹의 수보다 작아요.
❸ 호호의 수는 보보의 수보다 십의 자리 수가 2만큼 커요.
❹ 코코의 수는 포포의 수보다 일의 자리 수가 3만큼 작아요.

답이 확실한 조건을 먼저 찾아서 문제를 풀어요~!

86   87

부모님 가이드 | 84쪽

그림을 보며 아이에게 질문해 보세요.
- 풍선 장수가 풍선을 11개 갖고 있었는데 그 가운데 4개를 팔았어. 풍선이 몇 개 남았을까? 7개
- 풍선 장수가 풍선을 7개 갖고 있었는데 2개를 더 가져왔어. 이제 풍선은 몇 개일까? 9개
- 풍선 장수가 풍선을 11개 갖고 있었는데 4개를 팔고, 다시 풍선 2개를 더 가져왔어. 이걸 식으로 나타내 보렴. 11-4+2=9

87쪽 9번

❶ 레옹의 수는 일의 자리 수가 십의 자리 수보다 작으므로, 레옹의 수=31

❷ 보보의 수는 레옹의 수보다 작으므로, 31보다 작은 수는 24. 보보의 수=24

❸ 호호의 수는 보보의 수보다 십의 자리 수가 2만큼 크므로 십의 자리 수가 4. 호호의 수=48

❹ 남은 수는 59와 56인데 코코의 수가 3 작으므로 코코의 수=56, 포포의 수=59

88-89쪽

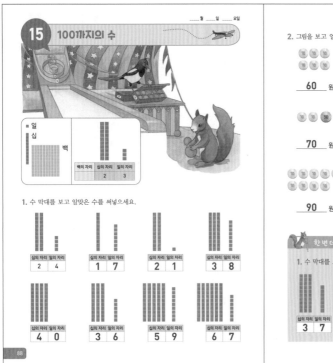

15 100까지의 수

■ 일
■ 십
백

백의 자리	십의 자리	일의 자리
	2	3

1. 수 막대를 보고 알맞은 수를 써넣으세요.

십의 자리	일의 자리
2	4

십의 자리	일의 자리
1	7

십의 자리	일의 자리
2	1

십의 자리	일의 자리
3	8

십의 자리	일의 자리
4	0

십의 자리	일의 자리
3	6

십의 자리	일의 자리
5	9

십의 자리	일의 자리
6	7

88

2. 그림을 보고 얼마인지 계산해 보세요.

60 원   60 원   70 원

70 원   50 원   50 원

90 원   100 원   100 원

한 번 더 연습해요!

1. 수 막대를 보고 알맞은 수를 써넣으세요.

십의 자리	일의 자리
3	7

십의 자리	일의 자리
3	0

십의 자리	일의 자리
4	5

십의 자리	일의 자리
5	4

89

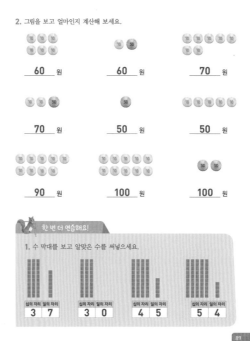

부모님 가이드 | 88쪽

그림을 보며 아이에게 질문해 보세요.
– 한 상자에 10개의 공이 들어 있어. 상자 2개에는 공이 모두 몇 개일까? 20개
– 바닥에 공이 몇 개 있니? 3개
– 상자에 있는 공과 바닥에 있는 공의 합을 구하는 식을 만들어 보렴.
20+3=23

90-91쪽

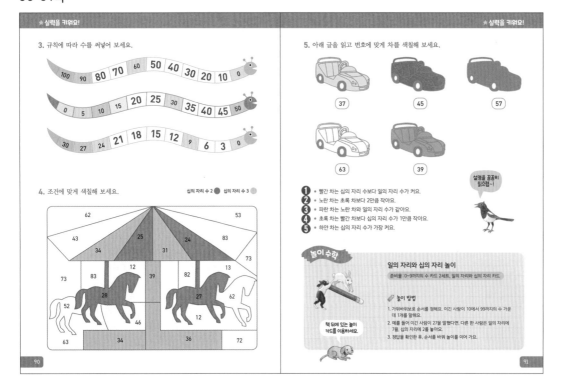

★ 실력을 키워요!

3. 규칙에 따라 수를 써넣어 보세요.

100 90 80 70 60 50 40 30 20 10 0

0 5 10 15 20 25 30 35 40 45 50

30 27 24 21 18 15 12 9 6 3 0

4. 조건에 맞게 색칠해 보세요.

십의 자리 수 2 ● 십의 자리 수 3 ●

62			53
43	25		83
34	24		
	31		73
12		13	
73	83	39	82	62
52	28	27		
		12	
	46		
63	34	36	72

90

★ 실력을 키워요!

5. 아래 글을 읽고 번호에 맞게 차를 색칠해 보세요.

37   45   57

63   39

설명을 꼼꼼히 읽으렴~!

❶ 빨간 차는 십의 자리 수보다 일의 자리 수가 커요.
❷ 노란 차는 초록 차보다 2만큼 작아요.
❸ 파란 차는 노란 차와 일의 자리 수가 같아요.
❹ 초록 차는 빨간 차보다 십의 자리 수가 1만큼 작아요.
❺ 하얀 차는 십의 자리 수가 가장 커요.

놀이 수학

일의 자리와 십의 자리 놀이
준비물 : 0~9까지의 수 카드 2세트, 일의 자리와 십의 자리 카드

책 뒤에 있는 놀이 카드를 이용하세요.

🎲 **놀이 방법**
1. 가위바위보로 순서를 정해요. 이긴 사람이 10에서 99까지의 수 가운데 1개를 말해요.
2. 예를 들어 이긴 사람이 27를 말했다면, 다른 사람은 일의 자리에 7을, 십의 자리에 2를 놓아요.
3. 정답을 확인한 후, 순서를 바꿔 놀이를 이어 가요.

91

91쪽 5번

❺ 하얀 차는 십의 자리 수가 가장 크므로 하얀 차=63

❸ 파란 차는 노란 차와 일의 자리 수가 같아요. 일의 자리 수가 같은 번호는 37과 57임.

❷ 노란 차는 초록 차보다 2만큼 작아요. 2 차이 나는 수를 찾아보면 37과 39임. 노란 차=37, 초록 차=39, 자동적으로 파란 차=57이 됨.

❶ 빨간 차는 십의 자리 수보다 일의 자리 수가 커요. 남은 번호는 45. 빨간 차=45

16 수의 크기 비교

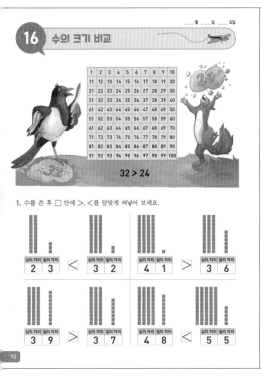

32 > 24

1. 수를 쓴 후 □ 안에 >, <를 알맞게 써넣어 보세요.

십의 자리	일의 자리
2	3
<
십의 자리	일의 자리
3	2

십의 자리	일의 자리
4	1
>
십의 자리	일의 자리
3	6

십의 자리	일의 자리
3	9
>
십의 자리	일의 자리
3	7

십의 자리	일의 자리
4	8
<
십의 자리	일의 자리
5	5

2. □ 안에 >, =, <를 알맞게 써넣어 보세요.

17 < 21   53 > 35   49 < 71
25 < 32   29 = 29   83 > 63
36 > 27   34 < 43   98 < 99

3. 주어진 수를 작은 수부터 순서대로 □ 안에 써넣어 보세요.

6 < 10 < 18 < 31 < 48
25 < 27 < 40 < 59 < 60
15 < 18 < 19 < 21 < 30
45 < 50 < 51 < 60 < 61

한 번 더 연습해요!

1. □ 안에 >, =, <를 알맞게 써넣어 보세요.

13 < 31
43 > 34
76 = 76
84 > 58
89 < 98

2. 주어진 수를 작은 수부터 순서대로 □ 안에 써넣어 보세요.

10 < 14 < 30 < 39 < 52
89 < 91 < 98 < 99 < 100
54 < 60 < 62 < 63 < 70

부모님 가이드 | 92쪽

그림을 보며 아이에게 질문해 보세요.
– 새가 가진 수는 몇이니? **32**
– 이 가운데 십의 자리 수는 뭐니? **3**
– 다람쥐가 가진 수는 24야. 이 가운데 십의 자리 수는 뭐니? **2**
– 24부터 30까지의 수를 순서대로 써 봐. 왼쪽에서 오른쪽으로 갈수록 숫자의 크기가 어떻게 변하니? **점점 커져요.**
– 24와 30 중 어떤 수가 더 크니? **30**
– 41과 34 중 어떤 수가 더 크니? **41**

★ 실력을 키워요!

4. 주어진 수 중 알맞은 수를 골라 빈칸에 써넣으세요.

21 19 32 20
19 < 20

63 55 51 48
48 < 50

80 86 79 90
79 < 80

29 28 31 21
31 > 30

58 61 59 60
61 > 60

85 89 75 95
95 > 90

5. 50에서 100까지 작은 수부터 순서대로 이어 보세요.

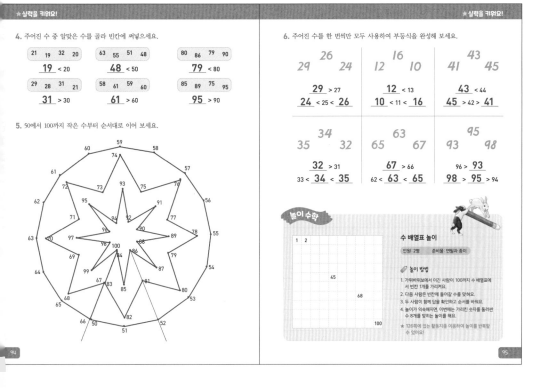

★ 실력을 키워요!

6. 주어진 수를 한 번씩만 모두 사용하여 부등식을 완성해 보세요.

26
29   24
29 > 27
24 < 25 < **26**

16
12   10
12 < 13
10 < 11 < **16**

43
41   45
43 < 44
45 > 42 > **41**

34
35   32
32 > 31
33 < **34** < **35**

63
65   67
67 > 66
62 < **63** < **65**

95
93   98
96 > **93**
98 > **95** > 94

놀이 수학

수 배열표 놀이

인원: 2명   준비물: 연필과 종이

1	2								
				45					
							68		
									100

놀이 방법

1. 가위바위보에서 이긴 사람이 100까지 수 배열표에서 빈칸 1개를 가리켜요.
2. 다음 사람은 빈칸에 들어갈 수를 맞혀요.
3. 두 사람이 함께 답을 확인하고 순서를 바꿔요.
4. 놀이가 익숙해지면, 이번에는 가리킨 숫자를 둘러싼 수 8개를 맞히는 놀이를 해요.
★ 126쪽에 있는 활동지를 이용하여 놀이를 반복할 수 있어요!

96-97쪽

★실력을 키워요!

7. 규칙에 따라 수를 써넣어 보세요.

+10
0 → **10** → **20** → **30** → 40 → **50** → 60 → **70**

-10
100 → **90** → 80 → **70** → **60** → 50 → **40** → 30

+5
20 → **25** → 30 → **35** → 40 → **45** → 50 → **55**

8. 친구들이 말하는 수를 알아맞혀 보세요.

일의 자리 수는 5이고, 십의 자리 수는 3이야.

올리의 수 **35**

일의 자리 수는 9이고, 십의 자리 수는 1이야.

에밀리의 수 **19**

일의 자리 수는 2이고, 십의 자리 수는 6이야.

토미의 수 **62**

일의 자리 수는 4이고, 십의 자리 수는 6이야.

로라의 수 **64**

위에서 나온 4개의 수를 작은 수부터 큰 순서대로 써넣어 보세요.

19 < **35** < **62** < **64**

96

★실력을 키워요!

9. 빈칸에 알맞은 수를 쓰세요.

10 + **10** = 20	10 + **5** = 15	40 = 60 - **20**
20 + **10** = 30	20 + **7** = 27	20 = 30 - **10**
30 + **20** = 50	60 + **9** = 69	60 = 80 - **20**
40 + **40** = 80	8 + **30** = 38	40 = 80 - **40**
30 + **60** = 90	4 + **90** = 94	60 = 90 - **30**

10. 그림이 들어간 식을 보고 그림의 값을 구해 보세요.

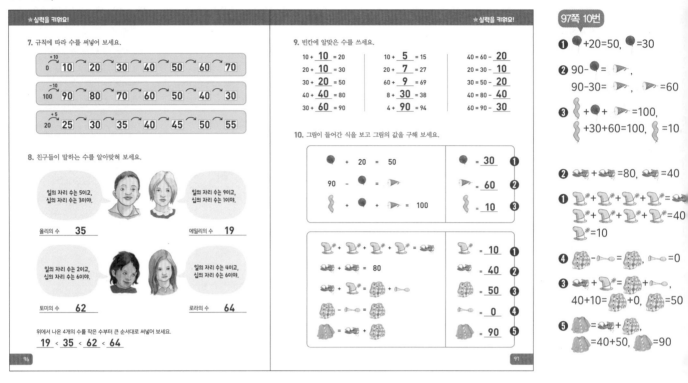

= **30** ❶
= **60** ❷
= **10** ❸

= **10** ❶
= **40** ❷
= **50** ❸
= **0** ❹
= **90** ❺

97

97쪽 10번

❶ +20=50, =30

❷ 90- = ,
90-30= , =60

❸ { + + =100,
+30+60=100, =10

❷ + =80, =40

❶ + + + =40,
+ + + =40
=10

❹ - = , =0

❸ + = ,
40+10= +0, =50

❺ = + ,
=40+50, =90

98-99쪽

달 일 요일

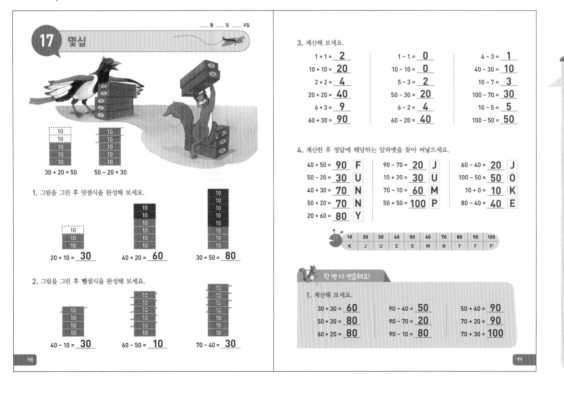

17 몇십

30 + 20 = 50   50 - 20 = 30

1. 그림을 그린 후 덧셈식을 완성해 보세요.

20 + 10 = **30**   40 + 20 = **60**   30 + 50 = **80**

2. 그림을 그린 후 뺄셈식을 완성해 보세요.

40 - 10 = **30**   60 - 50 = **10**   70 - 40 = **30**

98

3. 계산해 보세요.

1 + 1 = **2**	1 - 1 = **0**	4 - 3 = **1**
10 + 10 = **20**	10 - 10 = **0**	40 - 30 = **10**
2 + 2 = **4**	5 - 3 = **2**	10 - 7 = **3**
20 + 20 = **40**	50 - 30 = **20**	100 - 70 = **30**
6 + 3 = **9**	6 - 2 = **4**	10 - 5 = **5**
60 + 30 = **90**	60 - 20 = **40**	100 - 50 = **50**

4. 계산한 후 정답에 해당하는 알파벳을 찾아 써넣으세요.

40 + 50 = **90** F	90 - 70 = **20** J	60 - 40 = **20** J
50 - 20 = **30** U	10 + 20 = **30** U	100 - 50 = **50** O
40 + 30 = **70** N	70 - 10 = **60** M	10 + 0 = **10** K
50 + 20 = **70** N	50 + 50 = **100** P	80 - 40 = **40** E
20 + 60 = **80** Y		

| 10 | 20 | 30 | 40 | 50 | 60 | 70 | 80 | 90 | 100 |
| K | J | U | E | O | M | N | Y | F | P |

 한 번 더 연습해요!

1. 계산해 보세요.

30 + 30 = **60**	90 - 40 = **50**	50 + 40 = **90**
50 + 30 = **80**	90 - 70 = **20**	70 + 20 = **90**
60 + 20 = **80**	90 - 10 = **80**	70 + 30 = **100**

99

부모님 가이드 | 98쪽

그림을 보며 아이에게 질문해 보세요.

- 한 상자에 공이 몇 개씩 들어 있니? **10개**
- 새가 상자 3개를 쌓은 후, 상자 2개를 더 쌓았어. 공은 모두 몇 개니? **50개**
- 이걸 덧셈식으로 나타내 보렴. **30+20=50**
- 다람쥐가 상자 5개를 쌓은 후 그 가운데 상자 2개를 가져갔어. 공은 몇 개가 남았니? **30개**
- 이걸 뺄셈식으로 나타내 보렴. **50-20=30**
- 10상자가 있다면 공은 모두 몇 개니? **100개**

★실력을 키워요!

5. 규칙에 따라 수를 써넣어 보세요.

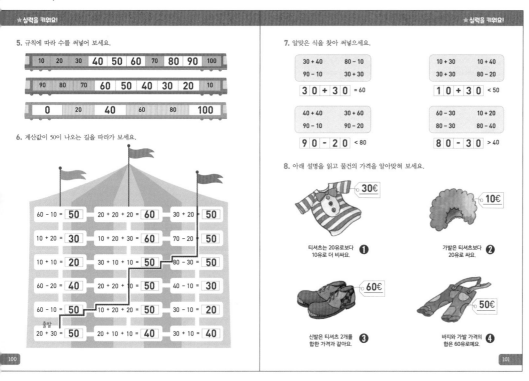

| 10 | 20 | 30 | **40** | **50** | **60** | 70 | **80** | **90** | 100 |

| 90 | 80 | 70 | **60** | **50** | **40** | **30** | **20** | 10 |

| **0** | 20 | **40** | 60 | **80** | **100** |

6. 계산값이 50이 나오는 길을 따라가 보세요.

60 - 10 = **50**	20 + 20 + 20 = **60**	30 + 20 = **50**
10 + 20 = **30**	10 + 20 + 30 = **60**	70 - 20 = **50**
10 + 10 = **20**	20 + 10 + 10 = **50**	80 - 30 = **50**
60 - 20 = **40**	20 + 20 + 10 = **50**	40 - 10 = **30**
60 - 10 = **50**	10 + 20 + 20 = **50**	30 - 10 = **20**
출발 20 + 30 = **50**	20 + 10 + 10 = **40**	30 + 10 = **40**

7. 알맞은 식을 찾아 써넣으세요.

| 30 + 40 | 80 - 10 |
| 90 - 10 | 30 + 30 |

3 0 + 3 0 = 60

| 40 + 40 | 30 + 60 |
| 90 - 10 | 90 - 20 |

9 0 - 2 0 < 80

| 10 + 30 | 10 + 40 |
| 30 + 30 | 80 - 20 |

1 0 + 3 0 < 50

| 60 - 30 | 10 + 20 |
| 80 - 30 | 80 - 40 |

8 0 - 3 0 > 40

8. 아래 설명을 읽고 물건의 가격을 알아맞혀 보세요.

30€

10€

티셔츠는 20유로보다 10유로 더 비싸요. **❶**

가발은 티셔츠보다 20유로 싸요. **❷**

60€

50€

신발은 티셔츠 2개를 합한 가격과 같아요. **❸**

바지와 가발 가격의 합은 60유로예요. **❹**

101

101쪽 8번

❶ 티셔츠는 20유로보다 10유로 더 비싸므로 20+10=30, 티셔츠=30유로

❷ 가발은 티셔츠보다 20유로 싸므로 30-20=10, 가발=10유로

❸ 신발은 티셔츠 2개를 합한 가격과 같으므로 30+30=60, 신발=60유로

❹ 바지와 가발 가격의 합은 60유로이므로 □+10=60, 바지=50유로

18 몇십 몇

___월 ___일 ___요일

20 + 3 = 23
23 - 3 = 20

1. 그림을 그린 후 덧셈식을 완성해 보세요.

20 + 5 = **25**

40 + 7 = **47**

30 + 4 = **34**

2. 그림을 그린 후 뺄셈식을 완성해 보세요.

26 - 6 = **20**

32 - 2 = **30**

58 - 8 = **50**

3. 계산해 보세요.

20 + 4 = **24**	70 + 6 = **76**	84 - 4 = **80**
20 + 5 = **25**	70 + 7 = **77**	83 - 3 = **80**
40 + 3 = **43**	50 + 9 = **59**	35 - 5 = **30**
40 + 4 = **44**	50 + 8 = **58**	36 - 6 = **30**
60 + 2 = **62**	90 + 6 = **96**	97 - 7 = **90**
60 + 1 = **61**	90 + 5 = **95**	98 - 8 = **90**

4. 규칙에 따라 수를 써넣어 보세요.

24	**23**	22	**21**	**20**	19
30	**28**	26	**24**	22	**20**
85	**80**	75	**70**	**65**	60

한 번 더 연습해요!

1. 규칙에 따라 수를 써넣어 보세요.

-1
59 **58** 57 **56** → 55

-2
35 **33** 31 **29** → 27

-5
95 **90** 85 **80** → 75

2. 계산해 보세요.

| 20 + 6 = **26** |
| 10 + 9 = **19** |
| 40 + 5 = **45** |
| 60 + 7 = **67** |
| 25 - 5 = **20** |
| 43 - 3 = **40** |

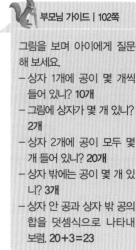

부모님 가이드 | 102쪽

그림을 보며 아이에게 질문해 보세요.

- 상자 1개에 공이 몇 개씩 들어 있니? **10개**
- 그림에 상자가 몇 개 있니? **2개**
- 상자 2개에 공이 모두 몇 개 들어 있니? **20개**
- 상자 밖에는 공이 몇 개 있니? **3개**
- 상자 안 공과 상자 밖 공의 합을 덧셈식으로 나타내보렴. **20+3=23**

102

103

49

104-105쪽

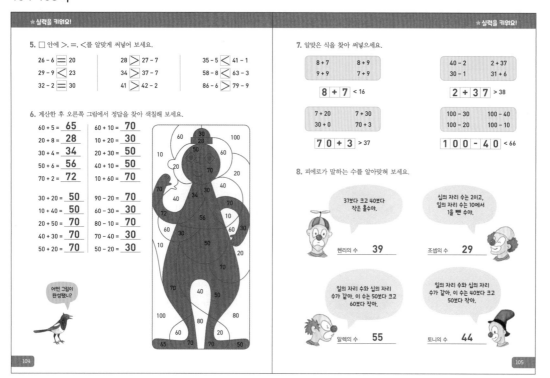

★실력을 키워요!

5. ☐ 안에 >, =, <를 알맞게 써넣어 보세요.

26 - 6 $=$ 20　　　28 $>$ 27 - 7　　　35 - 5 $<$ 41 - 1

29 - 9 $<$ 23　　　34 $>$ 37 - 7　　　58 - 8 $<$ 63 - 3

32 - 2 $=$ 30　　　41 $>$ 42 - 2　　　86 - 6 $>$ 79 - 9

6. 계산한 후 오른쪽 그림에서 정답을 찾아 색칠해 보세요.

60 + 5 = **65**　　60 + 10 = **70**

20 + 8 = **28**　　10 + 20 = **30**

30 + 4 = **34**　　20 + 30 = **50**

50 + 6 = **56**　　40 + 10 = **50**

70 + 2 = **72**　　10 + 60 = **70**

30 + 20 = **50**　　90 - 20 = **70**

10 + 40 = **50**　　60 - 30 = **30**

20 + 50 = **70**　　80 - 10 = **70**

40 + 30 = **70**　　70 - 40 = **30**

50 + 20 = **70**　　50 - 20 = **30**

어떤 그림이 완성됐니?

★실력을 키워요!

7. 알맞은 식을 찾아 써넣으세요.

| 8 + 7 | 8 + 9 |
| 9 + 9 | 7 + 9 |

8 + 7 < 16

| 7 + 20 | 7 + 30 |
| 30 + 0 | 70 + 3 |

7 0 + 3 > 37

| 40 - 2 | 2 + 37 |
| 30 - 1 | 31 + 6 |

2 + 3 7 > 38

| 100 - 30 | 100 - 40 |
| 100 - 20 | 100 - 10 |

1 0 0 - 4 0 < 66

8. 피에로가 말하는 수를 알아맞혀 보세요.

37보다 크고 40보다 작은 홀수야.

헨리의 수 **39**

십의 자리 수는 2이고, 일의 자리 수는 10에서 1을 뺀 수야.

조셉의 수 **29**

일의 자리 수와 십의 자리 수가 같아. 이 수는 50보다 크고 60보다 작아.

알렉의 수 **55**

일의 자리 수와 십의 자리 수가 같아. 이 수는 40보다 크고 50보다 작아.

토니의 수 **44**

105쪽 8번

헨리의 수-37보다 크고 40보다 작은 수는 38, 39. 이 가운데 홀수는 39

조셉의 수-일의 자리 수는 10에서 1을 뺀 수이므로 9, 십의 자리 수는 2. 조셉의 수=29

알렉의 수-50보다 크고 60보다 작은 수는 51, 52, 53, 54, 55, 56, 57, 58, 59임. 이 가운데 일의 자리 수와 십의 자리 수가 같은 수는 55

토니의 수-40보다 크고 50보다 작은 수 가운데 일의 자리 수와 십의 자리 수가 같은 수는 44

106-107쪽

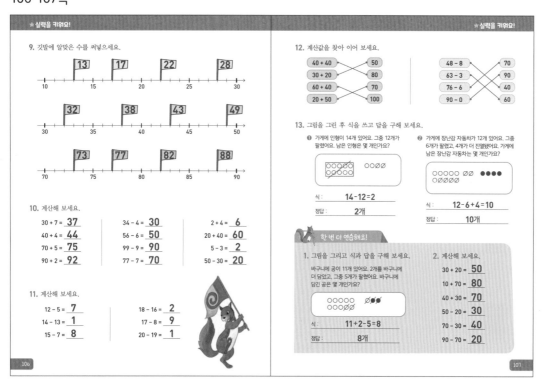

★실력을 키워요!

9. 깃발에 알맞은 수를 써넣으세요.

13 **17** **22** **28**

32 **38** **43** **49**

73 **77** **82** **88**

10. 계산해 보세요.

30 + 7 = **37**　　34 - 4 = **30**　　2 + 4 = **6**

40 + 4 = **44**　　56 - 6 = **50**　　20 + 40 = **60**

70 + 5 = **75**　　99 - 9 = **90**　　5 - 3 = **2**

90 + 2 = **92**　　77 - 7 = **70**　　50 - 30 = **20**

11. 계산해 보세요.

12 - 5 = **7**　　18 - 16 = **2**

14 - 13 = **1**　　17 - 8 = **9**

15 - 7 = **8**　　20 - 19 = **1**

★실력을 키워요!

12. 계산값을 찾아 이어 보세요.

40 + 40 — 50

30 + 20 — 80

60 + 40 — 70

20 + 50 — 100

48 - 8 — 70

63 - 3 — 90

76 - 6 — 40

90 - 0 — 60

13. 그림을 그린 후 식을 쓰고 답을 구해 보세요.

❶ 가게에 인형이 14개 있어요. 그중 12개가 팔렸어요. 남은 인형은 몇 개인가요?

식 : **14-12=2**

정답 : **2개**

❷ 가게에 장난감 자동차가 12개 있어요. 그중 6개가 팔렸고, 4개가 더 진열됐어요. 가게에 남은 장난감 자동차는 몇 개인가요?

식 : **12-6+4=10**

정답 : **10개**

한 번 더 연습해요!

1. 그림을 그리고 식과 답을 구해 보세요.

바구니에 공이 11개 있어요. 2개를 바구니에 더 담았고, 그중 5개가 팔렸어요 바구니에 담긴 공은 몇 개인가요?

식 : **11+2-5=8**

정답 : **8개**

2. 계산해 보세요.

30 + 20 = **50**

10 + 70 = **80**

40 + 30 = **70**

50 - 20 = **30**

70 - 30 = **40**

90 - 70 = **20**

★ 실력을 키워요!　　　　　　　　　　　　　　　　★ 실력을 키워요!

14. 계산한 후 정답에 해당하는 알파벳을 찾아 써넣으세요.

13 - 8 = **5** **E**	12 - 9 = **3** **C**
8 + 9 - 1 = **16** **T**	16 - 14 = **2** **L**
13 + 7 - 1 = **19** **H**	10 - 6 = **4** **I**
13 + 7 = **20** **A**	9 - 8 = **1** **M**
6 + 6 = **12** **N**	9 + 8 = **17** **B**
11 - 9 = **2** **L**	11 - 4 - 3 = **4** **I**
13 - 9 = **4** **I**	7 + 5 = **12** **N**
20 - 7 = **13** **K**	17 - 5 - 4 = **8** **G**
11 - 6 = **5** **E**	
9 + 9 = **18** **S**	

1	2	3	4	5	12	13	16	17	18	19	20
M	L	C	I	E	N	K	T	B	S	H	A

15. 20보다 크고 60보다 작은 수에 색칠해 보세요.

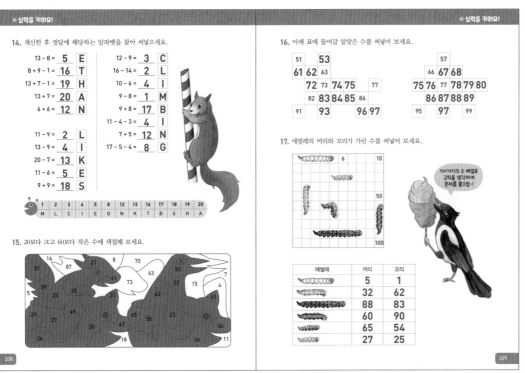

16. 아래 표에 들어갈 알맞은 수를 써넣어 보세요.

51	**53**				57	
61	62	**63**			66	**67** 68
	72	73	**74 75**	77	75 **76**	77 **78 79 80**
	82	**83 84 85**	86			86 87 88 89
91	**93**		**96 97**		95	**97** 99

17. 애벌레의 머리와 꼬리가 가린 수를 써넣어 보세요.

100까지의 수 배열표 규칙을 생각하며 문제를 풀으렴~!

애벌레	머리	꼬리
	5	1
	32	62
	88	83
	60	90
	65	54
	27	25

부모님 가이드 | 109쪽 16번

오른쪽으로는 1씩 커지고, 왼쪽으로는 1씩 작아지는 규칙과, 위쪽으로는 10씩 작아지고 아래쪽으로는 10씩 커지는 규칙을 생각하며 수 배열표의 빈칸을 채워 보세요. 위의 규칙을 이용해도 문제를 풀기 어려울 때는 100까지 수 배열표를 그린 후 수의 규칙을 찾으면 쉽게 답을 찾을 수 있어요. 또는 사라진 수 배열표에 선을 그어 답을 찾아도 좋아요.

108쪽 14번

ETHAN LIKES CLIMBING.
에단은 등산을 좋아해요.

실력을 평가해 봐요!　　　　　　　　　　　　실력을 평가해 봐요!

_____월 _____일 _____요일

1. 계산해 보세요.

5 + 4 = **9**	7 + 6 = **13**	9 + 8 = **17**
5 + 5 = **10**	7 + 7 = **14**	9 + 9 = **18**
5 + 6 = **11**	7 + 8 = **15**	9 + 10 = **19**

2. 계산해 보세요.

16 - 15 = **1**	19 - 13 = **6**
16 - 14 = **2**	19 - 14 = **5**
16 - 13 = **3**	19 - 16 = **3**
16 - 12 = **4**	19 - 19 = **0**
16 - 11 = **5**	19 - 15 = **4**

3. 주어진 수를 큰 수부터 순서대로 □ 안에 써넣어 보세요.

40	60	70	30	80
80 > **70** > **60** > **40** > **30**				

75	35	55	85	65
85 > **75** > **65** > **55** > **35**				

36	62	29	92	99
99 > **92** > **63** > **36** > **29**				

89	90	98	95	99
99 > **98** > **95** > **90** > **89**				

58	85	26	62	25
85 > **62** > **58** > **26** > **25**				

4. 그림을 그린 후 식과 답을 써 보세요.

❶ 냉장고에 아이스크림이 16개 있어요. 그중 12개가 팔렸어요. 냉장고에 남은 아이스크림은 몇 개인가요?

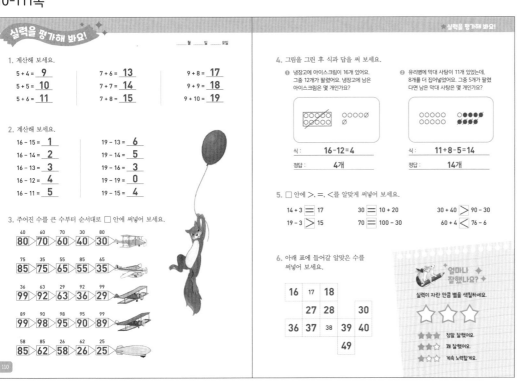

식 : **16 - 12 = 4**

정답 : **4개**

❷ 유리병에 막대 사탕이 11개 있었는데, 8개를 더 집어넣었어요. 그중 5개가 팔렸다면 남은 막대 사탕은 몇 개인가요?

식 : **11 + 8 - 5 = 14**

정답 : **14개**

5. □ 안에 >, =, <를 알맞게 써넣어 보세요.

14 + 3 **=** 17	30 **=** 10 + 20	30 + 40 **>** 90 - 30
19 - 3 **>** 15	70 **=** 100 - 30	60 + 4 **>** 76 - 6

6. 아래 표에 들어갈 알맞은 수를 써넣어 보세요.

16	17	18		
	27	28		30
36	37	38	39	40
			49	

얼마나 잘했나요?

실력이 자란 만큼 별을 색칠하세요.

☆ ☆ ☆

★★★ 정말 잘했어요.
★★☆ 꽤 잘했어요.
★☆☆ 계속 노력할게요.

112-113쪽

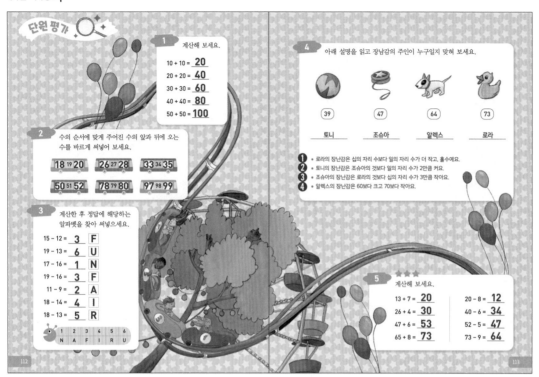

단원평가

1 계산해 보세요.

10 + 10 = **20**
20 + 20 = **40**
30 + 30 = **60**
40 + 40 = **80**
50 + 50 = **100**

2 수의 순서에 맞게 주어진 수의 앞과 뒤에 오는 수를 바르게 써넣어 보세요.

18 19 **20**　**26** 27 **28**　**33** 34 **35**

50 51 **52**　**78** 79 **80**　**97** 98 **99**

3 계산한 후 정답에 해당하는 알파벳을 찾아 써넣으세요.

15 - 12 = **3** **F**
19 - 13 = **6** **U**
17 - 16 = **1** **N**
19 - 16 = **3** **F**
11 - 9 = **2** **A**
18 - 14 = **4** **I**
18 - 13 = **5** **R**

1	2	3	4	5	6
N	A	F	I	R	U

4 아래 설명을 읽고 장난감의 주인이 누구일지 맞혀 보세요.

39 — 토니　47 — 조슈아　64 — 알렉스　73 — 로라

❶ 로라의 장난감은 십의 자리 수보다 일의 자리 수가 더 작고, 홀수예요.
❷ 토니의 장난감은 조슈아의 것보다 일의 자리 수가 2만큼 커요.
❸ 조슈아의 장난감은 로라의 것보다 십의 자리 수가 3만큼 작아요.
❹ 알렉스의 장난감은 60보다 크고 70보다 작아요.

5 계산해 보세요.

13 + 7 = **20**　　20 - 8 = **12**
26 + 4 = **30**　　40 - 6 = **34**
47 + 6 = **53**　　52 - 5 = **47**
65 + 8 = **73**　　73 - 9 = **64**

113쪽 4번

❹ 알렉스는 60보다 크고 70보다 작으므로 알렉스=64

❸ 조슈아는 로라보다 십의 자리 수가 3만큼 작아요. 조건에 맞는 수는 알렉스의 수 64를 제외하면 73과 47 조슈아=47, 로라=73

❷ 토니는 조슈아보다 일의 자리 수가 2만큼 커요. 조슈아의 수=47이므로 토니의 수=39

118쪽

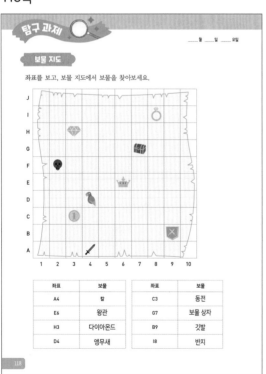

탐구 과제

_____월 _____일 _____요일

보물 지도

좌표를 보고, 보물 지도에서 보물을 찾아보세요.

좌표	보물	좌표	보물
A4	칼	C3	동전
E6	왕관	G7	보물 상자
H3	다이아몬드	B9	깃발
D4	앵무새	I8	반지

122쪽

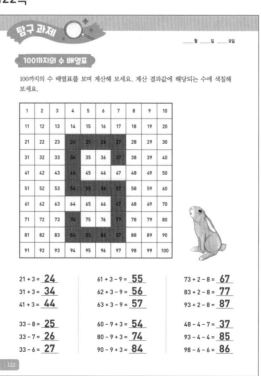

탐구 과제

_____월 _____일 _____요일

100까지의 수 배열표

100까지의 수 배열표를 보며 계산해 보세요. 계산 결과값에 해당되는 수에 색칠해 보세요.

1	2	3	4	5	6	7	8	9	10
11	12	13	14	15	16	17	18	19	20
21	22	23	24	25	26	27	28	29	30
31	32	33	34	35	36	37	38	39	40
41	42	43	44	45	46	47	48	49	50
51	52	53	54	55	56	57	58	59	60
61	62	63	64	65	66	67	68	69	70
71	72	73	74	75	76	77	78	79	80
81	82	83	84	85	86	87	88	89	90
91	92	93	94	95	96	97	98	99	100

21 + 3 = **24**　　61 + 3 - 9 = **55**　　73 + 2 - 8 = **67**
31 + 3 = **34**　　62 + 3 - 9 = **56**　　83 + 2 - 8 = **77**
41 + 3 = **44**　　63 + 3 - 9 = **57**　　93 + 2 - 8 = **87**

33 - 8 = **25**　　60 - 9 + 3 = **54**　　48 - 4 - 7 = **37**
33 - 7 = **26**　　80 - 9 + 3 = **74**　　93 - 4 - 4 = **85**
33 - 6 = **27**　　90 - 9 + 3 = **84**　　98 - 6 - 6 = **86**

유아와 초등 저학년 아이를 둔
학부모님께

안녕하세요? 저는 주로 유아와 초등 저학년 학부모님을 위한, 수학책 해설가 쑥샘 정유숙입니다. '유튜브 쑥샘TV'와 '데카르트 수학책방'에서 학부모님들과 소통하고 있어요.

1, 2학년 수학 너무 쉽죠? 그 쉬운 수학에서 놓치면 후회할 것들에 대해 말씀드리려고 해요. 한 마디로 말하면 1, 2학년 수학은 '수 감각'의 바탕을 다지는 게 목표예요. '수 감각'은 수를 셀 줄 알고, 크기를 비교하고, 수들 사이의 관계를 아는 것을 말해요. 그걸 눈, 손, 귀, 입과 같은 감각으로 받아들이고 표현하면서 자연스럽게 아이들 몸에 '수'가 인식되는 것이지요. 아이들은 손으로 만지고 눈으로 봐야 알거든요. '수 감각'은 본격적인 수학을 배우기 전에 아이들이 반드시 갖춰야 할 능력이에요.

이런 '수 감각'을 키우기 위해서는 이 시기에 교과 수학과 사고력 수학을 병행해서 학습해야 해요. 교과 수학에서는 크게 두 가지를 다뤄요. 수 세기와 수의 크기 비교를 위한 수학적인 표현 방법들(>, =, <)과 연산의 원리를 수학적으로 나타내는 법(2+3=5, 10-8=2)을 배우죠. 이런 걸 수학 기호라고 부르는데 아이들은 이 기호를 만질 수가 없잖아요? 그러니까 처음부터 이런 기호를 만나면 불편하고 수학이 싫어지는 거예요. 한 번만 학습해서는 모르니 복습이 필요하고, 그래서 학습지나 연산 문제집을 풀게 돼요. 교과서는 많은 내용을 담아야 해서 아이들이 충분히 연습할 수 있는 양을 다 담지 못하거든요.

이런 문제를 해결하려고 사교육 시장에 등장한 게 사고력 수학이에요. 정확히 보자면 활동 수학 또는 교구 수학이라고 부를 수 있어요. 아이들에게 교구를 가지고 끼워 보고, 떼어 보고, 그려 보는 시행착오를 경험하게 해 주는데 그러는 중에 교사는 아이들이 생각할 수 있는 질문을 던지고, 아이들은 대답하면서 사고력이 생기는 거죠.

더불어 시행착오를 통해서 순서가 중요하며, 규칙이 있다는 것도 알게 돼요. 기호는 잘 몰라도 수들 사이의 관계에 대한 이미지는 갖게 되죠. '9' 하면 머릿속에 저절로 '블록 아홉 개'가 떠오르는 경험이 쌓이면서 수와 친해져요. 수학을 놀이로 생각하니 복습에 대한 거부감도 없고요.

이렇듯 1, 2학년 수학에서는 교과 수학과 사고력 수학, 이 두 가지를 잘 병행하는 게 중요해요. 교과 수학만 하면 수 감각이 떨어지고, 사고력 수학만 하면 수학 기호가 훨씬 많아지는 3, 4학년 수학을 따라가기 어려운 딜레마에 빠지게 돼요.

그럼 어떻게 해야 할까요? 평소에 이 두 가지를 하나의 교재로 학습하는 게 좋아요. 아이들 몸에 수학 기호를 배게 하려면 오랜 시간이 필요하니 적어도 7세부터는 수학에 노출을 시켜 줘야 하는데, 이때 핀란드 수학 교과서의 도움을 받으세요.

이 책은 각 권이 크게 10~12개의 주제로 이루어져 있어요. 한 주제마다 단계별 진도를 나가는 교과 수학과 교구 없이 머리를 쓰게 하는 사고력 수학이 함께 담겨 있어요. 또한 놀이 수학도 있어요. 하기도 쉽고 번거롭지 않으니 꼭 해 보시길 추천해요. 놀이는 자연스러운 반복을 유도하니까요.

교과·사고력·놀이 수학, 이 세 가지 구성을 책의 순서에 따라 골고루 하시면 돼요. 부모님도 아이도 수학 실력이 야금야금 느는 걸 느끼게 될 거예요.

교과 수학과 사고력 수학, 두 마리 토끼를 다 잡길 응원할게요!

쑥샘 정유숙 드림
(수학책 해설가, 유튜브 쑥샘TV 운영, 데카르트 수학책방 공동 대표)